普通高等教育"十三五"规划教材

土木工程测量

TUMU GONGCHENG CELIANG

第二版

刘玉梅　常　乐　主　编

姚　敬　副主编

化学工业出版社

·北京·

本书共分十五章，前四章介绍了测量学的基本知识及常规测量仪器的使用基本技术；第五章介绍了测量误差的基本知识；第六章介绍了小地区控制测量的基本内容、GNSS的基本原理和施测方法；第七章至第九章介绍了大比例尺地形图的基本知识、测绘方法及其在工程规划设计中的应用；第十章介绍了测设的基本工作；第十一章至第十四章介绍了建筑工程、道路工程、桥梁工程、地下工程在设计、施工、运营各阶段的测量工作；第十五章介绍了全站仪的原理及其使用的基本技术。

　　本书可供本科及大、中专院校的建筑工程、道路工程、桥梁工程、环境工程、给水排水工程、地下工程、土地资源管理、建筑学、城市规划、测绘工程等专业作为"测量学"或"工程测量"课程的教材，也可供从事测绘工作的工程技术人员参考。

图书在版编目（CIP）数据

土木工程测量/刘玉梅，常乐主编 . —2 版 . —北京：
化学工业出版社，2016.2（2023.2 重印）
普通高等教育"十三五"规划教材
ISBN 978-7-122-25956-1

Ⅰ.①土… Ⅱ.①刘…②常… Ⅲ.①土木工程-工程
测量-高等学校-教材 Ⅳ.①TU198

中国版本图书馆 CIP 数据核字（2015）第 315967 号

责任编辑：满悦芝　石　磊　　　　　　　文字编辑：荣世芳
责任校对：王素芹　　　　　　　　　　　装帧设计：刘亚婷

出版发行：化学工业出版社（北京市东城区青年湖南街 13 号　邮政编码 100011）
印　　装：涿州市般润文化传播有限公司
787mm×1092mm　1/16　印张 16¾　字数 430 千字　　2023 年 2 月北京第 2 版第 6 次印刷

购书咨询：010-64518888　　　　　　　　售后服务：010-64518899
网　　址：http://www.cip.com.cn
凡购买本书，如有缺损质量问题，本社销售中心负责调换。

定　　价：38.00 元　　　　　　　　　　　　　　　　版权所有　违者必究

前　言

本书是以 2011 年出版的《工程测量》教材为基础，结合编者多年的教学经验，根据具体的教学需要，具有针对性地进行了修改与编写并更名为《土木工程测量》。

本书以"地面点位的确定"为核心，在介绍了测量的基本工作以及数据处理的基础上，阐述了控制测量到地形测量的全过程，最后重点落到工程测量上。将"地面点定位"与各种工程建设中需要的"点位确定"紧密地联系起来，强调测量技术在各种工程中，尤其是土木类工程中的位置，强调测量技术原则在工程上的具体表现形式，强调测量技术原理在工程上的应用，强调测量技术方法与工程的勘测设计阶段、施工阶段以及竣工运营阶段的密切联系。比较全面地体现了测量技术在土木工程建设中的重要作用和意义。

在编写过程中，保持了学科的原有体系，力求与目前测绘学科发展水平相适应，为此，对一些陈旧内容及目前不采用的测量方法进行了慎重删减。尽可能多地介绍符合现代测绘发展方向的新内容、新技术、新仪器和新方法。为此增加了 GNSS 技术、测绘数字化技术等，将全站测量技术由原来的一节增加为一章，把当今工程测量技术集中到现代"全站测量"的意义上，充分地体现了测量技术的最新发展。

为满足教学需要，每章之后附有思考题及习题。为配合实验、实习教学，本书有配套的《工程测量实验实习指导书与报告》。

全书由沈阳建筑大学交通工程学院测绘工程教研室教师刘玉梅、姚敬、王欣，研究生刘芳、杨文波，以及沈阳城市建设学院土木工程系测绘工程教研室教师常乐、曹雪、郭春蕾共同编写。刘玉梅、常乐担任主编，姚敬为副主编。全书由刘玉梅负责统稿。编写人员的具体分工如下：刘玉梅编写第一章、第五章、第十章、第十一章；常乐编写第三章、第四章；姚敬编写第二章；曹雪编写第六章、第七章；郭春蕾编写第八章、第九章；刘玉梅、王欣编写第十二章、第十三章；刘芳编写第十四章；杨文波编写第十五章。全书由姚敬校核。

由于编写人员水平及时间有限，书中不当之处一定存在，恳请读者指出，以便不断完善。

编　者
2016 年 1 月

第一版前言

近年来，随着测绘技术的高速发展，新仪器新产品的不断问世以及市场经济对人才培养的需求，为使教材内容满足经济建设的需要，适应工科院校宽口径专业改革的需要以及复合型人才培养的要求，结合编者们多年的教学经验，对1997年出版的《测量学》进行重新编写并更名为《工程测量》。

本书以"地面点位的确定"为核心，在介绍了测量的基本工作以及数据处理的基础上，阐述了控制测量到地形测量的全过程，最后重点落到工程测量上。将"地面点定位"与各种工程建设中需要的"点位确定"紧密地联系起来，强调测量技术在各种工程中，尤其是土木类工程中的位置，强调测量技术原则在工程上的具体表现形式，强调测量技术原理在工程上的应用，强调测量技术方法与工程的勘测设计阶段、施工阶段以及竣工运营阶段的密切联系，比较全面地体现了测量技术在工程建设中的重要作用和意义。

在编写过程中，保持了学科的原有体系，力求与目前测绘学科发展水平相适应，为此，编者对一些陈旧内容及目前不采用的测量方法进行了慎重删减，如精密钢尺量距方法和小平板与经纬仪联合测图法等。同时，尽可能多地介绍符合现代测绘发展方向的新内容、新技术、新仪器和新方法。为此增加了GNSS技术、测绘数字化技术等，将全站测量技术由原来的一节增加为一章，把当今工程测量技术集中到现代"全站测量"的意义上，充分地体现了测量技术的最新发展。

为满足教学需要，每章之后附有思考题与习题。为配合实验、实习教学，与本书配套的《工程测量实验实习指导书与报告》也即将出版。

全书由沈阳建筑大学测绘工程教研室编写。刘玉梅、王井利担任主编。编写人员的分工如下：刘玉梅编写第五章、第十一章和第十二章；王井利编写第一章、第八章、第十四章和第十五章；姚敬、王欣编写第二章；姚敬编写第四章；丁华编写第三章；王岩编写第六章；王岩、王欣编写第十三章；刘茂华编写第七章；马运涛编写第九章；孙立双编写第十章。本书由姚敬、王欣校核。

由于编写人员水平及实践经验有限，书中难免有不妥之处，恳请读者指出，以便不断完善。

编　者
2011 年 5 月

目 录

第一章　绪　　论

第一节　土木工程测量的任务

一、测量学概述

测量学是研究地球的形状和大小以及确定地球表面（包括空中、地下和海底）点位的科学。测量学的主要技术体现在测量与绘图，因此测量学也称为测绘学。

测量学研究的内容主要包括测定和测设两个部分。测定是指使用各种测量仪器和工具，通过实地测量和计算，把地球表面缩绘成地形图，供科学研究、国防建设和经济建设规划设计使用。测设是将图纸上设计好的建筑物、构筑物的位置在地面上标定出来，作为施工的依据。

测量学的应用非常广泛。在国防方面，诸如国界的划分、战略的部署、战役的指挥，都要应用地形图和进行测量工作。在经济建设方面，计划生产是社会主义国民经济建设的特点，必须对我国的资源进行一系列的调查和勘测工作，根据获得的资料编制各种规划，在进行这种调查和勘测时，都需要应用地形图和进行测量工作。另外，在进行各项工农业基本建设中，从勘测设计开始，直至施工、竣工为止，都需要进行大量的测绘工作。在科学实验方面，诸如地壳的升降、海岸线的变迁、地震预报以及地极周期性运动的研究等，都要用到测绘资料。在工程建设方面，如工业与民用建筑、道路桥梁、给水排水、地下工程、建筑学及城市规划等专业的工作中，测量技术都有着广泛的应用。例如：在勘测设计阶段，要测绘各种比例尺的地形图，供选择厂址及管道线路之用，供总平面图设计及竖向设计之用；在施工阶段，要将设计的建筑物和管线等的平面位置和高程测设在实地，作为施工的依据；还要进行竣工测量，施测竣工图，供日后扩建和维修之用；即使竣工以后，对某些大型及重要的建筑物还需要进行变形观测，以保证建筑物的安全使用。

二、测量学的分类

随着生产的发展和科学的进步，测量学包括的内容越来越丰富，按照研究的范围、对象和技术手段不同又产生了许多分支科学。

大地测量学——研究地球的形状和大小，解决大地区测量基准和地球重力场问题。随着空间技术的发展，大地测量正向着空间大地测量和卫星大地测量方向发展。

普通测量学——测量小区域地球表面的形状时，不顾及地球曲率的影响，把地球表面当作平面看待所进行的测量工作。

摄影测量学——利用摄影像片和或遥感影像获取信息，进行测绘工作的理论和技术。由于相片获取方法不同，摄影测量又分为航空摄影测量、地面摄影测量和水下摄影测量。

工程测量学——研究在各种工程建设规划设计、施工放样及竣工运营各个阶段中，测量工作的理论、技术和方法。主要包括控制测量、地形测量、施工测量及变形监测等测量工作。

海洋测量学——研究海洋定位，测定海洋水准面、重力、磁力、海底地形及编制各种海图的理论和技术。

地图制图学——利用测量所得的成果，研究如何编绘和制印各种地图的理论、工艺技术及应用的学科。研究内容主要包括地图编制、整饰、印刷及建立地图数据库等。现代地图制图学正向着制图自动化、电子地图制作及地理信息系统方向发展。

三、土木工程测量的任务

土木工程测量属于工程测量学范畴，其主要是面向建筑学、城市规划、工业与民用建筑工程、道路工程、桥梁工程、地下工程、环境工程等学科。主要任务如下。

① 研究测绘地形图的理论、技术与方法。

② 研究地形图上进行规划、设计的技术与方法。

③ 研究建筑物与构筑物施工放样、管道施工测量、道路施工测量、桥梁施工测量、地下施工测量以及工程质量检验的技术和方法。

④ 研究工程施工、运营中的变形监测的理论、技术和方法。

本教材主要介绍普通测量学和土木工程测量学中的部分内容。

四、学习测量学的目的

测量学是测绘学科中的一门基础技术课，也是土木工程、交通工程、建筑学、城市规划、给水排水以及工程管理等建筑类各专业的一门必修课，学习本课程的目的是：通过测量学的基本知识、基本理论的学习和基本的实验、实习训练，从而掌握各种常用测量仪器（如水准仪、经纬仪、全站仪、GPS接收机等）的操作及数据处理的技能，具有识读和应用各种地形图的能力，在工程建设中能进行基本的施工测量工作，更好地应用测量知识及测量技能为其本专业工作服务。

第二节 测量学的发展简况

一、测量学的发展简史

测量学有着悠久的历史。古代的测绘技术起源于水利和农业等生产的需求。古埃及尼罗河每年洪水泛滥，淹没了土地界线，水退以后需要重新划界，从而在公元前1400年就已经有了地产边界的测量。公元前2世纪，中国司马迁在《史记·夏本纪》中叙述了禹受命治理洪水的情况："左准绳，右规矩，载四时，以开九州、通九道、破九泽、度九山"。这段记载说明在公元前很久，中国人为了治水，已经会使用简单的测量工具了。

测量学的发展是从人类对地球形状的认识过程开始的，公元前6世纪古希腊的毕达哥拉斯（Pythagoras）最早提出地球是球形的概念。17世纪末，英国牛顿（I. Newton）和荷兰的惠更斯（C. Huygens）首次从力学的观点探讨地球形状，提出地球是两极略扁的椭球体，称为地扁说。19世纪初，随着测量精度的提高，通过对各处弧度测量结果的研究，发现测量所依据的垂线方向同地球椭球面的法线方向之间的差异不能忽略。因此法国的P. S. 拉普拉斯和德国的C. F. 高斯相继指出，地球形状不能用旋转椭球来代表。1849年Sir G. G. 斯托克斯提出利用地面重力观测资料确定地球形状的理论。1873年，利斯廷（J. B. Listing）首次使用"大地水准面"一词，以该面代表地球形状。人类对地球形状的认识和测定，经过了"球—椭球—大地水准面"3个阶段，花去了约二千五六百年的时间，随着对地球形状和大小的认识和测定的日益精确，测绘工作中精密计算地面点的平面坐标和高程逐步有了可靠的科学依据，同时也不断丰富了测绘学的理论。

测量学的发展和地图制图的发展是分不开的。地图的出现可追溯到远古时代，那时由于人类从事生产和军事等活动，就产生了对地图的需要。据文字记载，中国春秋战国时期地图已用于地政、军事和墓葬等方面。公元 2 世纪，古希腊的 C. 托勒密所著《地理学指南》一书，提出了地图投影问题。16 世纪，地图制图进入了一个新的发展时期，随着测量技术的发展，尤其是三角测量方法的创立，西方一些国家纷纷进行大地测量工作，并根据实地测量结果绘制图家规模的地形图，这样测绘的地形图不仅有准确的方位和比例尺，具有较高的精度，而且能在地图上描绘出地表形态的细节，还可按不同的用途，将实测地形图缩制成各种比例尺的地图。

同时测量学的发展与测绘技术和仪器工具的变革是分不开的。17 世纪之前，人们使用简单的工具，例如中国的绳尺、步弓、矩尺和圭表等进行测量。1730 年，英国的西森（Sisson）制成测角用的第一架经纬仪，大大促进了三角测量的发展，使它成为建立各种等级测量控制网的主要方法。

19 世纪初，随着测量方法和仪器的不断改进，测量数据的精度也不断提高，精确的测量计算就成为研究的中心问题。1806 年和 1809 年法国的勒让德（A. M. Legendre）和德国的高斯分别发表了最小二乘准则，这为测量平差计算奠定了科学基础。19 世纪 50 年代初，法国洛斯达（A. Laussedat）首创摄影测量方法。随后，相继出现立体坐标量测仪，地面立体测图仪等。

从 20 世纪 50 年代起，测绘技术又朝电子化和自动化方向发展。首先是测距仪器的变革。1948 年起陆续发展起来的各种电磁波测距仪，由于可用来直接精密测量远达几十千米的距离，因而使得大地测量定位方法除了采用三角测量外，还可采用精密导线测量和三边测量。大约与此同时，电子计算机出现了，并很快应用到测绘学中。这不仅加快了测量计算的速度，而且还改变了测绘仪器和方法，使测绘工作更为简便和精确。继而在 20 世纪 60 年代，又出现了计算机控制的自动绘图机，可用以实现地图制图的自动化。

自从 1957 年第一颗人造地球卫星发射成功后，测绘工作有了新的飞跃，在测绘学中开辟了卫星大地测量学这一新领域。同时，由于利用卫星可从空间对地面进行遥感，因而可将遥感的图像信息用于编制大区域内的小比例尺影像地图和专题地图。所以 20 世纪 50 年代以后，测绘仪器的电子化和自动化以及许多空间技术的出现，不仅实现了测绘作业的自动化，提高了测绘成果的质量，而且使传统的测绘学理论和技术发生了巨大的变革，测绘的对象也由地球扩展到月球和其他天体。

二、测量学的发展现状

随着空间技术、计算机技术和信息技术的发展，测绘学同时也得到飞速发展。以 "3S" 为代表的现代测绘技术使测绘学在空间化、信息化和自动化方面发生了革命性变化。而其中，以 "3S" 集成为核心的地球空间信息科学是建立 "数字地球" 的基础。

1. "3S" 技术

"3S" 是指：全球卫星定位系统（GNSS）、遥感（RS）和地理信息系统（GIS）。

全球卫星定位系统（Global Navigation Satellite System，GNSS）是一种以卫星为基础的无线电导航系统，该系统可发送高精度、全天候、连续实时的导航、定位和授时信息，是一种可供海陆空领域的军民共享的信息资源。包括美国的全球定位系统 GPS、俄罗斯的格洛纳斯卫星导航系统 GLONASS、欧盟的伽利略系统 Galileo 及中国的北斗系统 COMPASS。

遥感（remote sensing，简称 RS），是不接触物体本身，用传感器采集目标物的电磁波信息，经处理、分析后，得到目标物几何、物理性质的一项技术。其主要是利用物体本身的特征和所处的环境不同，具有不同的电磁波反射或反射辐射特征。目前，遥感平台主要以飞机和卫星为主，因而可以在较短时间内获得大面积区域的信息。遥感数据呈现出高空间分辨率、高光谱分辨率和高时相分辨率的发展趋势，卫星遥感 QuickBird 的空间分辨率已达到 0.61m。随着遥感分辨率的提高，其应用也越来越普及，如资源勘察、测绘、农业、林业、水文、环境、气象和灾害监测等，成为快速获取地理信息的重要手段。

地理信息系统（geographic information system，简称 GIS）是一种以采集、存储、管理、分析和描述整个或部分地球表面与空间和地理分布有关的数据的信息系统。其核心技术是利用计算机表达和管理地理空间对象及其特征。目前，常用的国外 GIS 基础软件主要有 ArcGIS、MapInfo 等，国内的 GIS 基础软件主要有 MapGIS、SuperMap、GoStar 等。目前，GIS 的进展主要表现在：组件 GIS，即采用面向对象的 COM/GCOM 技术，使得可以方便地利用 VC、VB、Delphi 等语言进行应用系统开发；互联网 GIS，利用互联网进行地理数据的分布式采集、存储和查询，是 GIS 发展的必然趋势；多维动态 GIS，从传统的二维加属性形式向三维发展，最终发展到含时态信息的四维 GIS；移动 GIS，利用移动终端（如掌上电脑）结合 GPS、移动通信等技术，可进行移动定位、车辆导航等移动服务。

目前，"3S" 技术正趋于集成化。GPS 主要用于实时、快速地提供目标的空间位置；RS 用于实时、快速地提供大面积地表地物及其环境的几何与物理信息，以及它们的各种变化；GIS 则对多种来源的时空数据与属性数据进行综合处理与分析应用。

2．地球空间信息科学

地球空间信息科学（Geo—Spatial Information Science，简称 Geomatics）是实现数字地球的基础，是以全球定位系统（GPS）、地理信息系统（GIS）、遥感（RS）等空间信息技术为主要内容，并以计算机技术和通信技术为主要技术支撑，用以采集、量测、分析、存储、管理、显示、传播和应用与地球和空间分布有关数据的一门综合和集成的信息科学和技术。地球空间信息科学理论框架的核心是地球空间信息机理，即通过对地球圈层间信息传输过程与物理机制的研究，揭示地球几何形态和空间分布及变化规律。

3．工程测量中的测绘新技术

目前，工程测量正趋于内外业一体化和自动化，即数据的外业获取和内业处理的自动化。例如，在大坝变形监测中，可以采用自动照准全站仪（测量机器人）或 GPS 接收机进行实时、自动的数据采集，通过有线或无线的数据传输系统将观测数据传入主控计算机中，在数据处理软件的支持下进行变形分析和作业控制。

近年来，激光仪器在工程测量中得到长足的发展和应用。例如，常规工程测量使用的激光扫平仪、激光垂准仪，大大方便了施工测量工作，提高了工程施工效率。在精密工程测量中，激光跟踪测量仪可以以 0.05mm 的精度方便地进行各种高精度的工业测量。目前该仪器在宝马汽车公司、波音飞机制造公司、中国科学技术大学同步辐射实验室等高精度工业安装及仪器定位监测中得到广泛应用。三维激光扫描仪可以进行近距离对地物海量点位的扫描，从而通过扫描获得的点云数据进行地物的三维建模。

4．数字地球与智慧城市

数字地球是美国前副总统戈尔于 1998 年 1 月 31 日在《数字地球——认识 21 世纪我们这颗星球》的报告中提出的一个概念。其可以理解为对真实地球及其相关现象统一的数字化重现和认识，特点是嵌入海量地理数据，实现多分辨率的、对地球三维的描述。数字地球的支撑技术主要包括：信息高速公路和计算机宽带高速网络技术、高分辨率卫星影像技术、空间信息技术、大容量数据处理与存储技术、科学计算以及可视化和虚拟现实技术。数字城市是数字地球的重要组成部分，是传统城市的数字化形态。

智慧城市是在数字城市的基础上，通过高速互联网络，以及云计算等新技术，打破信息孤岛现象，实现大数据协作与共享；在数据采集方面，主要是借助物联网技术的发展，通过各类传感设备大量代替人工干预的方式，实现智能化操作，并采集的各类数据汇聚于云计算中心，再借助于人工分析，对数据进行深度分析处理，找出其中关联性，实现对企业、公众操作的便捷性，对政府决策提供更加科学有效的依据。

智慧城市也称为智能城市，是数字城市信息化建设的延伸和发展；其主要目的是实现绿色、环保的社会发展机制，建立便捷、高效的社会环境，使自然与人类和谐相处，为世界的可持续发展提供内生动力。

第三节　测量工作的基准

一、地球的形状和大小

由于测量工作是以地球为核心进行的，因此必须首先研究地球的形状和大小。目前，人们已经知道，地球的总体形状是一个不规则的曲面包围的形体，如图1-1所示。由于地球表面形态非常复杂，例如，珠穆朗玛峰高出海平面达8844.43m，而马里亚纳海沟则在海平面下11034m，但与6000余千米的地球半径相比只能算是极其微小的起伏。就整个地球表面而言，海洋的面积约占71%，陆地面积约占29%，可以认为地球是一个由水面包围的球体。若直接用地球表面形态作为地球形体来研究则非常复杂而无法进行。

由于地球的自转，地球上任一点都受到离心力和地心吸引力的作用，这两个力的合力称为重力。重力的作用线称为铅垂线，可用线绳悬挂一个垂球表示铅垂线。处处与重力方向垂直的连续曲面称为水准面。任何自由静止的水面都是水准面。与水准面相切的平面称为水平面。水准面因其高度不同而有无数个，其中与静止的平均海水面相重合并延伸向大陆岛屿且包围整个地球的闭合曲面称为大地水准面。大地水准面包围的形体称为大地体。大地水准面和铅垂线是测量外业所依据的基准面和基准线。用大地体表示地球形体是恰当的，但由于地球内部质量分布不均匀，引起铅垂线的方向产生不规则的变化，致使大地水准面是一个高低起伏不规则的复杂的曲面，如图1-1(a)所示，因此无法在该曲面上进行测量数据处理。为了使用方便，通常用一个非常接近于大地水准面，并可用数学式表示的几何形体，如图1-1(b)所示的地球的椭球面来代替地球的形状，椭球面可作为测量计算工作的基准面，地球椭球是一个椭圆绕其短轴旋转而成的形体，故地球椭球又称为旋转椭球。如图1-2所示，旋转椭球体的形状和大小是由其基本元素决定的。椭球的基本元素是：长半轴 a，短半轴 b 和扁率 $\alpha = \dfrac{a-b}{a}$。

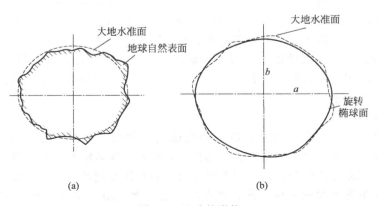

(a)　　　　　　　　　　(b)

图1-1　地球的形状

1980 年我国国家大地坐标系采用了 1975 年国际椭球，该椭球的基本元素是：长半轴 $a = 6378140\text{m}$，短半轴 $b = 6356755.3\text{m}$，$\alpha = \dfrac{a-b}{a} = 1/298.257$。

根据一定条件，确定参考椭球与大地水准面相对位置的测量工作，称为参考椭球体的定位。在一个国家适当地点选一点 P，过 P 作大地水准面的铅垂线，设其交点为 P'（图 1-3），再按以下条件确定参考椭球面。

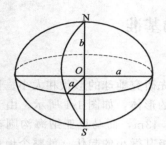

图 1-2　椭球面

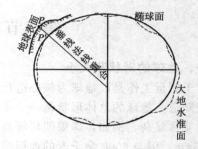

图 1-3　参考椭球体的定位

① 使 P' 点为参考椭球面的切点，这时大地水准面的铅垂线与该椭球面的法线在 P 点重合。

② 使椭球的短轴与地球自转轴平行。

③ 使椭球面与这个国家范围上的大地水准面的差距尽量地小。

这样就确定了参考椭球面与大地水准面的相对位置关系，它称为椭球的定位。由于椭球的中心和地球的质量的中心不重合，因此依此建立起来的坐标系也称参心坐标系。

这里，P 点称为大地原点。我国大地原点位于陕西泾阳永乐镇，在大地原点上进行了精密天文测量和精密水准测量，获得了大地原点的平面起算数据，以此建立的坐标系称为"1980 年国家大地坐标系"。

由于参考椭球体的扁率很小，当测区不大时，可将地球当做圆球，其半径的近似值为 6371km。

二、测量基准的确定

1. 地面点的确定

地面上各种地形都是由一系列连续不断的点所组成的，确定地面上的图形位置，最基本的就是确定地面点的位置。地面点属于空间的点，可用三维元素表示其空间位置。

如图 1-4 所示，地面点 A、B、C、D、E 沿法线方向投影到椭球面上，投影点 a、b、c、d、e 点在椭球面上的坐标作为确定地面点的二维元素。如图 1-5 所示，地面点 A、C 沿着铅垂线方向投影到大地水准面上，得到投影点 a、c，其投影的铅垂距离 H_A、H_C 称为地面点 A、C 的高程，作为确定地面点的一维元素。因此，在测量学中，地面点的空间位置用上述三维元素来表示。

2. 大地坐标系

在一般测量工作中，常将地面点投影到椭球面上的位置用大地经度 L、纬度 B 表示，大地坐标系是以参考椭球面作为基准面，如图 1-6 所示，以起始子午面（即通过格林尼治天文台的子午面）和赤道面作为在椭球面上确定某一点投影位置的两个参考面。过地面某点的子午面与起始子午面之间的夹角，称为该点的大地经度，用 L 表示（图 1-6）。规定从起始子午面起算，向东为正，$0° \sim 180°$ 称为东经；向西为负，$0° \sim 180°$ 称为西经。

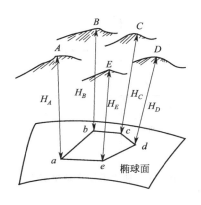

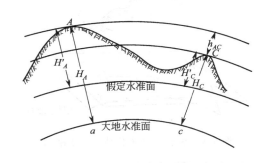

图 1-4　地面点坐标的投影图　　　　　　　图 1-5　地面点的高程投影图

过地面某点的椭球面法线与赤道面的交角，称为该点的大地纬度，用 B 表示。规定从赤道面起算，由赤道面向北为正，0°～90° 称为北纬；由赤道面向南为负，0°～90° 称为南纬。

地面 P 点的大地经度、纬度，可由天文观测方法测得 P 点的天文经度 λ、纬度 φ，再利用 P 点的法线与铅垂线的相对关系（称为垂线偏差）换算为大地经度 L、纬度 B。在一般测量工作中，可以不考虑这种换算。

3. 空间直角坐标系

以椭球体中心 O 为原点，起始子午面与赤道面交线为 X 轴，赤道面上与 X 轴正交的方向为 Y 轴，椭球体的旋转轴为 Z 轴，指向符合右手定则。在该坐标系中，P 点的点位用 OP 在这三个坐标轴上的投影 x，y，z 表示（图 1-7）。

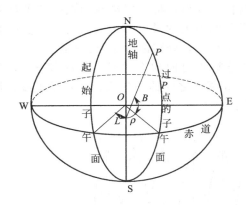

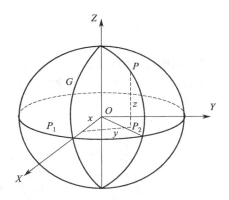

图 1-6　大地坐标系　　　　　　　　　　　图 1-7　空间直角坐标系

4. 独立平面直角坐标系（又称为假定平面直角坐标系）

大地水准面虽然是曲面，但当测量区域较小时，如图 1-8 所示，可以用测区中心的切平面，水平面 P 来代替大地水准面，用 ab' 直线代替 ab 弧。为避免坐标出现负值，将坐标原点选在测区西南角，南北方向为纵轴 X 轴，向北为正；东西方向为横轴 Y 轴，向东为正，构成了独立平面直角坐标系统，如图 1-9 所示。该坐标系适用于附近没有国家控制点的工业与民用建筑地区。

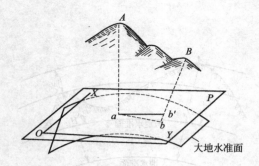

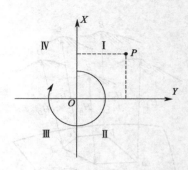

图 1-8　水平面 P 来代替大地水准面　　　　图 1-9　独立平面直角坐标系

5. 高斯平面直角坐标系

(1) 高斯投影

高斯平面直角坐标系采用高斯投影方法建立。高斯投影是由德国测量学家高斯于 1825—1830 年首先提出，到 1912 年由德国测量学家克吕格推导出实用的坐标投影公式，所以又称高斯-克吕格投影。

如图 1-10 所示，设想有一个椭圆柱面横套在地球椭球体外面，使它与椭球上某一子午线（该子午线称为中央子午线）相切，椭圆柱的中心轴通过椭球体中心，然后用一定的投影方法，将中央子午线两侧各一定经差范围内的地区投影到椭圆柱面上，再将此柱面展开即成为投影面。故高斯投影又称为横轴椭圆柱投影。

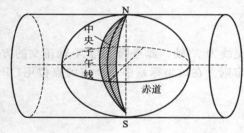

图 1-10　高斯投影

(2) 投影带

高斯投影中，除中央子午线外，各点均存在长度变形，且距中央子午线愈远，长度变形愈大。为了控制长度变形，将地球椭球面按一定的经差分成若干范围不大的带，称为投影带。带宽一般分为经差 6° 和 3°，分别称为 6°带、3°带。

6°带：如图 1-11 所示，从 0°子午线起，每隔经差 6° 自西向东分带，依次编号 1，2，3，…，60，各带中间的子午线称为中央子午线，两相邻带之间的子午线为分界子午线。带号 N 与相应的中央子午线经度 L_0 满足如下关系式：

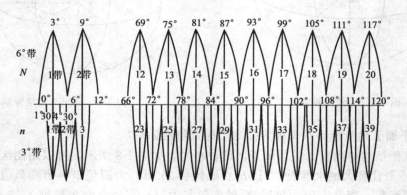

图 1-11　分带示意图

$$L_0 = 6N - 3 \tag{1-1}$$

高斯投影中，离中央子午线近的部分变形小，离中央子午线愈远则变形愈大。变形过大对于测图和用图都是不利的。实践证明 6°带投影后，变形能满足 1：25000 或更小比例尺测图的精度，当进行 1：10000 或更大比例尺测图时，要求投影变形更小，采用 3°分带投影法。

3°带：以 6°带的中央子午线和分界子午线为其中央子午线。即自东经 1.5°子午线起，每隔经差 3°自西向东分带，依次编号 1，2，3，…，120，带号 n 与相应的中央子午线经度 l_0 的关系满足：

$$l_0 = 3n \tag{1-2}$$

在投影面上，中央子午线和赤道的投影都是直线。以中央子午线和赤道的交点 O 作为坐标原点，以中央子午线的投影为纵坐标轴 X，规定 X 轴向北为正；以赤道的投影为横坐标轴 Y，Y 轴向东为正。这样便形成了高斯平面直角坐标系，如图 1-12(a) 所示。

6. 国家统一坐标系

我国目前的北京 54 坐标系和西安 80 坐标系采用高斯投影，由于我国位于北半球，在高斯平面直角坐标系内，如图 1-12(b) 所示，X 坐标均为正值，而 Y 坐标值有正有负。为避免 Y 坐标出现负值，规定将 X 坐标轴向西平移 500km，即所有点的 Y 坐标值均加上 500km，如图 1-12(b) 所示。此外为了便于区别某点位于哪一个投影带内，还应在横坐标值前冠以投影带带号，这种坐标称为国家统一坐标。

例如，P 点的高斯平面直角坐标 $x_P = 3213324.122$m；$y_P = 123.345$m。若该点位于第 20 带内，则 P 点的国家统一坐标表示为 $x_P = 3213324.122$m；$y_P = 20500123.345$m。

7. 高程系统

地面点到大地水准面的铅垂距离（是确定空间点的另一维元素）称为该点的绝对高程，简称高程，又称海拔。为了建立全国统一的高程系统，必须确定一个高程基准面。通常采用平均海水面代替大地水准面作为高程基准面。平均海水面的确定是通过验潮站多年验潮资料来求定的。我国确定平均海水面的验潮站设在青岛，根据青岛验潮站 1950—1956 年七年验潮资料求定的高程基准面，称为"1956 年黄海平均高程面"，以此建立了"1956 年黄海高程系"，我国自 1959 年开始，全国统一采用 1956 年黄海高程系。

由于海洋潮汐长期变化周期为 18.6 年，经对 1952—1979 年验潮资料的计算，确定了新的平均海水面，称为"1985 国家高程基准"。我国自 1987 年开始采用 1985 国家高程基准。

为维护平均海水面的高程，必须设立与验潮站相联系的水准点作为高程起算点，这个水准点称为水准原点。我国水准原点设在青岛市观象山上，全国各地的高程都以它为基准进行测算。

1956 年黄海平均海水面的水准原点高程为 72.289m，1985 年国家高程基准的水准原点高程为 72.260m。

如图 1-5 所示，地面点 A、C 沿铅垂线方向投影到大地水准面的距离 H_A、H_C 即为 A、C 两点的高程，也称为绝对高程或海拔。在偏远地区或离高程起算点较远的地区也可以假定水准面作为高程起算面，地面点到任意假定水准面的铅垂距离称为相对高程，如图中 A、C 两点沿铅垂线方向到假定水准面的距离 H'_A、H'_C。A、C 两点的高程之差 h_{AC} 称为 A、C 之间的高差，可表示为

$$h_{AC} = H_C - H_A \tag{1-3}$$

两点之间的高差与高程起算面无关，无论采用假定水准面还是大地水准面作为高程基准，其高差是不变的；两点之间的高差 h_{AC} 是有方向的，属于一维矢量，即 $h_{AC} = -h_{CA}$。

三、用水平面代替水准面的范围

用水平面来代替水准面只有测区很小时才允许，那么，这个区域的范围究竟多大呢？

如图 1-13 所示，A、B、C 是地面点，它们在大地水准面上的投影点是 a、b、c，用该区域的切平面来代替大地水准面后，地面点在水平面上的投影是 a、b' 和 c'，现分析由此产生的影响。

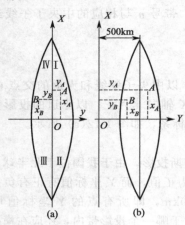

图 1-12 高斯直角坐标系

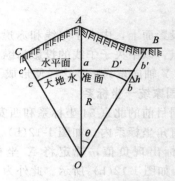

图 1-13 水平面代替水准面

图 1-13 中，A、B 两点在水准面上的距离为 D，在水平面上的距离为 D'，两者之间的差别 ΔD，就是用水平面代替水准面后的差异。大地水准面是一个复杂的曲面，在推导公式时，近似地认为它是半径为 R 的球面，因此

$$\Delta D = D' - D = R\tan\theta - R\theta = R(\tan\theta - \theta) \tag{1-4}$$

已知

$$\tan\theta = \theta + \frac{1}{3}\theta^3 + \frac{2}{15}\theta^5 + \cdots$$

因 θ 角很小，只读取前两项，并将其代入式(1-4)，得

$$\Delta D = R\left(\theta + \frac{1}{3}\theta^3 - \theta\right)$$

把 $\theta = \dfrac{D}{R}$ 代入上式得

$$\Delta D = \frac{D^3}{3R^2} \tag{1-5}$$

或

$$\frac{\Delta D}{D} = \frac{D^2}{3R^2} \tag{1-6}$$

根据地球平均半径 $R = 6371\text{km}$，以及不同的距离 D 代入式(1-6)，便得到表 1-1 所列的结果。

由表 1-1 可以看出，当 $D = 20\text{km}$ 时，所产生的相对误差为 1/300000，这样小的误差，对一般精密测量来说也是允许的，所以在以 10km 为半径的圆面积之内，可用水平面代替水准面。

表 1-1 水平面代替水准面对距离的影响

D/km	ΔD/cm	$\Delta D/D$	D/km	ΔD/cm	$\Delta D/D$
10	1	1:1000000	50	102	1:49000
20	7	1:300000	100	812	1:12000

关于用水平面代替水准面对高程的影响，仍以图 1-13 说明。地面点 B 的高程应是铅垂距离 bB，用水平面代替水准面后，B 点的高程为 $b'B$。两者之差 Δh，即为对高程的影响。其值为

$$\Delta h = bB - b'B = Ob' - Ob$$
$$= R\sec\theta - R = R(\sec\theta - 1) \tag{1-7}$$

已知

$$\sec\theta = 1 + \frac{\theta^2}{2} + \frac{5}{24}\theta^4 + \cdots$$

因 θ 值很小，故只取上式中两项，又知 $\theta = \dfrac{D}{R}$，代入式 (1-7) 中，则

$$\Delta h = R\left(1 + \frac{\theta^2}{2} - 1\right) = \frac{D^2}{2R} \tag{1-8}$$

用不同的距离代入式 (1-8) 中，得到表 1-2 所列的结果。

表 1-2　水平面代替水准面对高程的影响

D/km	0.2	0.5	1	2	3	4	5
Δh/cm	0.31	2	8	31	71	125	196

从表 1-2 可以看出，用水平面代替水准面，对高程的影响（即地球曲率的影响）是很大的，距离 500m 就产生高程误差 2cm，即使是 200m 的距离，也有 0.31cm 的高程误差，这是不能允许的。因此，在高程测量中，即使距离很短，也应顾及地球曲率对高程的影响。

四、确定地面点位的三个基本要素

如图 1-14 所示，地面点在水平面上的投影是 a 和 b。在实际工作中，并不是直接测出它们的坐标和高程，而是通过实际观测得到水平角 β_1、β_2 和水平距离 D_1、D_2，以及点之间的高差，再根据已知点 Ⅰ、Ⅱ 的坐标、方向和高程，推算出 a、b 的坐标和高程，以确定它们的点位。

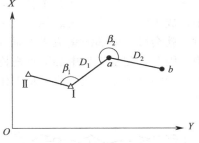

图 1-14　测量工作的三要素

由此可见，地面点间的位置关系是以距离、水平角和高程来确定的。所以高程测量、水平角测量和距离测量是测量学的基本内容。高程、水平角和距离是确定地面点位的三个基本要素。

第四节　测量工作的组织原则与程序

地球表面的形状是复杂多样的，在测量工作中将其分为地物和地貌两大类。地面上的物体和人工建筑物称为地物，如河流、湖泊、道路和房屋等；地面的高低起伏、倾斜缓急等称为地貌，如山岭、谷地和陡壁等。现介绍将地物和地貌测绘到图纸上的测量工作的组织原则和程序。

图 1-15（a）所示为一栋房屋，其平面位置由房屋轮廓线的一些折线所组成，如果能确定 1～6 各点的平面位置，这栋房屋的位置就确定了。图 1-15（b）所示是一条河流，它的边线虽然很不规则，但弯曲部分仍可看成是由折线所组成的，只要确定 7～13 各点的平面位置，这条河流的位置也就确定了。至于地貌，其地势起伏变化较复杂，但可以将它看成是由许多

不同方向、不同坡度的平面交合而成的几何体，相邻平面的交线就是方向变化线和坡度变化线，只要确定这些方向变化线和坡度变化线的交点的平面位置和高程，地貌形态的基本情况也就反映出来了。因此不论地物或地貌，它们的形态都是由一些特征点的位置所决定的。测量时，主要就是测定这些特征点的平面位置和高程。

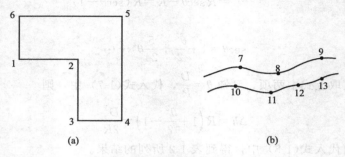

图 1-15　地物的特征点

测定特征点的位置，可以用不同的方法和工作程序，如图 1-16 所示，可以根据地物点 A 测定 B 点，再根据 B 点测定 C 点……依次把整个测区内地物和地貌特征点的位置测定出来。另一种方法是先在测区内选择若干有控制意义的点 1、2 作为控制点，较精确地测定其相对位置，再在控制点上测定其周围的特征点，称为"先控制后碎部"、"先整体后局部"的原则。"先控制后碎部"的方法，由于在控制点上分别测量其周围的特征点，减少了误差的积累，并且可以同时在几个控制点上进行测量，加快测量进度，因此广泛应用于测量工作中，成为测量工作的组织原则之一。另外，从上述可知，当测定控制点的相对位置有错误时，就会影响碎部测量成果的质量；碎部测量中有错误时，以此资料绘制的地形图就不准确。因此，测量工作中必须重视检核工作，对上一步的测量工作未进行检核之前，不能进行下一步测量工作，故"前一步工作未做检核不进行下一步工作"就成为测量工作的组织原则之二。

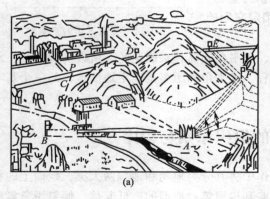
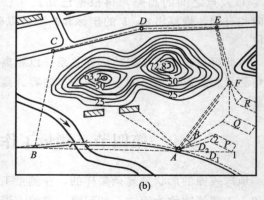

图 1-16　测量工作的程序

测量工作的程序一般分两步进行：第一步建立控制点，称为控制测量；第二步是测定特征点的位置，称为碎部测量。

测量工作有内业与外业之分。利用测量仪器在野外测出控制点之间或控制点与特征点之间的距离、水平角和高差，称为测量外业。将外业成果在室内进行整理、计算和绘图，称为测量内业。

第五节　测量常用的计量单位与换算

测量常用的计量单位与换算见表1-3。

表1-3　测量常用的计量单位与换算

量名	单位名	符号	换算关系	量名	单位名	符号	换算关系
长度	米	m	1m＝3市尺	角度	圆周角		1圆周角＝360°＝2πrad
	分米	dm	1dm＝0.1m		度	°	1°＝60′＝0.01745rad
	厘米	cm	1cm＝0.01m		分	′	1′＝60″＝0.00029rad
	毫米	mm	1mm＝0.001m		秒	″	1″＝0.000005rad
	千米	km	1km＝1000m		弧度	rad	$\rho°\approx57.30°$
	海里	n mile	1n mile＝1852m				$\rho'\approx3438'$
面积	平方米	m²					$\rho''\approx206265''$
	平方千米	km²	1km²＝10⁶m²＝100hm²＝1500亩	时间	天	d	1d＝24h
	公顷	hm²	1hm²＝10⁴m²＝15亩		小时	h	1h＝60min
	亩		1亩＝666.67m²＝6000市尺²		分	min	1min＝60s
					秒	s	

第六节　测量计算数值凑整规则

为了避免测量误差的迅速累积而影响观测成果的精度，在测量计算中通常采用如下凑整规则：

① 若数值中被舍去部分的数值大于所保留的末位数的0.5，则末位加1；

② 若数值中被舍去部分的数值小于所保留的末位数的0.5，则末位不变；

③ 若数值中被舍去部分的数值等于所保留的末位数的0.5，则末位凑整成偶数。

以上规则可归纳为：大于5者进，小于5者舍，等于5者视前面为奇数或偶数而定，奇进偶不进。

【例1-1】 将下列数值凑整成小数点后3位有效数值。

原有数值	凑整后的数值
12.8345	12.834
12.51438	12.514
17.15159	17.152
24.4255	24.426
24.4265	24.426

思考题与习题

1. 测量学的基本任务是什么？对你所学专业起什么作用？

2. 测绘与测设有何区别？

3. 什么是水准面？什么是大地水准面？大地水准面在测量工作中的作用是什么？

4. 什么是绝对高程和相对高程？什么是高差？

5. 表示地面点位有哪几种坐标系？各有什么用途？

6. 测量学中的平面直角坐标系与数学中的平面直角坐标系有何不同？

7. 某点的经度为118°45′，试计算它所在6°带及3°带的带号，以及中央子午线的经度是多少？

8. 用水平面代替水准面，对距离、水平角和高程有何影响？

9. 测量工作的原则是什么？

10. 确定地面点位的三项基本测量工作是什么？

第二章 水 准 测 量

测量地面点高程的工作被称为高程测量。根据人们所使用的测量仪器和施测的方法不同，高程测量又可分为水准测量、三角高程测量、GPS 高程测量等。其中水准测量是方便、快速且精度最高的一种方法，被广泛应用于高程控制测量和土木工程测量中。

第一节 水准测量原理

水准测量的原理：利用水准仪提供的一条水平视线，借助于带有分划的两根水准尺上的读数，计算出地面上两点之间的高差，并由已知点的高程算出未知点的高程。

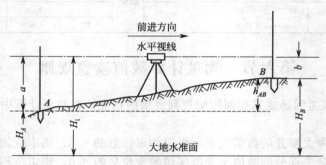

图 2-1 水准测量原理

如图 2-1 所示，设地面 A 点为已知高程点，其高程为 H_A，称为后视点；B 点为前进方向高程待测点，称为前视点。两点上竖立水准尺（称为测点），利用水准仪提供的水平视线，先在 A 尺上进行读数，记为 a，称为后视读数；然后在 B 尺上进行读数，记为 b，称为前视读数。则 A 至 B 点的高差 h_{AB} 为

$$h_{AB} = a - b \tag{2-1}$$

若 $a > b$，h_{AB} 为正值，表示 B 点高于 A 点；反之，则 B 点低于 A 点。B 点的高程可按下式求得：

$$H_B = H_A + h_{AB} = H_A + (a - b) \tag{2-2}$$

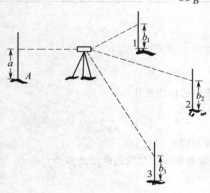

图 2-2 视线高法水准测量

利用实测高差 h_{AB} 计算未知点 B 高程的方法，称为高差法。由 A 点至 B 点的高差用 h_{AB} 表示，而 B 点至 A 点的高差用 h_{BA} 来表示，即 $h_{AB} = -h_{BA}$。

在实际工作中，亦可用水准仪的视线高 H_i 来计算前视点的高程。

安置一次水准仪，利用仪器提供的水平视线，同时测量若干个点的高差，并根据已知后视点的高程来计算若干个前视点的高程，称为视线高法，如图 2-2 所示。此方法方便快捷、效率高，普遍应用于建筑施工测量中。

仪器的视线高程：

$$H_i = H_A + a$$

待定点的高程：

$$H_B = H_i - b = H_A + a - b \tag{2-3}$$

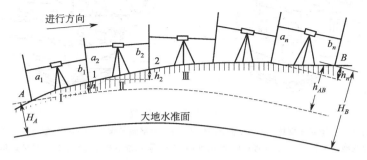

图 2-3　连续水准测量

当 A、B 两点之间相距较远或者地势起伏较大时，如图 2-3 所示，往往安置一次仪器不可能测出其高差，则必须在两点之间加设若干个临时的立尺点，作为高程传递过程中的转点（用 TP 或 ZD 表示），并连续安置仪器、竖立水准尺，依次测定已知点、转点、待定点之间的高差，最后取其代数和，从而求得 A、B 两点之间的高差 h_{AB} 为

$$h_{AB} = h_1 + h_2 + h_3 + \cdots + h_n = \sum_{i=1}^{n} h_i = \sum_{i=1}^{n} a_i - \sum_{i=1}^{n} b_i \tag{2-4}$$

$$h_1 = a_1 - b_1, \quad h_2 = a_2 - b_2, \quad \cdots, \quad h_n = a_n - b_n$$

由此可见，在实际的测量工作中，起点至终点的高差可由各段高差求和而得，也可利用所有后视读数之和减去前视读数之和而求得。

若已知 A 点的高程 H_A，则 B 点的高程 H_B 为

$$H_B = H_A + h_{AB} = H_A + \sum_{i=1}^{n} h_i \tag{2-5}$$

第二节　水准测量的仪器及工具

我国水准仪系列标准按其精度等级可分为 DS_{05}、DS_1、DS_3、DS_{10} 四种型号，其中 D、S 分别为大地测量、水准仪的汉语拼音第一个字母，下标数字表示仪器的精度等级。如 DS_3 型水准仪的"3"表示该仪器每千米往返测量高差中数的偶然中误差为 ± 3mm。DS_{05}、DS_1 型为精密水准仪，用于国家一等、二等水准测量；DS_3、DS_{10} 型为普通水准仪，常用于国家三等、四等水准测量或等外水准测量。表 2-1 中列出了不同精度级别水准仪的用途。

表 2-1　水准仪分级及主要用途

水准仪系列型号	DS_{05}	DS_1	DS_3	DS_{10}
每千米往返测高差中数偶然中误差/mm	$\leqslant \pm 0.5$	$\leqslant \pm 1$	$\leqslant \pm 3$	$\leqslant \pm 10$
主要用途	国家一等水准测量及地震监测	国家二等水准测量及其他精密水准测量	国家三等、四等水准测量及一般工程水准测量	一般工程水准测量

一、DS_3 型微倾式水准仪的构造

工程测量中一般常使用 DS_3 级水准仪，其外形及各部件名称如图 2-4 所示，主要由望远镜、水准器、基座三大部分组成。

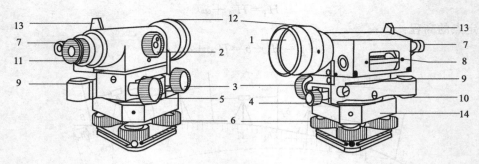

图 2-4　DS₃ 型水准仪

1—物镜；2—物镜对光螺旋；3—水平微动螺旋；4—水平制动螺旋；5—微倾螺旋；6—脚螺旋；
7—符合气泡观察镜；8—水准管；9—圆水准器；10—圆水准器校正螺钉；11—目镜调焦螺旋；
12—准星；13—缺口；14—基座

1. 望远镜

望远镜具有成像和扩大视角的功能，其作用是看清不同远近距离的目标和提供照准目标的视线。

如图 2-5(a) 所示，望远镜由物镜、调焦透镜、十字丝分划板、目镜等组成。物镜、调焦透镜、目镜为复合透镜组，分别安装在镜筒的前、中、后三个部位，三者与光轴组成一个等效光学系统。转动调焦螺旋，调焦透镜沿光轴前后移动，改变等效焦距，看清远近不同的目标。

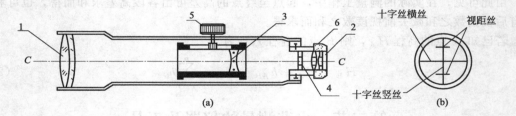

图 2-5　望远镜的构造

1—物镜；2—目镜；3—物镜调焦透镜；4—十字丝分划板；5—物镜调焦螺旋；6—目镜调焦螺旋

十字丝分划板为一平板玻璃，上面刻有相互垂直的细线，称为十字丝。中间一条横线称为中横丝或中丝，上、下对称平行中丝的短线称为上丝和下丝，统称视距丝，用来测量距离。竖向的线称竖丝或纵丝，如图 2-5(b) 所示。十字丝分划板压装在分划板环座上，通过校正螺钉套装在目镜筒内，位于目镜与调焦透镜之间。十字丝是照准目标和读数的标志。

物镜光心与十字丝交点的连线，称望远镜视准轴，用 CC 表示，为望远镜照准线。

望远镜的成像原理：如图 2-6 所示，根据几何光学原理，远处目标 AB 反射的光线，经过物镜及调焦透镜的作用，在十字丝附近成一倒立实像。由于目标离望远镜的远近不同，通过转动调焦螺旋使调焦透镜在镜筒内前后移动，使其实像 ab 恰好落在十字丝分划板平面上，再经过目镜的作用，将倒立的实像 ab 和十字丝同时放大，这时倒立的实像成为倒立而放大的虚像 $a'b'$，即为望远镜中观察到目标的影像。现代水准仪在调焦透镜后装有一个正像棱镜（如阿贝棱镜、施莱特棱镜等），通过棱镜反射，看到的目标影像为正像。这种望远镜称为正像望远镜。其放大的虚像 $a'b'$ 对眼睛的张角 β 与 AB 对眼睛的直接张角 α 的比值，称为望远

镜的放大率，用 V 表示，即

$$V = \beta/\alpha \tag{2-6}$$

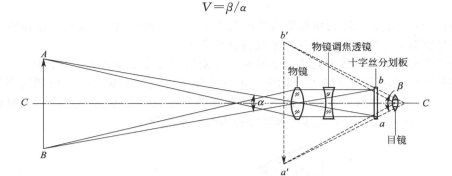

图 2-6　望远镜的成像原理

　　通过望远镜能看到的物面范围大小称为视场，视场边缘对物镜中心形成的张角称为视场角，用 ω 表示。V、ω 是望远镜的重要技术指标，一般说来，V、ω 愈大，望远镜看得愈远，观察的范围愈大。DS$_3$ 型水准仪一般 V 为 28～32 倍，ω 为 $1°30'$。

　　2. 水准器

　　水准器是用来衡量仪器视准轴 CC 是否水平、仪器旋转轴（又称竖轴）VV 是否铅垂的装置，有管水准器（又称水准管）和圆水准器两种，前者用于精平仪器使视准轴水平，后者用于粗平使竖轴铅垂。

　　（1）管水准器

　　图 2-7（a）所示为内壁沿纵向研磨成一定曲率的圆弧玻璃管，管内注以乙醚和乙醇混合液体，两端加热融封后形成一气泡。水准管纵向圆弧的顶点 O，称为管水准器的零点。过零点相切于内壁圆弧的纵向切线，称为水准管轴，用 LL 表示。当气泡中心与零点重合时，称为气泡居中。

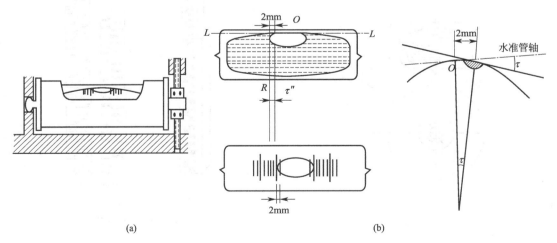

（a）　　　　　　　　　　　　　　　　　（b）

图 2-7　管水准器的构造与分划值

　　为了使望远镜视准轴 CC 水平，水准管安装在望远镜左侧，并满足 $LL /\!/ CC$，当水准管气泡居中时，LL 处于水平，CC 也就随之处于水平位置。这是水准仪应满足的重要条件。沿水准管纵向对称于 O 点间隔 2mm 弧长刻一分划线。两刻线间弧长所对的圆心角，称为水准管的分划值 [图 2-7（b）]，用 τ 表示。它表示气泡移动一格时，水准管轴倾斜的角度

值，即

$$\tau = 2\text{mm} \times \rho/R \tag{2-7}$$

式中，$\rho = 206265''$；R 为水准管内壁的曲率半径。一般来说，τ 愈小，水准管灵敏度和仪器安平精度愈高。DS$_3$ 型水准仪的水准管分划值为 $20''/2\text{mm}$。

为提高气泡的居中精度和速度，水准管上方安装了符合棱镜系统［图 2-8(a)］，将气泡同侧两端的半个气泡影像反映到望远镜旁的观察镜中。气泡不居中时，两端气泡影像错开［图 2-8(b)］。转动微倾螺旋，左侧气泡移动方向与螺旋转动方向一致，使气泡影像吻合［图 2-8(c)］，表示气泡居中。这种水准器称为符合水准器。

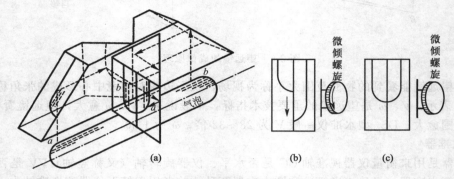

图 2-8　符合水准器棱镜系统

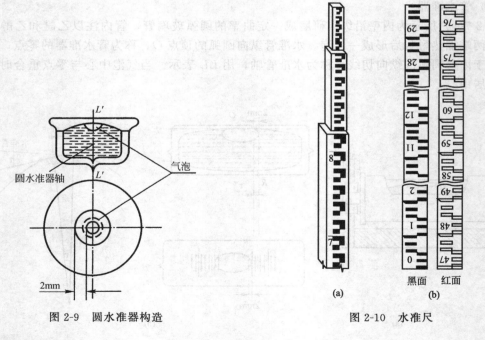

图 2-9　圆水准器构造　　　　　　图 2-10　水准尺

（2）圆水准器

如图 2-9 所示，将玻璃圆盒顶面内壁研磨成球面，内注混合液体。球面中央有一圆圈，其圆心称圆水准器零点，过零点的球面法线 $L'L'$ 称圆水准器轴。圆水准器装在托板上，并使 $L'L'$ 平行仪器旋转轴 VV，即 $L'L'//VV$，气泡居中时，$L'L'$ 与 VV 处于铅垂位置。气泡由零点向任意方向偏离 2mm，$L'L'$ 相对于铅垂线倾斜一个角值 τ，称为圆水器分划值。DS$_3$

型水准仪 $\tau = (8' \sim 10')/2\text{mm}$。

3. 基座

基座由轴座、脚螺旋和连接板组成。仪器上部结构通过竖轴插入轴座中，由轴座支承，用三个脚螺旋与连接板连接。整个仪器用中心连接螺旋固定在三脚架上。

此外，如图 2-4 所示，控制望远镜水平转动的有制动、微动螺旋，制动螺旋拧紧后，转动微动螺旋，仪器在水平方向做微小运动，以利于精确照准目标。微倾螺旋可调节望远镜在竖直面内俯仰，以达到调节视准轴水平的目的。

二、水准尺和尺垫

水准尺又称标尺是水准测量的主要工具，在水准测量作业时与水准仪配合使用，缺一不可。水准尺有塔尺和直尺两种（图 2-10）。

塔尺一般用玻璃钢、铝合金或优质木材制成。一般由 2～3 节尺段套接而成，全长多为 3m 或 5m，如图 2-10(a) 所示。塔尺两面起点均为 0，属于单面尺。它携带方便，但尺端接头易损坏，常用于精度要求不高的等外水准测量。

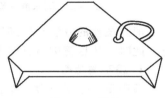

图 2-11 尺垫

直尺一般用不易变形的干燥优质木材制成，全长 3m，多为双面尺，如图 2-10(b) 所示，常用于三等、四等水准测量。

尺垫由平面为三角形的生铁铸成，如图 2-11 所示，下方有三个尖脚，可以安置在任何不平的硬性地面上或把尖脚踩入土中，使其稳定。尺垫平面上方中央有一突起的半球，供立尺用。安置于转点处，以防止水准尺下沉。

第三节 水准仪的使用

在一个测站上，水准仪的使用包括仪器的安置、粗略整平、瞄准水准尺、精平与读数四个操作步骤。

1. 安置水准仪

在测站上安置三脚架，调节架腿使其高度适中，目估使架头大致水平，检查脚架伸缩螺旋是否拧紧。然后打开仪器箱，取出水准仪放在三脚架头上。安置时，一手扶住仪器，一手用中心连接螺旋将仪器牢固地连接在三脚架上，以防仪器从架头滑落。

2. 粗略整平

粗略整平是使用仪器脚螺旋将圆水准器气泡调节到居中位置，借助圆水准器的气泡居中，使仪器竖轴大致铅直，视准轴粗略水平。具体做法是：先将脚架的两架脚踏实，操纵另一架脚左右、前后缓缓移动，使圆水准气泡基本居中（气泡偏离零点不要太远），再将此架脚踏实，然后调节脚螺旋使气泡完全居中。调节脚螺旋的方法如图 2-12 所示。在整平过程中，遵循左手法则，即气泡移动的方向与左手（右手）大拇指转动方向一致（相反）。有时要按上述方法反复调整脚螺旋，才能使气泡完全居中。

3. 瞄准水准尺

首先进行目镜对光，即把望远镜对着明亮背景，转动目镜调焦螺旋使十字丝成像清晰。再松开制动螺旋，转动望远镜，用望远镜筒上部的准星和照门大致对准水准尺后，拧紧制动螺旋。然后从望远镜内观察目标，调节物镜调焦螺旋，使水准尺成像清晰。最后用微动螺旋转动望远镜，使十字丝竖丝对准水准尺的中间稍偏一点，以便进行读数。

在物镜调焦后，当眼睛在目镜端上下稍微移动时，有时会出现十字丝与目标有相对运动的现象，这种现象称为视差。产生视差的原因是目标通过物镜所成的像没有与十字丝平面重合（图 2-13）。由于视差的存在会影响观测结果的准确性，所以必须加以消除。

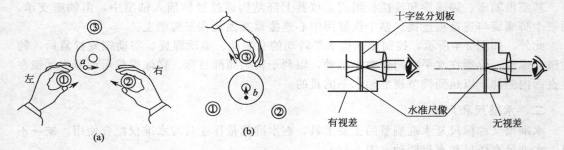

图 2-12　圆水准气泡整平　　　　　　　　　　　　图 2-13　视差现象

消除视差的方法是仔细地反复进行目镜和物镜调焦。直至眼睛上、下移动，读数不变为止。此时，从目镜端所见到十字丝与目标的像都十分清晰。

4. 精平与读数

精确整平是调节微倾螺旋，使目镜左边观察窗内的符合水准器的气泡两个半边影像完全吻合；这时水准仪视准轴处于精确水平位置。精平时，由于气泡移动有一个惯性，所以转动

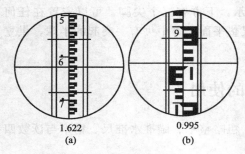

图 2-14　精平后读数

微倾螺旋的速度不能太快。只有符合气泡两端影像完全吻合而又稳定不动，才表示水准仪视准轴处于精确水平位置。带有水平补偿器的自动安平水准仪不需要这项操作。

符合水准器气泡居中后，即可读取十字丝中丝在水准尺上的读数。直接读出米、分米和厘米，估读出毫米（图 2-14）。现在的水准仪多采用倒像望远镜，因此读数时应从小到大，即从上往下读。也有正像望远镜，读数与此相反。

精确整平与读数虽是两个不同的操作步骤，但在水准测量的实施过程中，却把两项操作视为一体，即精平后再进行读数。读数后还要检查管水准气泡是否完全符合，只有这样，才能取得准确的读数。

当改变望远镜的方向做另一次观测时，管水准气泡可能偏离中央，必须再次调节微倾螺旋，使气泡吻合才能读数。

第四节　水准测量的实施

一、水准点及其埋设

为了统一全国的高程系统，国家有关专业测绘部门在全国各地埋设了许多固定的高程控制点，并根据 1985 年确定的黄海高程系——青岛水准原点，采用水准测量的方法测定其高程，这些点称为水准点（bench mark），简记 BM。水准测量通常是从水准点引测其他点的高程。水准点有永久性和临时性两种。水准点的位置应选在土质坚硬、便于长期保存和使用方便的地点。

水准点按其精度标准分为不同的等级。国家水准点分为四个等级，即一、二、三、四等水准点，按国家规范要求埋设永久性标石标志。地面水准点按一定规格埋设，一般用石料或钢筋混凝土制成，埋深到地面冻结线以下。在标石顶部设有不易腐蚀的材料制成的半球状标

志 [图 2-15(a)]；墙上水准点应按规格要求设置在永久性建筑物上 [图 2-15(b)]。这些点均需要长期保存，故称为永久性水准点。

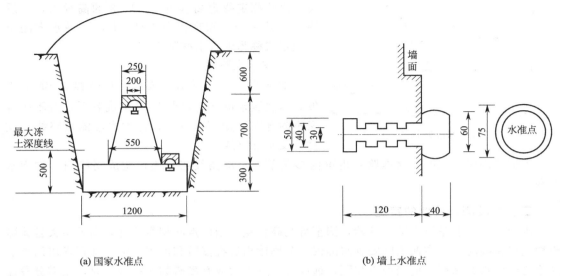

(a) 国家水准点　　　　　　　　　　　　　　　(b) 墙上水准点

图 2-15　永久性水准点

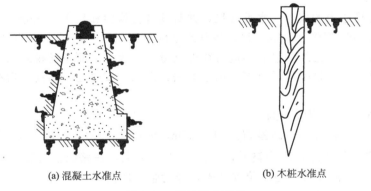

(a) 混凝土水准点　　　　　　　(b) 木桩水准点

图 2-16　临时性水准点

地形测量中的图根水准点和一些建筑施工测量中使用的水准点，由于使用的时间较短，称为临时性水准点。常采用的临时性标志，可用混凝土标石埋设 [图 2-16(a)]，或用大木桩加一帽钉打入地下并用混凝土固定 [图 2-16(b)]，也可在地面上凸出的坚硬岩石或房屋四周水泥面、台阶等处用红油漆做出标记。

凡埋设完水准点后，必须绘出水准点与附近永久性建筑物的位置关系草图并写明其编号和高程值，即点之记，以便于日后查找水准点时使用。

二、水准路线

水准测量所进行的路线称为水准路线。根据测区情况和需要，水准路线可布设成以下几种形式。

1. 闭合水准路线

如图 2-17(a) 所示，从一已知高程点 BM_A 出发，沿线测定待测高程点 1、2、3、4 的高程后，最后闭合在起始点 BM_A 上，这种水准测量路线形式称为闭合水准路线。

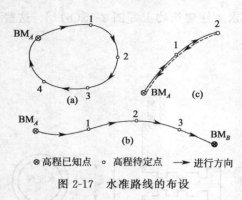

⊗高程已知点　。高程待定点　→进行方向

图 2-17　水准路线的布设

2. 附合水准路线

如图 2-17（b）所示，从一已知高程点 BM_A 出发，沿线测定待定高程点 1、2、3 的高程后，最后附合在另一个已知高程点 BM_B 上，这种水准测量路线形式称为附合水准路线。

3. 支水准路线

如图 2-17（c）所示，从一已知高程点 BM_A 出发，沿线测定待定高程点 1、2 的高程后，既不闭合又不附合在已知高程点上，这种水准测量路线形式称为支水准路线。

当测区面积较大时，水准路线也可由多条单一水准路线相互连接构成网状图形称为水准网。

三、水准测量外业的实施

水准测量一般是以水准点开始，测至待测高程点。当两点间相距不远，高差不大且无障碍物遮挡视线时，可在两点间安置水准仪，分别读出后视读数和前视读数，即可求出两点的高差与待测点的高程；但当两点相距较远或者高差很大或有障碍物遮挡视线时，则需分段连续观测。

1. 一般要求

作业前应选择适当的仪器、水准标尺，并对其进行检验和校正。三等、四等水准测量和图根控制测量用 DS_3 型仪器和双面尺，等外水准配单面尺。一般性水准测量采用单程观测，作为首级控制或支水准路线测量必须进行往返测量。等级水准测量的视距长度、路线长度等必须符合规范要求。测量时应尽可能采用中间法，即仪器安置在距离前、后视尺大致相等的位置。

2. 实施过程（一个测段为例）

如图 2-18 所示，设 A 点的高程 $H_A = 48.145m$，欲测定 B 点的高程 H_B，其施测过程如下。

① 安置水准仪于 1 站，粗略整平，后视尺立于 A 点，在路线前进方向选择一稳定的地面点，大致与 A1 距离相等的适当位置 TP_1，作为临时的高程传递点，称为转点；放上尺垫并踏实，将前视尺立于其上。

② 照准 A 点水准尺，精平仪器，读取后尺读数 a_1，填入记录手簿。

前进方向 →

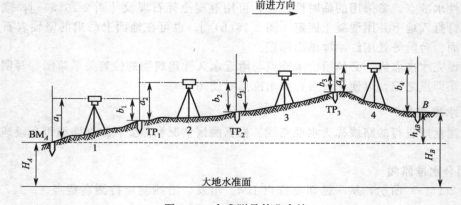

图 2-18　水准测量外业实施

③ 调转望远镜，照准前视 TP_1 点水准尺，精平仪器，读取前视读数 b_1，填入记录手簿。

④ 两点间高差的计算，$h_1 = a_1 - b_1$。

第 1 测站观测完毕后，将仪器搬至第 2 站、第 3 站、…连续进行设站施测，各测站的观测方法同第 1 测站，直至测至终点 B 为止。A、B 两点间的高差为各测站高差取其和，见式(2-4)，并由式(2-5)计算出 B 点高程。施测全过程的读数、高差和高程计算与检核，均在水准测量手簿（表 2-2）中进行。

表 2-2　水准测量手簿

日期：2010 年 9 月 20 日　　　　天气：晴　　　　小组：第 2 小组

仪器：DS_3　　　　　　　　　观测者：张宁　　　记录者：王小明　　　　　　单位：m

测站	测点	水准尺读数		高差 h	高程 H	备注
		后视读数 a	前视读数 b			
1	BM_A	2.036		+0.489	48.145	
	TP_1		1.547			
2	TP_1	1.743		+0.307		
	TP_2		1.436			
3	TP_2	1.676		+0.642		
	TP_3		1.034			
4	TP_3	1.244		-0.521	49.062	
	BM_B		1.765			
Σ		6.699	5.782	+0.917		
计算检核		$\sum a - \sum b = 6.699 - 5.782 = 0.917$（m） $= \sum h = 0.917$（m）$= H_B - H_A = 0.917$（m）				

3. 水准测量检核

如上所述，B 点的高程是根据 BM_A 点的已知高程和转点之间的高差计算出来的。若其中测错任何一个高差，B 点的高程计算就不正确。因此，在水准测量外业实施的过程中必须采取措施进行检核。

（1）测站检核

为了检核前、后视读数的正确性，通常采用下列方法进行测站检核。不合格者不得搬站，等级水准测量尤其如此。

两次仪高法：又称变更仪高法。在一个测站上，观测一次高差 $h' = a' - b'$ 后，将仪器升高或降低 10cm 左右，再观测一次高差 $h'' = a'' - b''$。当两次高差之差（称为较差）满足：

$$\Delta h = h' - h'' \leqslant \Delta h_允 \tag{2-8}$$

取两次高差平均值作为基本高差；否则应重测，直到满足要求为止。$\Delta h_允$ 称为容许值，在相应的规范中查取，例如，等外水准测量要求 $\Delta h \leqslant \pm 6mm$。

双面尺法：在一个测站上，用同一个仪器高分别观测一对水准尺的黑面和红面的读数，获得两个高差 $h_黑 = a_黑 - b_黑$ 和 $h_红 = a_红 - b_红$，若满足：

$$\Delta h = h_黑 - h_红 \pm 100mm \leqslant \Delta h_允 \tag{2-9}$$

取两次观测高差的平均值作为结果；否则应重测。例如，四等水准测量 $\Delta h \leqslant \pm 5mm$。

（2）计算检核

手簿中计算的高差和高程应满足式(2-4)及 $H_B - H_A = \sum h$。否则表示计算有错，应查明原因并给予纠正。验算在手簿计算检核栏中进行（表 2-2）。

（3）成果检核

上述检核，只限于读数误差和计算误差，不能排除其他诸多误差对观测成果的影响，例如转点位置移动、标尺和仪器下沉等，造成误差积累，即实测高差值 $\sum h_{测}$ 与理论高差值 $\sum h_{理}$ 不相符，存在一个差值，称为高差闭合差，用符号 f_h 来表示。

$$f_h = \sum h_{测} - \sum h_{理} \tag{2-10}$$

因此，必须对高差闭合差进行检核，如果 f_h 满足：

$$f_h \leqslant f_{h允} \tag{2-11}$$

表示测量成果符合要求；否则应重测。GB 50026—93《工程测量规范》有如下规定。

三等水准测量：平地 $f_{h允} = \pm 12\sqrt{L}$ mm；山地 $f_{h允} = \pm 4\sqrt{n}$ mm $\tag{2-12}$

四等水准测量：平地 $f_{h允} = \pm 20\sqrt{L}$ mm；山地 $f_{h允} = \pm 6\sqrt{n}$ mm $\tag{2-13}$

图根水准测量：平地 $f_{h允} = \pm 40\sqrt{L}$ mm；山地 $f_{h允} = \pm 12\sqrt{n}$ mm $\tag{2-14}$

式中，L 为往返测段、附合或闭合水准路线长度，km；n 为测站数；$f_{h允}$ 为允许高差闭合差，mm。

第五节 水准测量的内业处理

水准测量外业结束之后，首先要检查外业手簿中的各项观测数据是否符合要求，各点间高差计算有无错误。经检核无误后，进行高差闭合差的计算与调整；最后计算出各待定点的高程。以上工作称为水准测量的内业。

一、附合水准路线闭合差的计算与调整

如图 2-19，A、B 为两个水准点。A 点的高程为 42.365，B 点的高程为 32.509。各测段的高差，分别为 h_1、h_2、h_3 和 h_4。

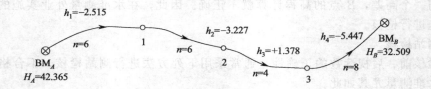

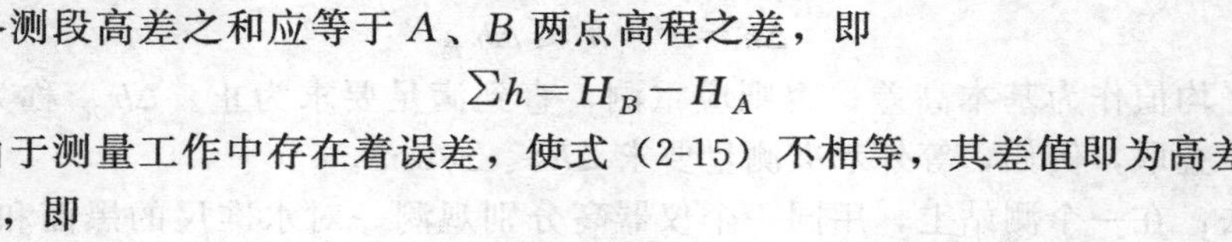

$$h_1 = -2.515 \qquad h_2 = -3.227 \qquad h_3 = +1.378 \qquad h_4 = -5.447$$

$$n=6 \qquad n=6 \qquad n=4 \qquad n=8$$

$$BM_A \quad H_A = 42.365 \qquad 1 \qquad 2 \qquad 3 \qquad BM_B \quad H_B = 32.509$$

图 2-19 附合水准路线

显然，各测段高差之和应等于 A、B 两点高程之差，即

$$\sum h = H_B - H_A \tag{2-15}$$

实际上由于测量工作中存在着误差，使式（2-15）不相等，其差值即为高差闭合差，用符号 f_h 表示，即

$$f_h = \sum h_{测} - (H_B - H_A) \tag{2-16}$$

高差闭合差可用来衡量测量成果的精度，等外（普通）水准测量的高差闭合差的允许值规定见式（2-14）。

若高差闭合差不超过允许值，说明观测精度符合要求，可进行闭合差的调整。现以图 2-19 中的观测数据为例，记入表 2-3 中进行计算说明。

表 2-3　附合水准路线测量成果内业计算

测点 1	测站数 2	实测高差/m 3	高差改正数/m 4	改正后的高差/m 5	高程/m 6	备注 7
BM$_A$					42.365	
	6	-2.515	-0.011	-2.526		
1					39.839	
	6	-3.227	-0.011	-3.238		
2					36.601	山地等外
	4	$+1.378$	-0.008	$+1.370$		水准测量
3					37.971	
	8	-5.447	-0.015	-5.462		
BM$_B$					32.509	
Σ	24	-9.811	0.045	-9.856		
辅助计算	$f_h=+45\text{mm}$　　$n=24$　　$-f_h/n=-1.875\text{mm}$　　$f_{h允}=\pm12\sqrt{24}=\pm58\text{mm}$					

1. 高差闭合差 f_h 的计算

$$f_h=\sum h_测-(H_B-H_A)=-9.811-(32.509-42.365)=+0.045\text{m}$$

设为山地，故 $f_{h允}=\pm12\sqrt{24}=\pm58\text{mm}$

$|f_h|<|f_{h允}|$，其精度符合要求。

2. 闭合差的调整

在同一条水准路线上，假设观测条件是相同的，可认为各测站产生的误差机会是相同的，故闭合差的调整按与测站数（或距离）成正比例反符号分配的原则进行。本例中测站数 $n=24$，故每一站的高差改正数为

$$V=-\frac{f_h}{n}=-\frac{45}{24}=-1.875\text{mm}$$

各测段的改正数，按测站数进行计算，分别列入表 2-3 中的第 4 栏内。改正数总和的绝对值应与闭合差的绝对值相等。第 3 栏中的实测高差分别加改正数后，便得到改正后的高差，列入第 5 栏中。最后求得改正后的高差代数和，其值应与 A、B 两点间的高差（H_B-H_A）相等，否则，说明计算有误。

3. 高程的计算

根据检核过的改正后的高差，由起始点 A 开始，逐点推算出各点的高程，列入表中第 6 栏中。最后算的 B 点的高程应与已知的高程 H_B 相等，否则说明高程计算有误。

二、闭合水准路线闭合差的计算与调整

闭合水准路线各段高差的代数和应等于零，即

$$\sum h=0 \tag{2-17}$$

由于存在着测量误差，必然产生高差闭合差

$$f_h=\sum h_测 \tag{2-18}$$

闭合水准路线高差闭合差的调整方法、允许值的计算，均与附合水准路线相同。

第六节　微倾式水准仪的检验与校正

水准仪有以下主要轴线：视准轴、水准管轴、仪器竖轴和圆水准器轴，以及十字丝横

丝，见图 2-20。根据水准测量原理，水准仪必须提供一条水平视线，才能正确地测出两点间的高差。为此，水准仪各轴线间应满足的几何条件如下。

① 圆水准器轴 $L'L'$ // 仪器竖轴 VV；

② 十字丝的中丝（横丝）⊥ 仪器竖轴 VV；

③ 水准管轴 LL // 视准轴 CC。

上述水准仪应满足的各项条件，在仪器出厂时已经过检验与校正而得到满足，但由于仪器在长期使用和运输过程中受到振动和碰撞等原因，使各轴线之间的关系发生变化，若不及时检验校正，将会影响测量成果的质量。所以，在进行水准测量作业前，应对水准仪进行检验，如不满足要求，应及时对仪器加以校正。

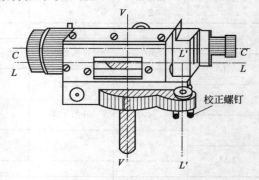

图 2-20　水准仪的主要轴线

一、圆水准器轴平行仪器竖轴的检验校正

1. 检验方法

安置水准仪后，用脚螺旋调节圆水准器气泡居中，然后将望远镜绕竖轴旋转180°，如气泡仍居中，表示此项条件满足要求（圆水准器轴与竖轴平行）；若气泡不居中，则应进行校正。

检验原理：如图 2-21 所示，当圆水准器气泡居中时，圆水准器轴处于铅垂位置；若圆水准器轴与竖轴不平行，则竖轴与铅垂线之间出现倾角 δ [图 2-21(a)]。当望远镜绕倾斜的竖轴旋转 180°后，仪器的竖轴位置并没有改变，而圆水准器轴却转到了竖轴的另一侧。这时，圆水准器轴与铅垂线夹角为 2δ，则圆水准器气泡偏离零点，其偏离零点的弧长所对的圆心角为 2δ [图 2-21(b)]。

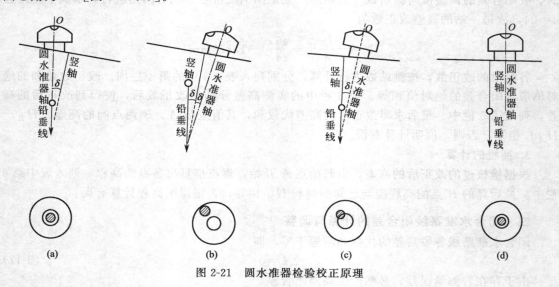

图 2-21　圆水准器检验校正原理

2. 校正方法

根据上述检验原理，校正时，用脚螺旋使气泡向零点方向移动偏离长度的一半，这时竖轴处于铅垂位置 [图 2-21(c)]。然后再用校正针调整圆水准器下面的三个校正螺钉，使气泡居中。这时，圆水准器轴便平行于仪器竖轴 [图 2-21(d)]。

圆水准器下面的校正螺钉构造如图 2-22 所示。校正时，一般要反复进行数次，直到仪器旋转到任何位置圆水准器气泡都居中为止。最后要注意拧紧固紧螺钉。

二、十字丝横丝垂直仪器竖轴的检验与校正

1. 检验方法

安置水准仪并整平后，先用十字丝横丝的一端对准一个点状目标，如图 2-23(a) 中的 P 点，然后拧紧制动螺旋，缓缓转动微动螺旋。若 P 点始终在横丝上移动［图 2-23(b)］，说明十字丝横丝垂直仪器竖轴，条件满足；若 P 点移动的轨迹离开了横丝［图 2-23(c)、(d)］，则条件不满足，需要校正。

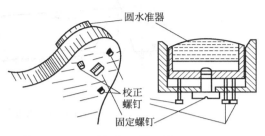

图 2-22　圆水准器校正螺钉

2. 校正方法

校正方法因十字丝分划板座安置的形式不同而异。其中一种十字丝分划板的安置是将其固定在目镜筒内，目镜筒插入物镜筒后，再由三个固定螺钉与物镜筒连接，如图 2-24 所示。校正时，用螺钉旋具放松三个固定螺钉，然后转动目镜筒，使横丝水平，最后将三个固定螺钉拧紧。

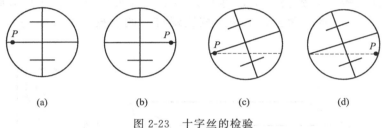

(a)	(b)	(c)	(d)

图 2-23　十字丝的检验

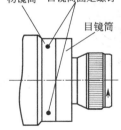

物镜筒　目镜筒固定螺钉

目镜筒

图 2-24　十字丝的校正

三、水准管轴平行视准轴的检验与校正

1. 检验方法

如图 2-25 所示，在高差不大的地面上选择相距 80m 左右的 A、B 两点，打入木桩或安放尺垫。将水准仪安置在 A、B 两点的中点 Ⅰ 处，用变仪器高法（或双面尺法）测出 A、B 两点高差，两次测量高差之差小于 3mm 时，取其平均值 h_{AB} 作为最后结果。

由于仪器距 A、B 两点等距离，从图 2-25 可看出，不论水准管轴是否平行视准轴，在 Ⅰ 处测出的高差 h_1 都是正确的高差。由于距离相等，两轴不平行误差 Δ 可在高差计算中自动消除，故高差 h 不受视准轴误差的影响。

将仪器搬至距 A 点 2～3m 的 Ⅱ 处，精平后，分别读取 A 点尺和 B 点尺的中丝读数 a' 和 b'。因仪器距 A 很近，水准管轴不平行视准轴引起的读数误差可忽略不计，则可计算出仪器在 Ⅱ 处时，B 点尺上水平视线的正确读数为

$$b_0' = a' - h_{AB} \qquad (2\text{-}19)$$

实际测出的 b' 如果与计算得到的 b_0' 相等，则表明水准管轴平行视准轴；否则，两轴不平行，其夹角为

$$i = \frac{b' - b_0'}{D_{AB}} \rho \qquad (2\text{-}20)$$

式中，$\rho = 206265''$。

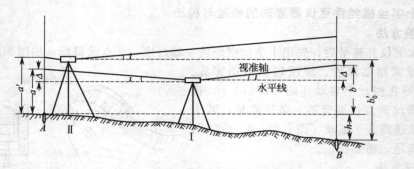

图 2-25　水准管轴平行视准轴的检验

对于 DS$_3$ 型微倾式水准仪，i 角不得大于 $20''$，如果超限，则应对水准仪进行校正。

2. 校正方法

仪器仍在 II 处，调节微倾螺旋，使中丝在 B 点尺上的中丝读数移到 b'_0，这时视准轴处于水平位置，但水准管气泡不居中（符合气泡不吻合）。用校正针拨动水准管一端的上、下两个校正螺钉，先松一个，再紧另一个，将水准管一端升高或降低，使符合气泡吻合（图 2-26）。再拧紧上、下两个校正螺钉。此项校正要反复进行，直到 i 角小于 $20''$ 为止。

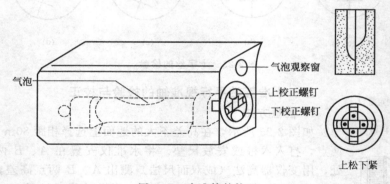

图 2-26　水准管的校正

第七节　水准测量的误差及注意事项

水准测量误差包括仪器误差、观测误差和外界条件的影响三方面。

一、仪器误差

1. 仪器校正后的残余误差

例如水准仪的水准管轴与视准轴不平行，虽经过校正但仍然残存少量误差，因而使读数产生误差。这项误差与仪器至立尺点的距离成正比。只要在测量中，使前、后视距离相等，在高差计算中就可消除或减少该项误差的影响。

2. 水准尺误差

由于水准尺刻划不准确、尺长变化、弯曲等影响，都会影响水准测量的精度。因此，水准尺须经过检验才能使用。至于水准尺的零点误差在成对使用水准尺时，可采取设置偶数测站的方法来消除；也可在前、后视中使用同一根水准尺来消除。

二、观测误差

1. 水准管气泡居中误差

由于水准管内液体与管壁的黏滞作用和观测者眼睛分辨能力的限制，致使气泡没有严格居中引起的误差。水准管气泡居中误差一般为 $\pm0.15\tau$（τ 为水准管分划值），采用符合水准器时，气泡居中精度可提高一倍。故由气泡居中误差引起的读数误差为

$$m_\tau = \frac{0.15\tau}{2\rho}D \qquad (2\text{-}21)$$

式中，D 为水准仪到水准尺的距离。

2. 读数误差

在水准尺上估读毫米数的误差，该项误差与人眼分辨能力、望远镜放大率以及视线长度有关。通常按下式计算：

$$m_V = \frac{60''}{V} \times \frac{D}{\rho} \qquad (2\text{-}22)$$

式中，V 为望远镜放大率；$60''$ 为人眼能分辨的最小角度。

为保证估读数精度，各等级水准测量对仪器望远镜的放大率和最大视线长都有相应规定。

3. 视差影响

当存在视差时，十字丝平面与水准尺影像不重合，若眼睛观察位置的不同，便读出不同的读数，因此产生读数误差。操作中应仔细调焦，避免出现视差。

4. 水准尺倾斜误差

水准尺倾斜将使尺上读数增大，其误差大小与尺倾斜的角度和在尺上的读数大小有关。例如，尺子倾斜 $3°30'$，视线在尺上读数为 $1.0m$ 时，会产生约 $2mm$ 的读数误差。因此，测量过程中，要认真扶尺，尽可能保持尺上水准气泡居中，将尺立直。

三、外界条件影响

1. 仪器下沉

仪器安置在土质松软的地方，在观测过程中会产生下沉。由于仪器下沉，使视线降低，从而引起高差误差。若采用"后、前、前、后"的观测程序，可减小其影响。此外，应选择坚实的地面作测站，并将脚架踏实。

2. 尺垫下沉

仪器搬站时，如果在转点处尺垫下沉，会使下一站后视读数增大，这将引起高差误差。所以转点也应选在坚实地面并将尺垫踏实，或采取往返观测的方法，取其成果的平均值，可以消减其影响。

3. 地球曲率差的影响

如图 2-27，水准测量时，水平视线在尺上的读数 b，理论上应改算为相应水准面截于水准尺的读数 b'，两者的差值 c，称为地球曲率差：

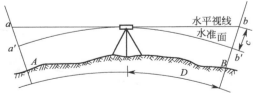

图 2-27　地球曲率差的影响

$$c = \frac{D^2}{2R} \qquad (2\text{-}23)$$

式中，D 为水准仪到水准尺的距离；R 为地球半径，取 $6371km$。

水准测量中，当前、后视距相等时，通过高差计算可消除该误差对高差的影响。

4. 大气折光影响

由于地面上空气密度不均匀，使光线发生折射。因而水准测量中，实际上尺的读数不是一水平视线的读数，而是一向下弯曲视线的读数。两者之差称为大气折光差，用 γ 表示。在稳定的气象条件下，大气折光差约为地球曲率差的 1/7，即

$$\gamma = \frac{1}{7}c = 0.07\frac{D^2}{R} \tag{2-24}$$

水准测量中，当前、后视距相等时，通过高差计算可消除该误差对高差的影响。精密水准测量还应选择良好的观测时间（一般认为在日出后或日落前 2h 为好），并控制视线高出地面一定距离，以避免视线发生不规则折射引起的误差。

地球曲率差和大气折光差是同时存在的，两者对读数的共同影响可用下式计算：

$$f = c - \gamma = 0.43\frac{D^2}{R} \tag{2-25}$$

5. 温度的影响

温度的变化不仅会引起大气折光变化，造成水准尺影像在望远镜内十字丝面内上、下跳动，难以读数。当烈日直晒仪器时也会影响水准管气泡居中，造成测量误差。因此水准测量时，应撑伞保护仪器，选择有利的观测时间。

第八节　自动安平水准仪

自动安平水准仪与微倾式水准仪的区别在于：自动安平水准仪没有水准管和微倾螺旋，而是在望远镜的光学系统中装置了补偿器。由于仪器不用调节水准管气泡居中，从而简化了操作，而且对于施工场地地面的微小振动、松软土地的仪器下沉以及大风吹刮等原因，引起的视线微小倾斜，能迅速自动安平仪器，从而提高了水准测量的观测速度与精度。

一、视线自动安平原理

当圆水准器气泡居中后，视准轴仍存在一个微小倾角 α，在望远镜的光路上安置一补偿器，使通过物镜光心的水平光线经过补偿器后偏转一个 β 角，仍能通过十字丝交点，这样十字丝交点上读出的水准尺读数，即为视线水平时应该读出的水准尺读数，如图 2-28 所示。若要实现此功能，补偿器必须满足：

$$f\alpha = s\beta = AB \tag{2-26}$$

式中，f 为物镜等效焦距；s 为补偿器到十字丝交点 A 的距离。

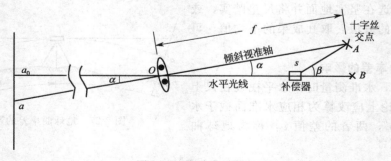

图 2-28　自动安平原理

当视准轴存在一定的倾斜（倾斜角限度为 $\pm 10'$），在十字丝交点 A 处能读到水平视线

的读数 a_0，达到了自动安平的目的。

二、自动安平补偿器

补偿器的结构形式较多，我国生产的 DSZ_3 型自动安平水准仪采用悬吊棱镜组借助重力作用达到补偿。

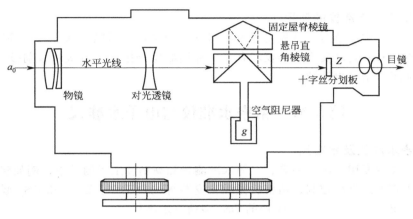

图 2-29 DSZ_3 自动安平水准仪构造

图 2-29 为 DSZ_3 型自动安平水准仪的构造图。补偿器装在对光透镜和十字丝分划板之间，其结构是将一个屋脊棱镜固定在望远镜筒上，在屋脊棱镜下方用交叉金属丝悬吊着两块直角棱镜。当望远镜有微小倾斜时，直角棱镜在重力的作用下，与望远镜做相反方向的偏转。空气阻尼器的作用是使悬吊的两块直角棱镜迅速处于静止状态（在 $1\sim2s$ 内）。

根据光线全反射的特性可知，在入射线方向不变的条件下，当反射面旋转一个角度 α 时，反射线将从原来的行进方向偏转 2α 的角度，如图 2-30 所示。补偿器的补偿光路即根据这一光学原理设计的。

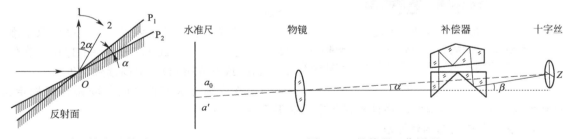

图 2-30 平面镜全反射原理　　　　　图 2-31 补偿器工作原理

当仪器处于水平状态、视准轴水平时，水平光线与视准轴重合，不发生任何偏转。如图 2-31 所示，水平光线进入物镜后经第一个直角棱镜反射到屋脊棱镜，在屋脊棱镜内做三次反射，到达另一个直角棱镜，又被反射一次，最后水平光线通过十字丝交点 Z，这时可读到视线水平时的读数 a_0。

当望远镜倾斜了一个小角 α 时（图 2-31），屋脊棱镜也随之倾斜 α 角，两个直角棱镜在重力作用下，相对望远镜的倾斜方向沿反方向偏转 α 角。这时，经过物镜的水平光线经过第一个直角棱镜后产生 2α 的偏转，再经过屋脊棱镜，在屋脊棱镜内做三次反射，到达另一个直角棱镜后又产生 2α 的偏转，水平光线通过补偿器产生两次偏转的和为 $\beta=4\alpha$。要使通过

补偿器偏转后的光线经过十字丝交点 Z，将 $\beta = 4\alpha$ 代入式(2-26) 得

$$s = \frac{f}{4} \tag{2-27}$$

即将补偿器安置在距十字丝交点 Z 的 $f/4$ 处，可使水平视线的读数 a_0 恰好落在十字丝交点上，从而达到自动安平的目的。

三、自动安平水准仪的使用

使用自动安平水准仪时，首先将圆水准器气泡居中，然后瞄准水准尺，等待 $2\sim4s$ 后，即可进行读数。有的自动安平水准仪配有一个补偿器检查按钮，每次读数前按一下该按钮，确认补偿器能正常工作再读数。

第九节　精密水准仪与电子水准仪

一、精密水准仪及水准尺

精密水准仪主要用于国家一等、二等水准测量和高精度工程测量中，例如建筑物沉降观测、大型桥梁施工的高程控制、精密机械设备安装等测量工作。DS_{05} 和 DS_1 型水准仪属于精密水准仪。图 2-32 所示为我国生产的 DS_1 型精密水准仪。

图 2-32　精密水准仪

1—物镜；2—测微螺旋；3—微动螺旋；4—脚螺旋；
5—目镜；6—读数显微镜；7—粗平水准管；8—微倾螺旋

1. 精密水准仪的结构特点

精密水准仪与一般水准仪相比较，其特点是能够精密地使视线水平并能够精确地读取读数。为此，在结构上应满足以下条件。

① 水准器具有较高的灵敏度。如 DS_1 水准仪的管水准器 τ 值为 $10''/2mm$。

② 望远镜具有良好的光学性能。如 DS_1 水准仪望远镜的放大倍数为 38 倍，望远镜的物镜有效孔径为 47mm，视场亮度较高。十字丝的中丝刻成楔形，能较精确地瞄准水准尺的分划。

③ 具有光学测微器装置。可直接读取水准尺一个分格（1cm 或 0.5cm）的 1/100 单位（0.1mm 或 0.05mm），提高读数精度。

④ 视准轴与水准轴之间的联系相对稳定。

精密水准仪均采用钢构件，并且密封起来，受温度变化影响小。

2. 精密水准仪的构造原理

精密水准仪的构造与 DS_3 水准仪基本相同，也是由望远镜、水准器和基座三部分构成，其主要区别是装有光学测微器。此外，精密水准仪较 DS_3 水准仪有更好的光学和结构性能，如望远镜放大率不小于 40 倍，符合水准管分划值较小，一般为 $6''/2\sim10''/2mm$，同时具有仪器结构坚固、水准管轴与视准轴关系稳定、受温度影响小等特点。

精密水准仪应与精密水准尺配合使用。精密水准仪的光学测微器构造如图 2-33 所示。它是由平行玻璃板 P、传动杆、测微轮和测微尺组成的。平行玻璃板 P 装在水准仪物镜前，其转动的轴线与视准轴垂直相交，平行玻璃板与测微分划尺之间用带有齿条的传动杆连接。

测微分划尺有 100 个分格，与水准尺上的分格（1cm 或 0.5cm）相对应，若水准尺上的分划值为 1cm，则测微分划尺能直接读到 0.1mm。

测微分划尺读数原理如图 2-33 所示。当平板玻璃与水平的视准轴垂直时，视线不受平行玻璃的影响，对准水准尺的 A 处，即读数为 148cm＋a 。为了精确读出 a 的值，需转动测微轮使平行玻璃板倾斜一个小角，视线经平行玻璃板的作用而上、下移动，准确对准水准尺上 148cm 分划后，再从读数显微镜中读取 a 值，从而得到水平视线截取水准尺上 A 点的读数。

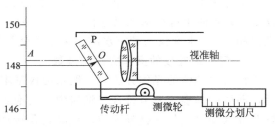

图 2-33　光学测微器构造与读数

3. 精密水准尺

精密水准仪必须配有精密水准尺。这种尺一般是在木质尺身的槽内，安有一根因瓦合金带。带上标有刻划，数字注在木尺上。

精密水准尺上的分划注记一般有两种形式。

一种是尺身上刻有左右两排分划，右边为基本分划（0～300cm 注记），左边为辅助分划（300～600cm 注记）。基本分划的注记从零开始，辅助分划的注记从某一常数 K 开始，K 称为基辅差。K 值因生产厂家不同而异，其主要用于观测数据的检核。Wild N₃ 水准仪的精密水准尺采用的就是此分划值为 1cm 的形式，如图 2-34（a）所示。

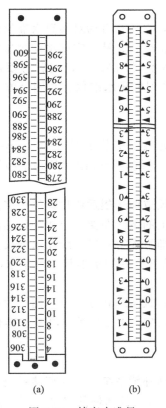

图 2-34　精密水准尺

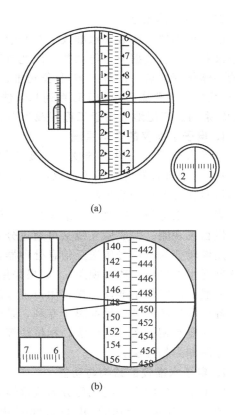

图 2-35　精密水准尺读数

另一种是尺身上两排均为基本划分，其最小分划为 10mm，但彼此错开 5mm。尺身一侧注记米数，另一侧注记分米数。尺身标有大、小三角形，小三角形表示半分米处，大三角形表示分米的起始线。这种水准尺上的注记数字比实际长度增大了一倍,即 5cm 注记为 1dm。因此使用这种水准尺进行测量时,要将观测高差除以 2 才是实际高差。如靖江 DS_1 水准仪和 Ni_{004} 水准仪的精密水准尺采用的就是分划值为 0.5cm 的形式,如图 2-34(b) 所示。

4. 精密水准仪的操作方法与读数

精密水准仪的操作方法与一般水准仪基本相同,只是读数方法有些差异。在水准仪精平后,即用微倾螺旋调节符合气泡居中(气泡影像在目镜视场内左方),十字丝中丝往往不恰好对准水准尺上某一整分划线,这时就要转动测微轮使视线上、下平行移动,十字丝的楔形丝恰好精确夹住一个整分划线,被夹住的分划线读数为米、分米、厘米。此时视线上下平移的距离则由测微器读数窗中读出 mm。实际读数为全部读数的一半。如图 2-35(a),从望远镜内直接读出楔形丝夹住的读数为 1.97m,再在读数显微镜内读出厘米以下的读数为 1.54mm。水准尺全部读数为 $1.97+0.00154=1.97154$(m),但实际读数为 $1.97154/2=0.98577$(m)。

测量时,无须每次将读数除以 2,而是将由直接读数算出的高差除以 2,求出实际高差值。

图 2-35(b) 是基辅分划水准尺的读数图。楔形丝夹住的水准尺基本分划读数为 1.48m,测微尺读数为 6.50mm,全读数为 1.48650m。因此,水准尺分划值为 1cm,故读数为实际值,不需要除以 2。

二、电子水准仪

电子水准仪又称数字水准仪。与光学水准仪相比较,它具有自动对条码水准尺读数、自动记录和计算、数据通信等功能,因此有测量速度快、精度高、易于实现水准测量内外业工作的一体化等优点。1987 年徕卡公司推出第一台电子水准仪 NA2000,随后有蔡司公司的 NIDI 系列、拓普康公司的 DL 系列和索佳公司的 SDL 系列电子水准仪。我国南方公司生产的 DL 系列已广泛地应用于工程实践当中。

1. 电子水准仪的基本原理

电子水准仪与一般水准仪的主要不同之处是在望远镜中安装了 CCD(charge coupled device,电子耦合器件)线阵传感器的数字影像识别处理系统,配合使用条码水准尺进行水准测量时在尺上自动读数和记录。

当用人工将望远镜照准水准尺并完成调焦后,水准尺成像于望远镜目镜的十字丝分划板上,供目视观测。但成像光线又可通过分光镜将水准尺上的条码图像送至线阵传感器,并将条码图像转变为电信号传送至信息处理器,经处理后,即可求得水平视线在水准尺上的读数和仪器至水准尺的距离(视距)。如果采用传统的具有长度分划的水准尺,电子水准仪也可以像一般自动安平水准仪一样,用目视方法在水准尺上进行读数。

各厂家生产的条码尺都属于专利,条码图案不同,读数原理和方法也不同,故不能互换使用。主要有相关法、几何法、相位法等,我国南方公司生产的 DL 系类电子水准仪采用的读数方法即为相位法。

2. 电子水准仪的结构与功能

电子水准仪的主要组成部分为望远镜、水准器、自动补偿系统、计算存储系统和显示系统。图 2-36 为南方公司的 DL-201/2007 电子水准仪的外形及各部件的名称。望远镜的放大倍率为 32 倍,由自动补偿系统自动安平,配合使用条码尺能自动读数、记录和计算并以数字形式显示、存储和传输,可用于进行精密水准测量。

DL-201/2007 数字水准仪能够用电子测量方法自动测量标尺高度和距离。每个测站测量

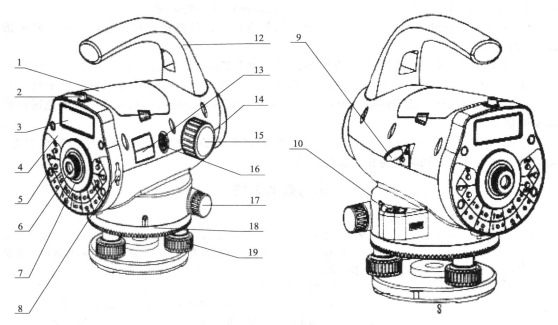

图 2-36　DL-201/2007 电子水准仪

1—电池；2—粗瞄器；3—液晶显示屏；4—面板；5—按键；6—目镜；
7—目镜护罩；8—数据输出插口；9—圆水准器反射镜；10—圆水准器；11—基座；12—提柄；13—型号标贴；
14—物镜；15—调焦手轮；16—电源开关/测量键；17—水平微动手轮；18—水平度盘；19—脚螺旋

时只需概略居中圆气泡，只要按压一个键就可触发仪器自动测量，仪器还用高精度的补偿器自动完成对照准视线的水平纠正。当不能用电子测量时，还可以使用 DL-201/2007 数字水准仪配合米制标尺用传统的光学方法读取并用键盘输入高差读数。

同时，DL-201/2007 数字水准仪有很多软件测量功能：既可以利用软件自动测量单一高差，也可以利用软件自动测量线路测量作业的全部测量要素；可以利用"线路平差"软件直接将测得的成果与已知高程进行比较并进行平差；同时还具有高程放样或测量点与点之间高差的功能。

3. 电子水准仪的特点

① 读数客观。不存在误差、误记问题，没有人为读数误差。

② 精度高。视线高和视距读数都是采用大量条码分划图像经处理后取平均值得出来的，因此削弱了标尺分划误差的影响。多数仪器都有进行多次读数取平均值的功能，可以削弱外界条件影响。不熟练的作业人员也能进行高精度测量。

③ 速度快。由于省去了报数、听记、现场计算的时间以及人为出错的重测数量，测量时间与传统仪器相比可以节省 1/3 左右。

④ 效率高。只需调焦和按键就可以自动读数，减轻了劳动强度。视距还能自动记录，检核，机载程序可进行数据同步处理，可实现内外业一体化。

仪器的具体使用及操作要点，详见各型号设备使用说明书，本书不做一一介绍。

4. 测量注意事项

要充分发挥仪器的功能，应注意下列几点：

① 在足够亮度的地方架设标尺，在条件许可的情况下应使用全把标尺，不要只用半把标尺，使用塔式条码尺时应将标尺拉出至卡口位置，使塔尺接口之间的间距符合要求；若使

用照明时，则应尽可能照明整个标尺，否则可能会影响到测量精度。

② 标尺被部分遮挡不会影响测量功能，但若树枝或树叶遮挡标尺条码，可能会显示错误并影响测量。

③ 当因为标尺处比目镜处暗而发生错误时，用手遮挡一下目镜可能会解决这一问题。

④ 标尺的歪斜和俯仰会影响到测量的精度，测量时要保持标尺和分划板竖丝平行且对中，标尺应完全拉开并适当固定，测量时应尽可能保证标尺连接处的精确性，并避免通过玻璃窗测量。

⑤ 在使用之前，长时间存放和长途运输后请首先检验和校正电子和光学的视线误差，然后校准圆水准器，同时保持光学部件的清洁。

思考题与习题

1. 试绘图说明水准测量的基本原理。

2. 设 A 点为后视点，B 点为前视点，A 点的高程为 87.452m，当后视读数为 1.267m，前视读数为 1.663m 时，A、B 两点间的高差是多少？B 点的高程为何值？并绘图说明。

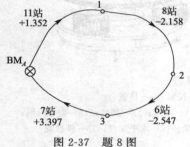

图 2-37　题 8 图

3. 望远镜主要由哪几部分构成，其作用是什么？何为视准轴？

4. 什么是视差？视差产生的原因及消除办法是什么？

5. 圆水准器轴和水准管轴是如何定义的？在水准测量中各起到什么作用？什么是水准管分划值？

6. 什么是转点？转点在水准测量的过程中的作用是什么？

7. 水准测量时，通常采用"中间法"，它能消除哪些误差？

8. 闭合路线水准的观测数据如图 2-37 所示，试按表 2-4，计算 1、2、3 点的高程。

表 2-4　水准测量观测计算手簿

测点	测站数	实测高差 /m	高差改正数 /m	改正后的高差 /m	高程 /m	备注
BM$_A$					55.478	
1						
2						
3						
BM$_A$						
Σ						
辅助 计算						

9. 附合水准路线的观测成果和简图如图 2-38 所示，计算出待定点 1、2 经过误差改正后的高程值。

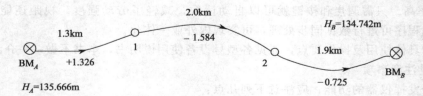

图 2-38　题 9 图

10. 仪器距水准尺的距离为 100m，水准管分划值为 $\tau = 20''/2mm$，若精平后水准管有 0.3 格的误差，则由此引起的水准尺读数误差为多少？

11. 微倾式水准仪有哪几条轴线？各轴线间应满足的几何关系是什么？其中哪个条件是主要条件，为什么？

12. 简述三等、四等水准测量的测站的观测程序和检核方法。

13. 水准测量中容易产生哪些误差？为了提高观测精度，作业时应注意哪些问题和采取哪些措施？

14. 水准仪安置在 A、B 两点的中间，距离两点的距离均为 38m，用改变仪器高法两次测得 A、B 两点水准尺的读数分别为 $a_1 = 1.347m$，$b_1 = 1.565m$ 和 $a_1' = 1.536m$，$b_1' = 1.779m$。搬动仪器到 B 点附近，测得 B 点水准尺读数 $b_2 = 1.378m$，A 尺读数为 $a_2 = 1.267m$。画图并计算分析水准管轴是否平行于视准轴，为什么？若不平行，i 角值为何值，是否需要校正，怎样校正？

第三章 角度测量

角度测量是测量的基本工作之一，要确定地面点的相互位置关系，角度是一个重要的因素，不管是控制测量还是碎部测量，角度测量都是一项重要的测量工作。角度测量包括水平角测量和竖直角测量，水平角测量用于求算点的平面位置，竖直角测量用于测定高差或将倾斜距离转化为水平距离。

第一节　角度测量原理

一、水平角测量原理

地面上两条相交直线之间的夹角在水平面上的投影称为水平角。如图 3-1 所示，A、B、O 为地面上的任意三点，通过直线 OA 和 OB 各作一铅垂面，并把 OA 和 OB 分别投影到水平投影面 P 上，其投影线 Oa' 和 Ob' 的夹角 $\angle a'Ob'$，就是直线 OA 和 OB 之间的水平角 β。也可以说，地面上一点到两目标的方向线间所夹的水平角，就是通过这两条方向线所作竖直面间的二面角。

如果在角顶 O 处安置一个带有水平刻度盘的测角仪器，其度盘中心 O' 在通过测站 O 点的铅垂线上，设 OA 和 OB 两条方向线在水平刻度盘上的投影读数为 a 和 b，则水平角 β 为

$$\beta = b - a \tag{3-1}$$

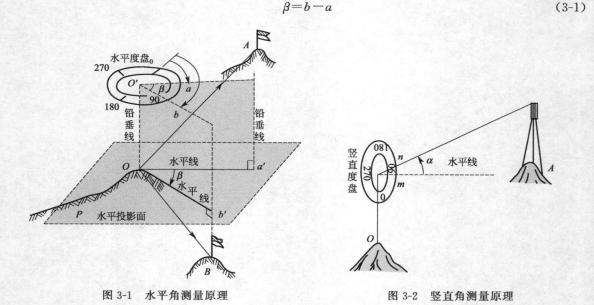

图 3-1　水平角测量原理　　　　　　　　　　图 3-2　竖直角测量原理

二、竖直角测量原理

在同一竖直面内视线和水平线之间的夹角称为竖直角或垂直角。如图 3-2 所示，视线在水平线之上称为仰角，符号为正；视线在水平线之下称为俯角，符号为负。竖直角的范围为 $-90°\sim90°$。

如果在测站点 O 处安置一个带有竖直刻度盘的测角仪器，其水平视线通过竖盘中心，

设照准目标点 A 时视线的读数为 n，水平视线的读数为 m，则竖直角 α 为

$$\alpha = n - m \tag{3-2}$$

　　根据上述角度测量原理，测量水平角的仪器必须具备能安置成水平位置并带有刻度的圆盘——水平度盘。度盘的中心位于角顶点的铅垂线上；有一个与水平度盘垂直的带有刻度的竖直度盘，能够测出竖直角；还要有一个能照准不同方向、不同高度目标的望远镜，它不仅能在水平方向旋转，还能在竖直方向旋转，以便于瞄准目标和形成能正确投影的竖直面；并且具有能读取投影方向值的读数设备。经纬仪就是按上述要求设计的精密测角仪器。

第二节　光学经纬仪

　　角度测量最常用的仪器就是经纬仪。经纬仪的种类繁多，如按读数系统区分，可分为光学经纬仪、游标经纬仪和电子经纬仪等。目前最常使用的是光学经纬仪，光学经纬仪具有体积小、重量轻、密封好、读数方便等优点，被广泛应用于测量作业中。光学经纬仪按精度分为 $DJ_{0.7}$、DJ_1、DJ_2、DJ_6、DJ_{15}、DJ_{60} 六个等级。"D"、"J"分别为"大地测量"和"经纬仪"汉语拼音的第一个字母，0.7、1、2、6、15、60 表示该仪器所能达到的精度指标。如 $DJ_{0.7}$，表示水平方向测量一测回的方向中误差不超过 $\pm 0.7''$ 的大地测量经纬仪。DJ_6、DJ_2（简称 J_6、J_2）为两种常用的中等精度光学经纬仪，仪器的总体结构基本相同，主要区别在读数设备上。本章主要介绍 DJ_6 经纬仪的构造和使用。

一、DJ_6 级光学经纬仪的构造

　　各种型号的 DJ_6 级（简称 J_6 级）光学经纬仪的构造大致相同，主要由照准部（包括望远镜、竖直度盘、水准器、读数设备）、水平度盘、基座三部分组成，如图 3-3 所示。现将各组成部分分别介绍如下。

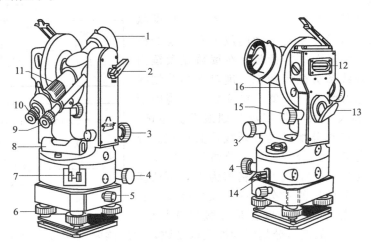

图 3-3　J_6 光学经纬仪

1—望远镜物镜；2—望远镜制动螺旋；3—望远镜微动螺旋；4—水平微动螺旋；
5—轴座固定螺旋；6—脚螺旋；7—复测器扳手；8—水准管；9—读数显微镜；
10—望远镜目镜；11—对光螺旋；12—竖盘指标水准管；13—反光镜；
14—水平制动螺旋；15—竖盘指标水准管微动螺旋；16—竖盘外壳

1. 望远镜

　　经纬仪望远镜由物镜、凹透镜、十字丝分划板和目镜组成，如图 3-4 所示，其主要作用

是照准远方目标。望远镜和横轴固连在一起放在支架上，并且望远镜视准轴垂直于横轴，当横轴水平时，望远镜绕横轴旋转的视准面是一个铅垂面。为了控制望远镜的水平转动和俯仰程度，在照准部外壳上各设置有一套制动和微动螺旋，以控制水平和垂直方向的转动。只有当拧紧望远镜或照准部的制动螺旋后，转动微动螺旋，望远镜或照准部才能做微小的转动。

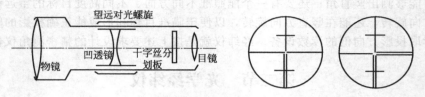

图 3-4　望远镜构造和十字丝分划板

2. 水平度盘

水平度盘是用光学玻璃制成的圆盘，在盘上按顺时针方向刻有 0°～360°等角度的分划线（图 3-5）。相邻两分划线的格值有 1°和 30′两种。水平度盘固定在轴套上，并与轴座连接。水平度盘和照准部两者之间的转动关系，由水平度盘变换手轮控制。

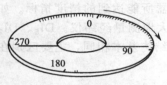

图 3-5　水平度盘

3. 竖直度盘

竖直度盘固定在横轴的一端，当望远镜转动时，竖盘也随之转动，用以观测竖直角。另外在竖直度盘的构造中还设有竖盘指标水准管，它由竖盘水准管的微动螺旋控制。每次读数前，都必须首先使竖盘水准管气泡居中，以使竖盘指标处于正确位置。目前光学经纬仪普遍采用竖盘自动归零装置来代替竖盘指标水准管，既提高了观测速度又提高了观测精度。

4. 读数设备

J₆型光学经纬仪采用分微尺读数设备，它把度盘和分微尺的影像，通过一系列透镜的放大和棱镜的折射，反映到读数显微镜内进行读数。在读数显微镜内就能看到度盘分划线和分微尺影像。度盘上两分划线所对的圆心角，称为度盘分划值。在读数显微镜内所见到的长刻划线和大号数字是度盘分划线及其注记，短刻划线和小号数字是分微尺的分划线及其注记。分微尺的长度等于度盘 1°的分划长度，分微尺分成 6 大格，每大格又分成 10 小格，每小格格值为 1′，可估读到 0.1′也就是 6″。分微尺的 0°分划线是其指标线，它与度盘分划线所截的分微尺长度就是分微尺读数值。

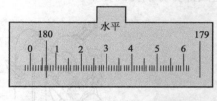

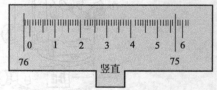

图 3-6　J₆ 经纬仪读数窗

读数时，以在分微尺上的度盘分划线为准读取度数，而后读取该度盘分划线与分微尺指标线之间的分微尺读数，并估读到 0.1′，即得整个读数值。图 3-6 所示为读数显微镜视场，注记有"水平"或"H"字符窗口的像是水平度盘分划线及其分微尺的像，注记有"竖直"或"V"字符窗口的像是竖盘分划线及其分微尺的像，图中水平度盘读数为 180°06.4′，竖直度盘读数为 75°57.2′，也可以直接读成度分秒的格式，但是对于初学者来说，还是用前者较好。

5. 水准器

照准部上设有一个管水准器和一个圆水准器，与脚螺旋配合，用于整平仪器。经纬仪的圆水准器与水准仪的圆水准器相似（图 3-7），它的内壁半径 R 比管水准器的要小很多，其误差靠眼睛来估计，用于经纬仪的粗平。

管水准器则用于经纬仪的精平。由于管水准器是安装在仪器照准部上的，也被称为照准部水准器。管水准器是用质量较好的玻璃管制成的，将玻璃管的内壁打磨成光滑的曲面，管内注入冰点低、流动性强、附着力较小的液体，并留有空隙形成气泡，将管两端封闭，就成为带有气泡的水准器。为了便于观察水准器的倾斜量，在水准管的外壁上刻有若干个分划，分划间隔一般为 2mm（图 3-8）。经纬仪管水准器的内壁半径 R 比圆水准器大，整平灵敏度高。

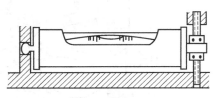

图 3-8　管水准气泡

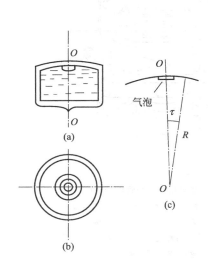

图 3-7　圆水准气泡

图 3-9　基座和对中器

6. 基座部分

基座是支撑仪器的底座。基座上有三个脚螺旋，转动脚螺旋可使照准部水准管气泡居中，从而使水平度盘水平。基座和三脚架头用中心螺旋连接，可将仪器固定在三脚架上，中心螺旋下有一小钩可挂垂球，测角时用于仪器对中。光学经纬仪还装有直角棱镜光学对中器，如图 3-9 所示。

二、DJ$_2$ 级光学经纬仪的构造

DJ$_2$ 级（简称 J$_2$ 级）光学经纬仪的观测精度高于 J$_6$ 级光学经纬仪。在结构上，除了望远镜的放大倍数较大，照准部水准管的灵敏度较高、度盘格值较小外，主要表现为读数设备的不同。在读数设备上 J$_2$ 增设了换像手轮，用它可以使读数显微镜中只看到水平度盘或者竖直度盘一种影像，此外 J$_2$ 光学经纬仪采用对径分划法读数，消除了照准部偏心误差的影响，提高了读数精度。J$_2$ 级光学经纬仪一测回方向中误差不超过 2″。

我国苏州第一光学仪器厂生产的 J$_2$ 光学经纬仪外形，如图 3-10 所示。

1. 水平度盘变换手轮

水平度盘变换手轮的作用是变换水平度盘的初始位置。水平角观测中，根据测角需要，对起始方向观测时，可先拨开手轮的护盖，再转动该手轮，把水平度盘的读数值配置为所规定的读数。

2. 换像手轮

在读数显微镜内一次只能看到水平度盘或竖直度盘的影像，若要读取水平度盘读数，要

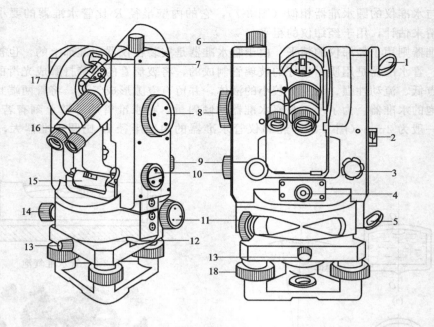

图 3-10 J₂ 级光学经纬仪

1—竖盘反光镜；2—竖盘指标水准管观察镜；3—竖盘指标水准管微动螺旋；
4—光学对中器目镜；5—水平度盘反光镜；6—望远镜制动螺旋；7—光学瞄准器；
8—测微手轮；9—望远镜微动螺旋；10—换像手轮；11—水平微动螺旋；
12—水平度盘变换手轮；13—中心锁紧螺旋；14—水平制动螺旋；15—照准部水准管；
16—读数显微镜；17—望远镜反光扳手轮；18—脚螺旋

转动换像手轮，使轮上指标红线成水平状态，并打开水平度盘反光镜，此时显微镜呈现水平度盘的影像。若打开竖直度盘反光镜时，转动换像手轮，使轮上指标线竖直时，则可看到竖盘影像。

3. 测微手轮

测微手轮是 J₂ 级光学经纬仪的读数装置。对于 J₂ 级经纬仪，其水平度盘（或竖直度盘）的刻划形式是把每度分划线间又等分刻成三格，格值等于 $20'$。通过光学系统，将度盘直径两端分划的影像同时反映到同一平面上，并被一横线分成正、倒像，一般正字注记为正像，倒字注记为倒像。图 3-11 为读数窗示意图，测微尺上刻有 600 格，其分划影像见图中小窗。当转动测微手轮使分微尺由零分划移动到 600 分划时，度盘正、倒对径分划影像等量相对移动一格，故测微尺上 600 格相应的角值为 $10'$，一格的格值等于 $1''$。因此，用测微尺可以直接测定 $1''$ 的读数，从而起到了测微作用。

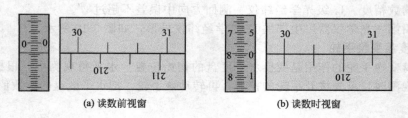

(a) 读数前视窗   (b) 读数时视窗

图 3-11 读数窗示意图

如图 3-11 所示，具体读数方法如下。

① 转动测微手轮，使度盘正、倒像分划线精密重合。

② 由靠近视场中央读出上排正像左边分划线的度数，即 30°。

③ 数出上排的正像 30° 与下排倒像 210° 之间的格数再乘以 10′，即 20′。

④ 在旁边小窗中读出小于 10′ 的分、秒。测微尺分划影像左侧的注记数字是分数，右侧的注记数字 1、2、3、4、5 是秒的十位数，即分别为 10″、20″、30″、40″、50″。将以上数值相加就得到整个读数。故其读数为

度盘上的度	30°
度盘上整十分	20′
测微尺上分、秒	8′00″
全部读数	30°28′00″

为了使读数方便和不易出错，现在生产的 J₂ 级经纬仪一般采用图 3-12 所示的读数窗。度盘对径两端的分划影像及度数和 10′ 的影像分别出现于两个窗口，另一个窗口为测微器读数。当转动测微螺旋使对径上下分划对齐以后，从度盘读数窗读取度数和 10′ 数，从测微器窗口读取分数和秒数。

(a) 度盘读数28°14′24.3″

(b) 度盘读数123°48′12.4″

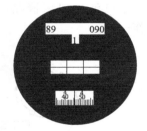

(c) 度盘读数89°14′45.4″

图 3-12　改进的读数窗

第三节　水平角测量

一、经纬仪的操作

经纬仪的操作包括：对中、整平、瞄准和读数。对中和整平的目的是使仪器的竖轴与测站点的标志中心在同一铅垂线上；使水平度盘和横轴处于水平位置；竖直度盘位于铅垂面内。对中的方式有垂球对中和光学对中器对中两种，本书主要讲述光学对中器对中的方法。

1. 对中

对中的目的是使仪器的竖轴与测站点的标志中心在同一铅垂线上。

由于用垂球对中不仅受风力影响，而且当三脚架架头倾斜较大时，也会给对中带来影响。因此目

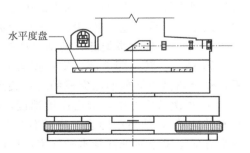

图 3-13　光学对中器光路

前生产的光学经纬仪均装有光学对中器（图 3-13），用光学对中器对中，精度可达到 1～2mm，高于垂球对中精度。光学对中器也是一个小望远镜，使用光学对中器之前，应该先

旋转对中器的目镜调焦螺旋使对中标志分划板十分清晰，再旋转对中器的物镜调焦螺旋（有些仪器是拉伸光学对中器）看清地面的测点标志。

进行对中时，先打开三脚架，放在测站点上，使三脚架架头大致水平，架头的中心大致对准测站标志，同时注意脚架的高度要适中，以便观测。然后踩紧三脚架，装上仪器，旋紧中心螺旋，调节光学对中器，在架头上移动仪器，使对中标志与地面标志大致重合，再旋紧中心螺旋，使仪器稳固。如果在架头上移动仪器还无法准确对中，则要调整三脚架的脚位。这时要注意先把仪器基座放回到架头的中心，旋紧中心螺旋，防止摔坏仪器。调整脚位时应注意，当地面标志与对中标志相差不大，可只动一条腿，并要同时保持架顶大致水平；如果相差较大，则需移动两个脚架进行调整。

2. 整平

整平分为粗平和精平。粗平是通过伸缩脚架使圆水准气泡居中，其规律是圆水准气泡向伸高脚架腿的一侧移动；精平是通过旋转脚螺旋使管水准气泡居中，管水准气泡移动方向与用左手大拇指或右手食指旋转脚螺旋的方向一致。要求将管水准器轴分别旋至相互垂直的两个方向上使气泡居中，其中一个方向应与任意两个脚螺旋中心连线方向平行。如图 3-14 所示，旋转照准部至图示位置，旋转两个脚螺旋使管水准气泡居中，然后旋转第三个脚螺旋使管水准气泡居中，最后还要将照准部旋回至图示位置，察看管水准气泡的偏离情况，如果仍然居中，则精平操作完成，否则还需按前面的步骤再操作一次。

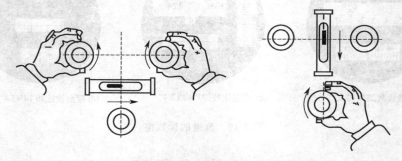

图 3-14　脚螺旋与管水准气泡移动方向的规律

上述两步技术操作称为经纬仪的安置。目前生产的光学经纬仪均装置有光学对中器，若采用光学对中器进行对中，应与整平仪器结合进行，其操作步骤如下。

① 对中：眼睛观察光学对中器，双手握紧脚架的两个架腿，以另一个架腿为轴，移动脚架使对中标志基本对准测站点的中心（应注意保持三脚架架头基本水平）。将三脚架的脚尖踩入土中。再通过旋转脚螺旋把对中标志精确地调整到与地面点重合的位置。

② 粗平：伸缩脚架腿，使圆水准气泡居中（气泡偏向高的一端）。

③ 精平：转动照准部，旋转脚螺旋，使管水准气泡在相互垂直的两个方向上居中。精平操作会略微破坏前面已完成的对中关系。

④ 再次精确对中：旋松连接螺旋，眼睛观察光学对中器，平移仪器基座（注意：不要有旋转运动），使对中标志准确对准站点标志，拧紧连接螺旋。旋转照准部，在相互垂直的两个方向上检查照准部管水准气泡居中的情况，如果仍然居中则仪器安置完成，否则应从上述的精平步骤开始重复操作，直到精平和对中同时完成。

3. 瞄准和读数

测角时的照准标志，一般是竖立于测点的标杆、测钎、用三根竹竿悬吊垂球的线或者觇牌，见图 3-15。测量水平角时，以望远镜的十字丝竖丝瞄准照准标志。望远镜瞄准的操作步骤如下。

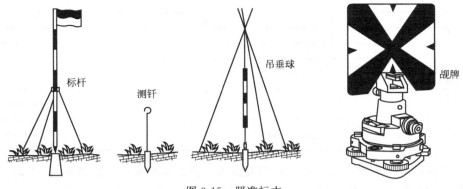

图 3-15　照准标志

① 目镜对光：松开望远镜制动螺旋和水平制动螺旋，将望远镜对向明亮的背景（如白墙、天空等，注意不要对向太阳），转动目镜使十字丝清晰。

② 瞄准目标：用望远镜上的粗瞄器瞄准目标，旋紧制动螺旋，转动物镜调焦螺旋使目标清晰，旋转水平微动螺旋和望远镜微动螺旋，精确瞄准目标。可用十字丝竖丝的单线平分目标，也可用双丝夹住目标，如图 3-16 所示。

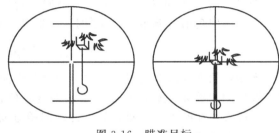

图 3-16　瞄准目标

③ 读数：打开读数反光镜，调节视场亮度，转动读数显微镜对光螺旋，使读数窗影像清晰可见。读数时，除分微尺直接读数外，凡在支架上装有测微轮的，均需先转动测微轮，使双指标线或对径分划线重合后方能读数，最后将度盘读数加分微尺读数或测微尺读数，才是整个读数值。

二、水平角观测方法

在水平角观测中，为发现错误并提高测角精度，一般要用盘左和盘右两个位置进行观测。当观测者对着望远镜的目镜，竖盘在望远镜的左边，称为盘左位置，又称正镜；若竖盘在望远镜的右边，称为盘右位置，又称倒镜。水平角观测方法，一般有测回法和方向观测法两种。

1. 测回法

测回法适用于观测两个方向之间的单角。如图 3-17 所示，设 O 为测站点，A、B 为观测目标，$\angle AOB$ 为观测角。先在 O 点安置仪器，进行整平、对中，然后按以下步骤进行观测。

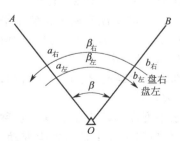

图 3-17　测回法观测水平角

① 盘左位置：先照准左方目标，即 A 点，读取水平度盘读数为 $a_左$，并记入测回法测角记录表中，见表 3-1。然后顺时针转动照准部照准右方目标，即前视点 B，读取水平度盘读数为 $b_左$，并记入记录表中。

以上称为上半测回，其观测角值为

$$\beta_左 = b_左 - a_左 \tag{3-3}$$

表 3-1　水平角（测回法）观测手簿

测站	目标	竖盘位置	水平度盘读数 (° ′ ″)	半侧回角值 (° ′ ″)	一测回角值 (° ′ ″)	各测回平均角值 (° ′ ″)	备注
1	2	3	4	5	6	7	
0	A	左	0　01　12	147　11　18	147　11　21	147　11　20	
	B		147　12　30				
	A	右	180　01　30	147　11　24			
	B		327　12　54				
0	A	左	90　02　36	147　11　12	147　11　18		
	B		237　13　48				
	A	右	270　02　30	147　11　24			
	B		57　13　54				

② 盘右位置：先照准右方目标，即前视点 B，读取水平度盘读数为 $b_右$，并记入记录表中，再逆时针转动照准部照准左方目标，即后视点 A，读取水平度盘读数为 $a_右$，并记入记录表中，则得下半测回角值为

$$\beta_右 = b_右 - a_右 \qquad (3\text{-}4)$$

③ 上、下半测回合起来称为一测回。对于图根测量，用 J_6 级光学经纬仪进行观测，上、下半测回角值之差不超过 40″ 时，可取其平均值作为一测回的角值，即

$$\beta = \frac{1}{2}(\beta_左 + \beta_右) \qquad (3\text{-}5)$$

当测角精度要求较高时，往往需观测几个测回，为了减小度盘分划误差的影响，各测回间应根据测回数 n，按 $180°/n$ 变换水平度盘位置。例如要观测两个测回，第一测回起始方向读数可安置在略大于 0° 处，第二测回起始方向读数应放置在 $180°/2 = 90°$ 或略大于 90° 处，此外还要求各测回间互差均不大于 40″。

2. 方向观测法

上面介绍的测回法是对两个方向的单角观测。如要观测三个以上的方向，则采用方向观测法（又称为全圆测回法）进行观测。

方向观测法应首先选择一起始方向作为零方向。如图 3-18 所示，设 A 方向为零方向。要求零方向选择距离适中、通视良好、成像清晰稳定、俯仰角和折光影响较小的方向。

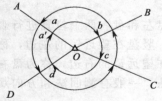

图 3-18　方向观测法观测水平角

将经纬仪安置于 O 站，对中整平后按下列步骤进行观测。

① 盘左位置：瞄准起始方向 A，转动度盘变换手轮使水平度盘读数略大于 0°，然后再松开制动，重新照准 A 方向，读取水平度盘读数 a，并记入方向观测法记录表中，见表 3-2。

② 按照顺时针方向转动照准部，依次瞄准 B、C、D 目标，并分别读取水平度盘读数为 b、c、d，并记入记录表中。

③ 回到起始方向 A，再读取水平度盘读数为 a'。这一步称为归零。a 与 a' 之差称为归零差，其目的是为了检查水平度盘在观测过程中是否发生变动。归零差不能超过允许限值（J_2 级经纬仪为 12″，J_6 级经纬仪为 18″）。

以上操作称为上半测回观测。

④ 盘右位置：按逆时针方向旋转照准部，依次瞄准 A、D、C、B、A 目标，分别读取水平度盘读数，记入记录表中，并算出盘右的归零差，称为下半测回。

上、下两个半测回合称为一测回。

观测记录及计算如表 3-2 所示。

表 3-2　测回法水平角观测记录

测站	测回数	目标	读数 盘左 (° ′ ″)	读数 盘右 (° ′ ″)	2c =左-(右±180°) (″)	平均读数 =$\frac{1}{2}$[左+(右±180°)] (° ′ ″)	归零后方向值 (° ′ ″)	各测回归零方向的平均值 (° ′ ″)
O	1	A	0 02 06	180 02 00	+6	(0 02 06) 0 02 03	0 00 00	
		B	51 15 42	231 15 30	+12	51 15 36	51 13 30	
		C	131 54 12	311 54 00	+12	131 54 06	131 52 00	0 00 00
		D	182 02 24	2 02 24	0	182 02 24	182 00 18	51 13 28
		A	0 02 12	180 02 06	+6	0 02 09		131 52 02
O	2	A	90 03 30	270 03 24	+6	(90 03 32) 90 03 27	0 00 00	182 00 22
		B	141 17 00	321 16 54	+6	141 16 57	51 13 25	
		C	221 55 42	41 55 30	+12	221 55 36	131 52 04	
		D	272 04 00	92 03 54	+6	272 03 57	182 00 25	
		A	90 03 36	270 03 36		90 03 36		

⑤ 当在同一测站上观测几个测回时，为了减少度盘分划误差的影响，每测回起始方向的水平度盘读数值应配置在 $180°/n$ 的倍数（n 为测回数）。在同一测回中各方向 $2c$ 误差（也就是盘左、盘右两次照准误差）的差值，即 $2c$ 互差不能超过限差要求（J_2 级经纬仪为 $18″$）。表 3-2 中的数据是用 J_6 级经纬仪观测的，故对 $2c$ 互差不做要求。同一方向各测回归零方向值之差，即测回差，也不能超过限值要求（J_2 级经纬仪为 $12″$，J_6 级经纬仪为 $24″$）。

第四节　竖直角测量

一、竖直度盘的构造

竖直度盘垂直固定在望远镜旋转轴的一端，随望远镜的转动而转动。竖直度盘的刻划与水平度盘基本相同，在竖盘中心的铅垂方向装有光学读数指示线，为了判断读数前竖盘指标线位置是否正确，在竖盘指标线（一个棱镜或棱镜组）上设置了管水准器，用来控制指标位置，如图 3-19 所示。当竖盘指标水准管气泡居中时，竖盘指标就处于正确位置。对于 J_6 级光学经纬仪竖盘与指标及指标水准管之间应满足下列关系：当视准轴水平，指标水准管气泡居中时，指标所指的竖盘读数值盘左为 $90°$，盘右为 $270°$。

二、竖直度盘自动归零装置

目前光学经纬仪普遍采用竖盘自动归零补偿装置来代替竖盘指标水准管，使用时，将自动归零补偿器锁紧手轮逆时针旋转，使手轮上红点对准照准部支架上黑点，再用手轻轻敲动仪器，如听到竖盘自动归零补偿器

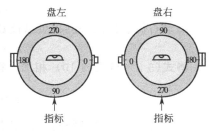

图 3-19　竖直度盘测角原理

有了"当、当"响声，表示补偿器处于正常工作状态，如听不到响声表明补偿器有故障。可再次转动锁紧手轮，直到用手轻敲有响声为止。竖直角观测完毕，一定要顺时针旋转手轮，以锁紧补偿机构，防止震坏吊丝。

三、竖直角的计算

当经纬仪在测站上安置好后，使竖盘指标水准管气泡居中。如图 3-20(a) 所示，望远镜位于盘左位置，当抬高 α 角度照准目标，竖盘读数设为 L，则盘左观测的竖直角为

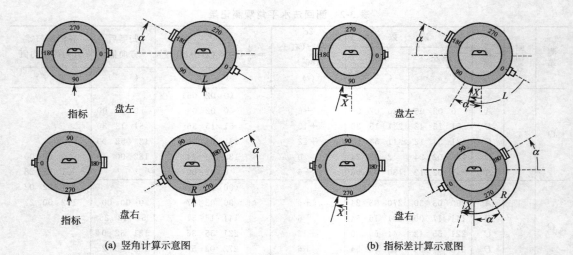

(a) 竖角计算示意图　　　　(b) 指标差计算示意图

图 3-20　竖直角及指标差计算

$$\alpha_左 = 90° - L \qquad (3-6)$$

纵转望远镜于盘右位置，抬高望远镜 α 角度照准目标，竖盘读数设为 R，则盘右观测的竖直角为

$$\alpha_右 = R - 270° \qquad (3-7)$$

平均竖直角为

$$\alpha = \frac{\alpha_左 + \alpha_右}{2} = \frac{R - L - 180°}{2} \qquad (3-8)$$

上述竖直角的计算公式是认为竖盘指标处在正确位置时导出的。即当视线水平，竖盘指标水准管气泡居中时，竖盘指标所指读数应为正确读数（盘左 90°，盘右 270°）。但当指标偏离正确位置时，这个指标线所指的读数就会比正确读数增大或减少一个角值 x，此值称为竖盘指标差，也就是竖盘指标位置不正确所引起的读数误差。

在有指标差时，如图 3-20(b) 所示，以盘左位置瞄准目标，测得竖盘读数为 L，它与正确的竖直角 α 的关系是

$$\alpha = 90° - (L - x) = \alpha_左 + x \qquad (3-9)$$

以盘右位置按同法测得竖盘读数为 R，它与正确的竖角 α 的关系是

$$\alpha = (R - x) - 270° = \alpha_右 - x \qquad (3-10)$$

将式(3-9) 与式(3-10) 相加，得

$$\alpha = \frac{\alpha_左 + \alpha_右}{2} = \frac{R - L - 180°}{2} \qquad (3-11)$$

由此可知，在测量竖角时，用盘左、盘右两个位置观测取其平均值作为最后结果，可以消除竖盘指标差的影响。

若将式(3-10) 减式(3-11) 即得指标差计算公式：

$$x = \frac{\alpha_右 - \alpha_左}{2} = \frac{R + L - 360°}{2} \qquad (3-12)$$

一般指标差变动范围不得超过 $\pm 30''$，如果超限，须对仪器进行检校。

四、竖直角观测

在测站上安置仪器，用下述方法测定竖直角。

① 仪器安置于测站点上，盘左瞄准目标点 M，使十字丝中丝精确地切于目标顶点，如图 3-21 所示。将自动归零补偿器锁紧手轮逆时针旋转，使手轮上红点对准照准部支架上黑点，读取竖盘读数 L，并记入竖直角观测记录表中，见表 3-3。用所推导的竖角计算公式（3-6），计算出盘左时的竖直角值，上述观测称为上半测回观测。

图 3-21　竖直角测量瞄准

② 盘右位置：仍照准原目标点 M，读取竖盘读数值 R，并记入记录表 3-3 中。用所推导的竖直角计算公式（3-7），计算出盘右时的竖直角，称为下半测回观测。

上、下半测回合称一测回。然后根据式（3-11）和式（3-12）分别计算出一测回竖直角值和指标差值，竖直角的记录计算见表 3-3

表 3-3　竖直角观测记录

测站	目标	盘位	竖盘读数 (° ′ ″)	半测回竖直角 (° ′ ″)	指标差 (″)	一测回竖直角 (° ′ ″)	备　注
O	M	左	81　18　42	＋8　41　18	＋6	＋8　41　24	
		右	278　41　30	＋8　41　30			
	N	左	124　03　30	−34　03　30	＋12	−34　03　18	
		右	235　56　54	−34　03　06			

第五节　经纬仪的检验与校正

经纬仪的各主要轴线间必须满足一定的几何条件，才能保证观测成果的质量。虽然仪器出厂时都经过检验，但由于长途运输、野外的使用与搬迁等原因，其几何关系都会发生变化，所以仪器作业开始之前必须进行仪器的检验与校正。

经纬仪各主要部件的关系，可用其轴线来表示，如图 3-22 所示。经纬仪各轴线应满足下列条件。

① 照准部水准管轴垂直于竖轴，即 $LL \perp VV$。

② 十字丝竖丝垂直于横轴。

③ 视准轴垂直于横轴，即 $CC \perp HH$。

④ 横轴垂于竖轴，即 $HH \perp VV$。

⑤ 光学对中器的检验与校正。

现将经纬仪的检验校正方法介绍如下。

一、照准部水准管的检验与校正

目的：当照准部水准管气泡居中时，使水平度盘水平，竖轴铅垂。

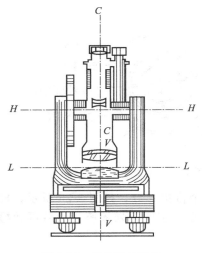

图 3-22　经纬仪的轴线

检验方法：将仪器安置好后，使照准部水准管平行于一对脚螺旋的连线，转动这对脚螺旋使气泡居中。再将照准部旋转 180°，若气泡仍居中，说明条件满足，即水准管轴垂直于仪器竖轴，如果气泡偏离量超过一格，应进行校正，见图 3-23。

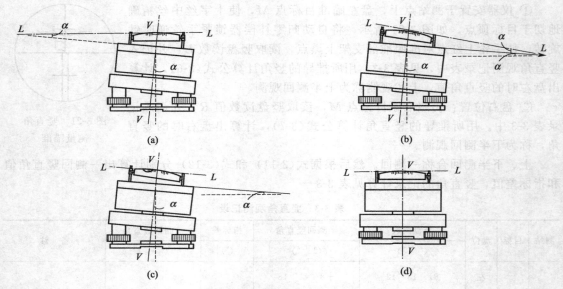

图 3-23　照准部水准管的检验

校正方法：转动平行于水准管的两个脚螺旋使气泡退回偏离零点的格数的一半，再用拨针拨动水准管校正螺钉，使气泡居中。

此项检验校正需要反复进行，直到照准部转至任何位置，气泡中心偏离零点均不超过一格为止。

二、十字丝竖丝的检验与校正

目的：使十字丝竖丝垂直横轴，当横轴居于水平位置时，竖丝处于铅垂位置。

检验方法：用十字丝竖丝的一端精确瞄准远处某点，固定水平制动螺旋和望远镜制动螺旋，慢慢转动望远镜微动螺旋。如果目标不离开竖丝，说明此项条件满足，即十字丝竖丝垂直于横轴，否则需要校正，见图 3-24。

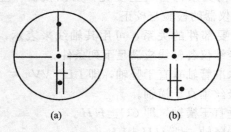

图 3-24　照准部水准管的检验

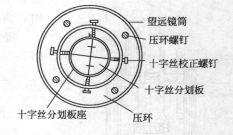

望远镜筒
压环螺钉
十字丝校正螺钉
十字丝分划板
十字丝分划板座
压环

图 3-25　十字丝竖直的校正

校正方法：要使竖丝铅垂，就要转动十字丝板座或整个目镜部分。如图 3-25 所示，校正时，放下目镜分划板护盖，松开 4 个压环螺钉，慢慢转动十字丝分划板座，然后再做检验，待条件满足后再拧紧压环螺钉，旋上护盖。

三、视准轴的检验与校正

目的：使望远镜的视准轴垂直于横轴。视准轴不垂直于横轴的倾角 c 称为视准轴误差，也称为 $2c$ 误差，它是由于十字丝交点的位置不正确而产生的。

检验方法：选一长约 80m 的平坦地区，将经纬仪安置于中间 O 点，在 A 点竖立测量标志，在 B 点水平横置一根带毫米分划的直尺，使尺身垂直于视线 OB 并与仪器同高。

盘左位置，视线大致水平照准 A 点，固定照准部，然后纵转望远镜，在 B 点的直尺上读取读数 B_1，如图 3-26(a) 所示。松开照准部，再以盘右位置照准 A 点，固定照准部。再纵转望远镜在 B 点横尺上读取读数 B_2，如图 3-26(b) 所示。如果 B_1、B_2 两点重合，则说明视准轴与横轴相互垂直，否则需要进行校正。

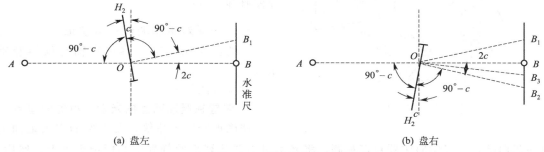

(a) 盘左　　　　　　　　　　　　　　(b) 盘右

图 3-26　视准轴的检验

校正方法：盘左时 $\angle AOH_2 = \angle H_2OB_1 = 90 - c$，则 $\angle B_1OB = 2c$。盘右时，同理 $\angle BOB_2 = 2c$。由此得到 $\angle B_1OB_2 = 4c$，B_1B_2 所产生的差数是四倍视准误差。校正时从 B_2 起在 $1/4B_1B_2$ 距离处得 B_3 点，则 B_3 点在尺上读数值为视准轴应对准的正确位置。用拨针拨动十字丝的左右两个校正螺钉，如图 3-27 所示，注意应先松后紧，边松边紧，使十字丝交点对准 B_3 点的读数即可。

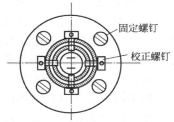

固定螺钉

校正螺钉

图 3-27　视准轴的校正

要求：在同一测回中，同一目标的盘左、盘右读数的差为两倍视准轴误差，以 $2c$ 表示。对于 J_2 型光学经纬仪当 $2c$ 的绝对值大于 $30''$ 时，就要校正十字丝的位置。c 值可按下式计算：

$$c = \frac{B_1B_2}{4S}\rho \tag{3-13}$$

式中，S 为仪器到横置水准尺的距离；$\rho = 206265''$。

视准轴的检验和校正也可以利用度盘读数法按下述方法进行。

检验方法：选与视准轴近似于水平的一点作为照准目标，盘左照准目标的读数为 $\alpha_左$，盘右再照准原目标的读数为 $\alpha_右$，如 $\alpha_左$ 与 $\alpha_右$ 不相差 $180°$，则表明视准轴不垂直于横轴，视准轴应进行校正。

校正方法：以盘右位置读数为准，计算两次读数的平均数 α，即

$$\alpha = \frac{\alpha_右 + (\alpha_左 \pm 180°)}{2} \tag{3-14}$$

转动水平微动螺旋将度盘读数值配置为读数 α，此时视准轴偏离原照准的目标，然后拨动十字丝校正螺钉，直至使视准轴再照准原目标为止，即视准轴与横轴相垂直。这项校正工作也需要反复进行。

四、横轴的检验与校正

目的：使横轴垂直于仪器竖轴。

检验方法：将仪器安置在一个清晰的较高目标附近，其仰角为 $30°$ 左右。盘左位置照准高目标 M 点，固定水平制动螺旋，将望远镜大致放平，在墙上或横放的尺上标出 m_1 点，

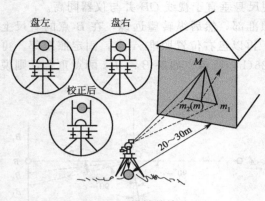

图 3-28　横轴的检验

如图 3-28 所示。纵转望远镜，盘右位置仍然照准 M 点，放平望远镜，在墙上标出 m_2 点。如果 m_1 和 m_2 相重合，则说明此条件满足，即横轴垂直于仪器竖轴，否则需要进行校正。

校正方法：此项校正一般应由厂家或专业仪器修理人员进行。

五、光学对中器的检验与校正

目的：使光学对中器视准轴与仪器竖轴重合。

检验方法如下。

1. 装置在照准部上的光学对中器的检验

精确地安置经纬仪，在脚架的中央地面上放一张白纸，由光学对中器目镜观测，将光学对中器分划板的刻划中心标记于纸上，然后，水平旋转照准部，每隔 120°用同样的方法在白纸上画出标记点，如三点重合，说明此条件满足，否则需要进行校正。

2. 装置在基座上的光学对中器的检验

将仪器侧放在特制的夹具上，照准部固定不动，而使基座能自由旋转，在距离仪器不小于 2m 的墙壁上钉贴一张白纸，用上述同样的方法，转动基座，每隔 120°在白纸上画出一标记点，若三点不重合，则需要校正。

校正方法：将白纸上的三点连成误差三角形，绘出误差三角形外接圆的圆心。由于仪器的类型不同，校正部位也不同。有的校正转向直角棱镜，有的校正分划板，有的两者均可校正。校正时均须通过拨动对点器上相应的校正螺钉，调整目标偏离量的一半，并反复 1～2 次，直到照准部转到任何位置测时，目标都在中心圈以内为止。

必须注意：光学经纬仪这五项检验校正的顺序不能颠倒，而且照准部水准管轴垂直于仪器的竖轴的检校是其他项目检验与校正的基础，这一条件不满足，其他几项检验与校正就不能正确进行。另外，竖轴不铅垂对测角的影响不能用盘左、盘右两个位置观测而消除，所以此项检验与校正也是主要的项目。其他几项在一般情况下有的对测角影响不大，有的可通过盘左、盘右两个位置观测来消除其对测角的影响，因此是次要的检校项目。

第六节　水平角测量的误差分析及注意事项

在进行水平角测量时，观测成果不能绝对避免误差，产生误差原因很多，其中主要是仪器误差、观测误差、仪器对中误差和照准点偏心误差等，还有一些气候、温度等外界条件的影响。

1. 仪器误差

仪器误差包括仪器制造和加工不完善而引起的误差和仪器检校不完善而引起的误差。

消除或减弱上述误差的具体方法如下。

① 采用盘左、盘右观测取平均值的方法，可以消除视准轴不垂直于横轴、横轴不垂直于竖轴和水平度盘偏心差的影响。

② 采用在各测回间变换度盘位置观测，取各测回平均值的方法，可以减弱由于水平度盘刻划不均匀给测角带来的影响。

③ 仪器竖轴倾斜引起的水平角测量误差，无法采用一定的观测方法来消除。因此，在经纬仪使用之前应严格检校，确保水准管轴垂直于竖轴；同时，在观测过程中，应特别注意仪器的严格整平。

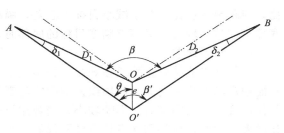

图 3-29　经纬仪对中误差

2. 观测误差

(1) 仪器对中误差

在安置仪器时，由于对中不准确，使仪器中心与测站点不在同一铅垂线上，称为对中误差。如图 3-29 所示，A、B 为两目标点，O 为测站点，O' 为仪器中心，OO' 的长度称为测站偏心距，用 e 表示，其方向与 OA 之间的夹角 θ 称为偏心角。β 为正确角值，β' 为观测角值，由对中误差引起的角度误差 $\Delta\beta$ 为

$$\Delta\beta=\beta-\beta'=\delta_1+\delta_2 \tag{3-15}$$

因 δ_1 和 δ_2 很小，故

$$\delta_1\approx\frac{e\sin\theta}{D_1}\rho$$

$$\delta_2\approx\frac{e\sin(\beta'-\theta)}{D_2}\rho$$

$$\Delta\beta=\delta_1+\delta_2=e\rho\left[\frac{\sin\theta}{D_1}+\frac{\sin(\beta'-\theta)}{D_2}\right] \tag{3-16}$$

分析上式可知，对中误差对水平角的影响有以下特点。

① $\Delta\beta$ 与偏心距 e 成正比，e 愈大，$\Delta\beta$ 愈大。

② $\Delta\beta$ 与测站点到目标的距离 D 成反比，距离愈短，误差愈大。

③ $\Delta\beta$ 与水平角 β' 和偏心角 θ 的大小有关，当 $\beta'=180°$，$\theta=90°$ 时，$\Delta\beta$ 最大。

$$\Delta\beta=e\rho\left(\frac{1}{D_1}+\frac{1}{D_2}\right) \tag{3-17}$$

例如，当 $\beta'=180°$，$\theta=90°$，$e=0.003\text{m}$，$D_1=D_2=100\text{m}$ 时，有

$$\Delta\beta=0.003\text{m}\times206265''\times\left(\frac{1}{100\text{m}}+\frac{1}{100\text{m}}\right)=12.4''$$

对中误差引起的角度误差不能通过观测方法消除，所以观测水平角时应仔细对中，当边长较短或两目标与仪器接近在一条直线上时，要特别注意仪器的对中，避免引起较大的误差。一般规定对中误差不超过 3mm。

(2) 目标偏心误差

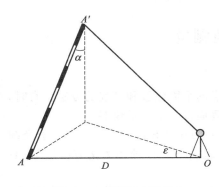

图 3-30　目标偏心误差

水平角观测时，常用测钎、测杆或觇牌等立于目标点上作为观测标志，当观测标志倾斜或没有立在目标点的中心时，将产生目标偏心误差。如图 3-30 所示，O 为测站点，A 为地面目标点，AA' 为测杆，测杆长度为 L，倾斜角度为 α，则目标偏心距 e 为

$$e=L\sin\alpha \tag{3-18}$$

目标偏心对观测方向的影响为

$$\varepsilon=\frac{e}{D}\rho=\frac{L\sin\alpha}{D}\rho \tag{3-19}$$

目标偏心误差对水平角观测的影响与偏心距 e 成正

比，与距离成反比。为了减小目标偏心差，瞄准测杆时，测杆应立直，并尽可能瞄准测杆的底部。当目标较近，又不能瞄准目标的底部时，可采用悬吊垂线或选用专用觇牌作为目标。

（3）整平误差

若仪器未能精确整平或在观测过程中气泡不再居中，竖轴就会偏离铅垂位置。整平误差不能用观测方法来消除，此项误差的影响与观测目标时视线竖直角的大小有关，当观测目标与仪器视线大致同高时，影响较小；当观测目标时，视线竖直较大，则整平误差的影响明显增大，此时，应特别注意认真整平仪器。当发现水准管气泡偏离零点超过一格以上时，应重新整平仪器，重新观测。

（4）瞄准误差

瞄准误差主要与人眼的分辨能力和望远镜的放大倍率有关，人眼分辨两点的最小视角一般为 $60''$。设经纬仪望远镜的放大倍率为 V，则用该仪器观测时，其瞄准误差为

$$m_V = \pm \frac{60''}{V} \tag{3-20}$$

一般 J_6 型光学经纬仪望远镜的放大倍率 V 为 $25 \sim 30$，因此瞄准误差 m_V 一般为 $2.0'' \sim 2.4''$。

另外，瞄准误差与目标的大小、形状、颜色和大气的透明度等也有关。因此，在观测中应尽量消除视差，选择适宜的照准标志，熟练操作仪器，掌握瞄准方法，并仔细瞄准以减小误差。

（5）读数误差

读数误差主要取决于仪器的读数设备，同时也与照明情况和观测者的经验有关。对于 J_6 型光学经纬仪，用分微尺测微器读数，一般估读误差不超过分微尺最小分划的 $1/10$，即不超过 $\pm 6''$，对于 J_2 型光学经纬仪一般不超过 $\pm 1''$。如果反光镜进光情况不佳，读数显微镜调焦不好，以及观测者的操作不熟练，则估读的误差可能会超过上述数值。因此，读数时必须仔细调节读数显微镜，使度盘与测微尺影像清晰，也要仔细调整反光镜，使影像亮度适中，然后再仔细读数。使用测微轮时，一定要使度盘分划线位于双指标线正中央。

3. 外界条件的影响

外界条件的影响与水平角测量时基本相同，但大气折光的影响在水平角测量中产生的是旁折光，在竖直角测量中产生的是垂直折光。在一般情况下，垂直折光远大于旁折光，故在布点时应尽可能避免长边，视线应尽可能离地面高一点（应大于 1m），并避免从水面通过，尽可能选择有利时间进行观测，并采用对向观测方法以削弱其影响。

第七节　全站仪水平角测量

一、全站仪概念

速测仪："速测法"是指一种从仪器站同时测定某一点的平面位置和高程的方法。有时，这种方法也称作"速测术"。而速测仪就是根据速测法原理而设计的测量仪器。

全站仪，即全站型电子速测仪（Electronic Theometer Total Station），它由电子经纬仪、光电测距、电子微处理器及数据自动记录装置等部件组成图 3-31 所示为南方测绘 NST-352 全站仪。

全站仪的特点：小型、轻巧、精密、耐用，具有强大的软件功能，操作更加方便快捷、

测量精度更高、内存量更大、结构造型更精美合理。

二、全站仪的基本结构

组合式：将电子经纬仪、测距仪、电子计算机部分通过一定的连接器构成一个组合体。

整体式：在一个机器外壳内含有电子测距、测角、补偿、记录、存储等部分。

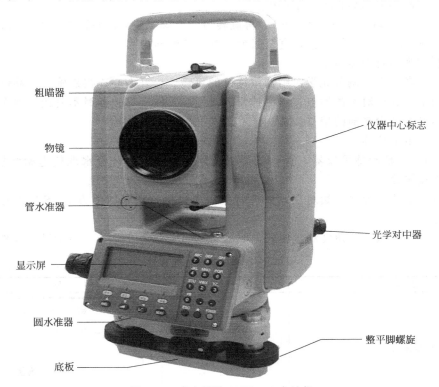

粗瞄器

物镜

管水准器

显示屏

圆水准器

底板

仪器中心标志

光学对中器

整平脚螺旋

图 3-31　南方测绘 NST-352 全站仪

三、全站仪测角原理

全站仪的测角是由仪器内集成的电子经纬仪完成的，仍然采用度盘，从度盘上取得电信号，再将电信号转换为数字并显示角度值。

电子经纬仪的测角与光学经纬仪的主要不同点在于电子经纬仪采用光电扫描度盘自动计数、自动数据处理、自动显示及存储、输出数据。

电子经纬仪测角系统主要有三类，即绝对编码度盘测角、增量式光栅度盘测角以及动态式（编码、光栅度盘）测角。

四、全站仪测角应用

要应用全站仪进行角度测量，首先要进行仪器安置。

（1）安置三脚架

首先，将三脚架打开，伸到适当高度，拧紧三个固定螺旋。

（2）将仪器安置到三脚架上

将仪器小心地安置到三脚架上，松开中心连接螺旋，在架头上轻移仪器，直到锤球对准测站点标志中心，然后轻轻拧紧连接螺旋。

（3）利用圆水准器粗平仪器

① 旋转两个脚螺旋 A、B，使圆水准器气泡移到与上述两个脚螺旋中心连线相垂直的一

条直线上。

② 旋转脚螺旋 C，使圆水准器气泡居中。

（4）利用长水准器精平仪器

① 松开水平制动螺旋、转动仪器使管水准器平行于某一对脚螺旋 A、B 的连线。再旋转脚螺旋 A、B，使管水准器气泡居中。

② 将仪器绕竖轴旋转 90°（100g），再旋转另一个脚螺旋 C，使管水准器气泡居中。

③ 再次旋转 90°，重复①②，直至四个位置上气泡居中为止。

（5）利用光学对中器对中

根据观测者的视力调节光学对中器望远镜的目镜。松开中心连接螺旋、轻移仪器，将光学对中器的中心标志对准测站点，然后拧紧连接螺旋。在轻移仪器时不要让仪器在架头上有转动，以尽可能减少气泡的偏移。

（6）最后精平仪器

按第（4）步精确整平仪器，直到仪器旋转到任何位置时，管水准气泡始终居中为止，然后拧紧连接螺旋。

完成以上安置，即可开始对全站仪进行下一步操作，这里以南方 NTS-352 为例，对水平角测量进行说明。

首先开机，确认处于角度测量模式，照准目标 A 后，按照表 3-4 所示进行操作。

表 3-4　全站仪测角操作步骤

操作过程	操作	显示
①照准第一个目标 A	照准 A	V:　　　82°　09′　30″ HR:　　　90°　09′　30″ 置零　　锁定　　置盘 P1 ↓
②设置目标 A 的水平角为 0°00′00″ 按 F1（置零）键和 F3（是）键	F1 F3	水平角置零 　　>OK? ---　　　---　　[是] [否] V:　　　82°　09′　30″ HR:　　　0°　00′　00″ 置零　　锁定　　置盘　　P1 ↓
③照准第二个目标 B,显示目标 B 的 V/H	照准目标 B	V:　　　92°　09′　30″ HR:　　　67°　09′　30″ 置零　　锁定　　置盘　　P1 ↓

当水平角需要左、右角切换时，同样将全站仪设置为角度测量模式，之后可按照表3-5进行操作。

表 3-5　全站仪（右角/左角）切换步骤

操作过程	操作	显示
①按 F4 （↓）键两次转到第 3 页功能	F4 两次	V:　　　122°　09′　30″ HR:　　　90°　09′　30″ 置零　　　锁定　　　置盘　　P1 ↓ 倾斜　　　---　　　　V%　　P2 ↓ H-蜂鸣　　R/L　　　竖角　　P3 ↓
②按 F2 （R/L）键。右角模式（HR）切换到左角模式（HL）。	F2	V:　　　122°　09′　30″ HL:　　269°　50′　30″ H-蜂鸣　　R/L　　　竖角　　P3 ↓
③以左角 HL 模式进行测量。		
* 每次按 F2 （R/L）键，HR/HL 两种模式交替切换。		

如果需要对某个方向的角度进行锁定，可通过锁定角度值设置的方式来进行。

首先确定处于角度测量模式下，用水平微动螺旋转到所需的水平角度，按定锁定键"F2"，之后照准目标需要锁定的方向，按下"F3"键完成锁定，就可以按照表3-4和表3-5的测角模式进行正常角度测量。

五、全站仪的操作使用注意事项

全站仪集光电于一身，为保证全站仪的正常工作，延长其使用寿命，在操作使用全站仪时应注意以下几点。

① 仪器应由专人使用、保管。迁站、装箱时只能握住仪器的支架，而不能握住镜筒，以免对仪器造成损伤，影响观测精度。

② 日光下测量应避免将物镜直接瞄准太阳。若在太阳下作业应安装滤光器。

③ 避免在高温和低温下存放仪器，亦应避免温度骤变（使用时气温变化除外）。在高温天气作业时，必须撑伞，否则仪器内部温度容易升到 $60\sim70℃$，从而缩短仪器的使用寿命。

④ 仪器不使用时，应将其装入箱内，置于干燥处，注意防震、防尘和防潮。

⑤ 若仪器工作处的温度与存放处的温度差异太大，应先将仪器留在箱内，直至它适应环境温度后再使用仪器。

⑥ 仪器长期不使用时，应将仪器上的电池卸下分开存放。电池应每月充电一次。

　　⑦ 仪器运输应将仪器装于箱内进行，运输时应小心避免挤压、碰撞和剧烈震动，长途运输最好在箱子周围使用软垫。

　　⑧ 仪器安装至三脚架或拆卸时，要一只手先握住仪器，以防仪器跌落。

　　⑨ 外露光学件需要清洁时，应用脱脂棉或镜头纸轻轻擦净，切不可用其他物品擦拭。

　　⑩ 仪器使用完毕后，用绒布或毛刷清除仪器表面灰尘。仪器被雨水淋湿后，切勿通电开机。

　　⑪ 作业前应全面仔细检查仪器，确信仪器各项指标、功能、电源、初始设置和改正参数均符合要求时再进行作业。

　　⑫ 日光下测量应避免将物镜直接瞄准太阳，若在太阳下作业应安装滤光器。

　　⑬ 全站仪发射光是激光，使用时不得对准眼睛。

六、全站仪的特点

全站仪与光学经纬仪相比有如下优点。

　　① 仅需对准目标，若仪器内置有驱动马达及 CCD 系统，还可自动搜寻目标。

　　② 水平度盘和竖直度盘读数同时显示，省却了估读过程；通过接口可直接将数据输入计算机，无须手工记入手簿，消除了读数、记录时的误差或人为错误。

　　③ 采用双轴倾斜传感器来检测仪器倾斜状态，由仪器倾斜所造成的水平角和竖直角误差，可通过电子系统进行自动补偿。

　　④ 角度计量单位（360°六十进制、十进制，400 倍度，6400 密位）可自动换算。

　　⑤ 带有输入键盘且有若干功能键，如水平度盘读数置零或锁定，水平角左、右角转换，坡度显示等。

　　⑥ 可单次测量（精度较高），也可动态跟踪目标连续测量（精度较低，用于施工放样），且可选择不同的最小角度单位。

思考题与习题

1. 什么是水平角？瞄准在同一竖直面上高度不同的点，其水平度盘读数是否相同？为什么？

2. 什么是竖直角？观测竖直角时，为什么只瞄准一个方向即可测得竖直角？

3. 经纬仪的安置为什么包括对中和整平？

4. 经纬仪由哪几个主要部分组成？它们各起什么作用？

5. 如何使用 J_6 级光学经纬仪的分微尺读数装置进行读数？如何使某方向水平度盘读数为 0°？

6. 为什么将盘左、盘右两个盘位的观测作为确定一个角值的基本测回？对水平角观测可消减哪些误差？

7. 整理表 3-6 中测回法观测水平角的记录。

8. 整理表 3-7 中方向法观测水平角的记录。

9. 整理表 3-8 中竖直角观测记录。

表 3-6　水平角读数观测记录（测回法）

测站	目标	竖盘位置	水平度盘读数	半测回角值	一测回角值	备注
			(° ′ ″)	(° ′ ″)	(° ′ ″)	
A	B	左	0　05　18			
	C		46　30　24			
	B	右	180　05　12			
	C		226　30　30			

表 3-7　方向观测法观测记录

测站	测回数	目标	读数		$2c=$左— (右±180°)	平均读数= $1/2$[左+ (右±180°)]	归零后方向值	各测回归 零方向的 平均值
			盘左	盘右				
			(° ′ ″)	(° ′ ″)	(″)	(° ′ ″)	(° ′ ″)	(° ′ ″)
O	1	A	0 05 18	180 05 24				
		B	68 24 30	248 24 42				
		C	172 20 54	352 21 00				
		D	264 08 36	84 08 42				
		A	0 05 24	180 05 36				
O	2	A	90 29 06	270 29 18				
		B	158 48 36	338 48 48				
		C	262 44 42	82 44 54				
		D	354 32 30	174 32 36				
		A	90 29 18	270 29 13				

表 3-8　竖直角观测记录

测站	目标	盘位	竖盘读数 (° ′ ″)	半测回竖角值 (° ′ ″)	指标差 (″)	一测回竖直角 (° ′ ″)
O	M	左	78 25 24			
		右	281 34 54			
	N	左	98 45 36			
		右	261 14 48			

10. 经纬仪有哪些主要的轴线？规定它们之间应满足哪些条件？

11. 电子经纬仪的测角原理与光学经纬仪的主要区别是什么？电子经纬仪有哪些优点？

第四章　距离测量与直线定向

距离测量是测量的三项基本工作之一。距离测量的目的就是测量地面两点之间的水平距离。水平距离指的是地面上两点垂直投影到水平面上的直线距离。根据测量时所使用的工具和方法的不同，测定水平距离的方法也很多，如钢尺量距、电磁波测距、视距测量及 GPS 测距等。

钢尺量距是用钢卷尺沿地面进行距离丈量。该方法适用于平坦地区的短距离量距，易受地形限制。

电磁波测距是利用仪器发射并接收电磁波，通过测量电磁波在待测距离上往返传播的时间计算距离。这种方法测距精度高，测程远，一般用于高精度的远距离测量和近距离的细部测量，其测量精度由仪器的出厂精度确定。

视距测量是利用经纬仪或水准仪望远镜中的视距丝及视距标尺，按几何光学原理进行测距。这种方法能克服地形障碍，适合于低精度的近距离测量（一般在 200m 以内）。详见第八章。

GPS 测距是利用两台 GPS 接收机接收空间轨道上 4 颗以上 GPS 卫星发射的载波信号，通过一定的测量和计算方法，求出两台 GPS 接收机天线相位中心的距离。详见第六章。

直线定向的目的就是确定出一条直线与标准方向之间的角度关系，用以进行点位坐标的计算或指导工程施工。

本章将分别介绍前两种距离测量方法及直线定向的过程。

第一节　钢尺量距

丈量距离时，常使用钢尺、皮尺、绳尺等，辅助工具有标杆、测钎和垂球等。

一、钢尺及其辅助工具

1. 钢尺

钢尺是由薄钢制成的带尺，常用钢尺宽 10mm，厚 0.2mm；长度有 20m、30m 及 50m 几种，卷放在圆形尺盒内或金属架上。钢尺的基本分划为厘米，在每米及每分米处有数字注记。一般钢尺在起点处 1dm 内刻有毫米分划；有的钢尺整个尺长内都刻有毫米分划。

由于尺的零点位置的不同，有端点尺和刻线尺的区别。端点尺是以尺的最外端作为尺的零点，当从建筑物墙边开始丈量时使用很方便。刻线尺是以尺前端的一刻线作为尺的零点。如图 4-1 所示。

2. 辅助工具

量距的辅助工具有标杆、测钎、垂球等，如图 4-2 所示。标杆又称花杆，直径为 3～4cm，长 2～3m，杆身涂以 20cm 间隔的红、白漆，下端装有锥形铁尖，主要用于标定直线方向；测钎亦称测针，用直径 5mm 左右的粗钢丝制成，长 30～40cm，上端弯成环形，下端磨尖，一般以 11 根为一组，穿在铁环中，用来标定尺的端点位置和计算整尺段数；垂球用于在不平坦地面丈量时将钢尺的端点垂直投影到地面。此外进行精密量距时，还有弹簧秤和温度计，以控制拉力和测定钢尺温度。

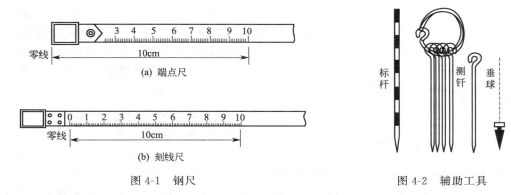

图 4-1　钢尺　　　　　　　　　　　　　　图 4-2　辅助工具

二、直线定线

当地面两点之间的距离大于钢尺的一个尺段或地势起伏较大时，为方便量距工作，需分成若干尺段进行丈量，这就需要在直线的方向上插上一些标杆或测钎，在同一直线上定出若干点，这种把多根标杆竖立在已知直线上的工作称为直线定线。直线定线通常有以下几种方法。

1. 两点间目估定线

目估定线适用于钢尺量距的一般方法。如图 4-3 所示，设 A 和 B 为地面上相互通视、待测距离的两点。现要在直线 AB 上定出 1、2 等分段点。先在 A、B 两点上竖立花杆，甲站在 A 点杆后约 1m 处，指挥乙左右移动花杆，直到甲在 A 点沿标杆的同一侧看见 A、1、B 三点处的花杆在同一直线上；用同样方法可定出 2 点。直线定线一般应由远及近，即先定出 1 点，再定出 2 点。

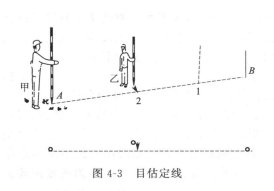

图 4-3　目估定线　　　　　　　　　　　　图 4-4　逐渐趋近定线

2. 逐渐趋近定线

逐渐趋近定线，也称过高地定线，适用于 A、B 两点在高地两侧，互不通视时的量距。如图 4-4 所示，欲在 A、B 两点间标定直线，可采用逐渐趋近法。先在 A、B 两点上竖立标杆，甲、乙两人各持标杆分别选择在 C_1 和 D_1 处站立，要求 B、D_1、C_1 位于同一直线上，且甲能看到 B 点，乙能看到 A 点。可先由甲站在 C_1 处指挥乙移动至 BC_1 直线上的 D_1 处。然后，由站在 D_1 处的乙指挥甲移动至 AD_1 直线上的 C_2 处，要求甲站在 C_2 处能看到 B 点，接着再由站在 C_2 处的甲指挥乙移至能看到 A 点的 D_2 处，这样逐渐趋近，直到 C、D、B 在一直线上，同时 A、C、D 也在一直线上，这时说明 A、C、D、B 均在同一直线上。

这种方法也可用于分别位于两座建筑物上的 A、B 两点间的定线。

3. 经纬仪定线

当直线定线精度要求较高时，可用经纬仪定线。如图 4-5 所示，欲在 AB 直线上确定出

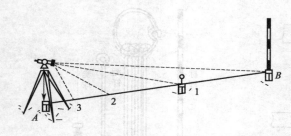

图 4-5　经纬仪定线

1、2、3 点的位置，可将经纬仪安置于 A 点，用望远镜照准 B 点，固定照准部制动螺旋，然后将望远镜向下俯视，将十字丝交点投测到木桩上，并钉小钉，以确定出 1 点的位置。同法标定出 2、3 点的位置。

三、钢尺量距的一般方法

1. 平坦地面的距离丈量

丈量工作一般由两人进行。如图 4-6 所示，沿地面直接丈量水平距离时，可先在地面上定出直线方向，丈量时后尺手持钢尺零点一端，前尺手持钢尺末端和一组测钎沿 AB 方向前进，行至一尺段处停下，后尺手指挥前尺手将钢尺拉在 AB 直线上，后尺手将钢尺的零点对准 A 点，当两人同时把钢尺拉紧后，前尺手在钢尺末端的整尺段长分划处竖直插下一根测钎得到 1 点，即量完一个尺段。前、后尺手抬尺前进，当后尺手到达插测钎处时停住，再重复上述操作，量完第二尺段。后尺手拔起地上的测钎，依次前进，直到量完 AB 直线的最后一段为止。

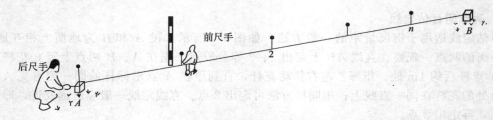

图 4-6　平坦地面的距离丈量

丈量时应注意沿着直线方向进行，钢尺必须拉紧、伸直且无卷曲。直线丈量时尽量以整尺段丈量，最后丈量不足一尺段的余长，以方便计算。丈量时应记清整尺段数，或用测钎数来表示整尺段数。逐段丈量后，起点至终点的直线水平距离 D，按下式计算：

$$D = nl + q \tag{4-1}$$

式中，l 为钢尺的一整尺段长，m；n 为整尺段数；q 为不足一整尺段的余长，m。

为了防止丈量错误和提高量距精度，通常要进行往、返丈量。上述介绍的方法为往测，即由 A 至 B；返测时要重新进行直线定线并进行距离丈量，即由 B 至 A。取往、返丈量距离的平均值 $D_{平均}$ 作为直线 AB 的水平距离。往、返丈量所得距离之差的绝对值 ΔD 与水平距离 $D_{平均}$ 之比，并化为分子为 1 的分数，称为相对误差，用字母 K 表示，作为衡量距离丈量精度的指标。即

AB 距离：
$$D_{平均} = \frac{1}{2}(D_{往} + D_{返}) \tag{4-2}$$

相对误差：
$$K = \frac{|D_{往} - D_{返}|}{D_{平均}} = \frac{\Delta D}{D_{平均}} = \frac{1}{\dfrac{D_{平均}}{\Delta D}} \tag{4-3}$$

【例 4-1】 用 30m 长的钢尺往返丈量 A、B 两点间的水平距离，丈量结果分别为：往测 4 个整尺段，余长为 19.97m；返测 4 个整尺段，余长为 20.01m。计算 A、B 两点间的水平距离 D_{AB} 及其相对误差 K。

解
$$D_{往} = nl + q = 30 \times 4 + 19.97 = 139.97 \text{ (m)}$$
$$D_{返} = nl + q = 30 \times 4 + 20.01 = 140.01 \text{ (m)}$$

$$D_{平均} = \frac{1}{2}(D_{往} + D_{返}) = \frac{1}{2} \times (139.97 + 140.01) = 139.99 \text{ (m)}$$

$$K = \frac{|D_{往} - D_{返}|}{D_{平均}} = \frac{\Delta D}{D_{平均}} = \frac{0.04}{139.99} = \frac{1}{3499}$$

相对误差的分母越大，说明量距的精度越高；反之，精度越低。在平坦地区钢尺量距的相对误差一般不应大于 1/3000；在量距困难地区，其相对误差不应大于 1/1000。当量距的相对误差未超过规定值，可取往、返测量结果的平均值作为两点间的水平距离 D。

2. 倾斜地面的距离丈量

（1）平量法

如果地面高低起伏不平，可将钢尺拉平丈量。丈量由 A 向 B 进行，后尺手将尺的零端对准 A 点，前尺手将尺抬高，并且目估使尺水平，用垂球尖将尺段的末端投于 AB 方向线的地面上，再插以测钎，依次进行丈量 AB 的水平距离。如图 4-7 所示。

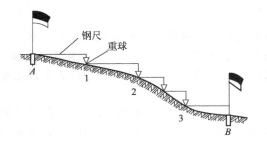

图 4-7　平量法　　　　　　　　　　　　　　图 4-8　斜量法

（2）斜量法

当倾斜地面的坡度比较均匀时，可沿斜面直接丈量出 AB 的倾斜距离 D'，测出地面倾斜角 α 或 A、B 两点间的高差 h，如图 4-8 所示，按下式计算 AB 的水平距离 D：

$$D = D'\cos\alpha \tag{4-4}$$

或

$$D = \sqrt{D'^2 - h^2} \tag{4-5}$$

第二节　电磁波测距

以电磁波为载波的测距仪统称为电磁波测距仪。根据载波的不同，它分为以光波为载波的光电测距仪和以微波为载波的微波测距仪。

光电测距仪按光源的不同又分为普通光测距仪、激光测距仪和红外测距仪。其中，普通光测距仪早已淘汰；激光测距仪多用于远程测距；红外测距仪则用于中、短程测距，在工程测量中应用广泛。微波测距仪的精度低于光电测距仪，在工程测量中应用较少。

测距仪除按载波分类外，还可按测程分为短程（3km 以内）、中程（3～15km）和远程（15km 以上）；按精度可分为Ⅰ级、Ⅱ级和Ⅲ级，Ⅰ级为 1km 的测距中误差小于 ±5mm；Ⅱ级为 ±(5～10)mm，Ⅲ级为超过 ±10mm。

一、测距原理

如图 4-9 所示，设仪器置于 A 点，反射棱镜置于 B 点。测距仪发射的光波由 A 至 B，经反射回到 A，往返传播的时间 t 被测定，则距离 D 可根据已知光速 c（约 3×10^8 m/s）按下式求得：

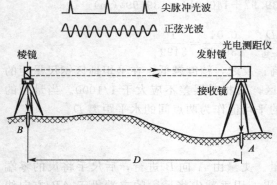

图 4-9 电磁波测距原理   图 4-10 相位式光电测距原理

$$D = \frac{1}{2}ct \tag{4-6}$$

根据测定的时间方式不同，光电测距仪又可分为脉冲式测距仪和相位式测距仪。脉冲式测距仪是直接测定光波传播的时间，受脉冲宽度和电子计时器分辨率限制，测距精度不高。相位式测距仪是利用测量相位的方法间接测定时间，测距精度较高。红外测距仪大多采用相位式测距，仪器轻巧灵便，广泛用于工程测量。

如图 4-10 所示，设测距仪调制光的频率为 f，波长为 λ，角频率为 ω，从 A 点发出的初相为 0，经 B 点反射回 A 点，接收时刻的相位变化值为 $\varphi = N \times 2\pi + \Delta\varphi$，其中 N 为相位整周数，$\Delta\varphi$ 为不足一个整周（2π）的尾数。由于 $\varphi = \omega t = 2\pi f t$，则

$$t = \frac{1}{2\pi f}(N \times 2\pi + \Delta\varphi) \tag{4-7}$$

将上式带入式（4-6），因为 $c = \lambda f$，则

$$D = \frac{1}{2}\lambda f \times \frac{1}{2\pi f}(N \times 2\pi + \Delta\varphi)$$

即

$$D = \frac{\lambda}{2}\left(N + \frac{\Delta\varphi}{2\pi}\right) = u(N + \Delta N) \tag{4-8}$$

式（4-8）为相位式测距的基本公式，u 通常称为"光尺"，相当于钢尺量距中的尺长，$Nu + \Delta Nu$ 相当于 N 个尺段加余长。由于测距仪中的相位计只能测出相位值尾数 $\Delta\varphi$ 或 ΔN，不能测定 N，因此式（4-8）存在多值解。为了求得单值解，可采用两把光尺测定同一距离。由式（4-8）看出，当 $u > D$ 时，$N = 0$，则 $D = \Delta Nu$。一般仪器的测相精度为 1‰，设一把光尺为粗尺，$u_2 = 1000$m，可测出 1km 内的距离，精度为 ±1m；另一把尺为精尺，$u_1 = 10$m，可测出 10m 以下的距离，精度为 ±1cm。两把尺组合使用，以粗尺保证测程，精尺保证精度，可测定 1km 以内的距离。

上述 ΔN 的测定，精尺、粗尺频率的变换，计算中大小距离数字的衔接等均由仪器内部的逻辑电路自动完成。

二、全站仪测距应用

全站仪的测距功能就是由一台光电测距仪实现的，它是在电子经纬仪和电子测距技术基础上发展起来的一种智能化测量仪器，是由电子测角、电子测距、电子计算机和数据存储单元等组成的三维坐标测量系统，测量结果能自动显示，并能与外围设备交换信息的多功能仪器。由于该仪器能较完善地实现测量和处理过程的一体化，所以称之为全站型电子速测仪，

简称全站仪。

全站仪距离测量可设为单次测量和 N 次测量。一般设为单次测量，以节约电量。距离测量有精测、粗测、跟踪三种测量模式。一般情况下用精测模式测量，最小显示单位为 1mm，测量时间约 2.5s。在进行距离测量前通常需要确认大气改正的设置和棱镜常数的设置，再进行距离测量，当设置大气改正时，通过测量温度和气压可求得改正值；棱镜常数为 -30，设置棱镜改正为 -30，如使用其他常数的棱镜，则在使用之前应先设置一个相应的常数。

当距离测量模式和观测次数设定后，在测角模式下，照准棱镜中心，按距离测量键，即开始连续测量距离。这里以南方测绘 NTS-352 全站仪为例，对距离测量的详细步骤进行说明。

首先进行仪器安置，安置方法同第三章第七节全站仪角度测量安置方法一样，在此不再赘述，安置仪器之后按照不同距离测量方式进行设置。

1. 连续测量

确认仪器处于测距模式下，进行操作见表 4-1。

表 4-1　连续距离测量

操作过程	操作	显示
①照准棱镜中心	照准	V:　　　　90°　10′　20″ HR:　　　170°　30′　20″ H-蜂鸣　　R/L　　竖角　　P3↓
②按 ◢ 键，距离测量开始①,②；	◢	HR:　　　170°　30′　20″ HD*　[r]　　　　　<<m VD:　　　　　　　　　m 测量　　模式　　S/A　　P1↓
		HR　　　170°　30′　20″ HD*　　235.343m VD:　　　36.551m 测量　　模式　　S/A　　P1↓
显示测量的距离③,④,⑤ 再次按 ◢ 键，显示变为水平角(HR)、垂直角(V)和斜距(SD)	◢	V:　　　　90°　10′　20″ HR:　　　170°　30′　20″ SD*　　241.551m 测量　　模式　　S/A　　P1↓

① 当光电测距（EDM）正在工作时，"＊"标志就会出现在显示窗。

② 将模式从精测转换到跟踪，参阅表 4-3。在仪器电源打开状态下，要设置距离测量模式。

③ 距离的单位表示为："m"（米）或 "ft""fi"（英尺），并随着蜂鸣声在每次距离数据更新时出现。

④ 如果测量结果受到大气抖动的影响，仪器可以自动重复测量工作。

⑤ 要从距离测量模式返回正常的角度测量模式，可按 ANG 键。

2. N 次测量/单次测量

当输入测量次数后，仪器就按设置的次数进行测量，并显示出距离平均值。当输入测量次数为 1，因为是单次测量，仪器不显示距离平均值。

确认仪器处于测角模式下，进行操作见表 4-2。

表 4-2 　N 次测量/单次测量

操作过程	操作	显示
①照准棱镜中心	照准	V: 122° 09′ 30″ HR: 90° 09′ 30″ 置零　锁定　置盘　　P1↓
②按 ◢ 键,连续测量开始[①]	◢	HR: 170° 30′ 20″ HD*[r] 　　 <<m VD: 　　 m 测量　模式　S/A　P1↓
③当连续测量不再需要时,可按 F1 (测量)键[②],测量模式为 N 次测量模 　当光电测距(EDM)正在工作时,再按 F1 (测量)键,模式转变为连续测量模式	F1	HR: 170° 30′ 20″ HD*[n] 　　 <<m VD: 　　 m 测量　模式　S/A　P1↓ HR: 170° 30′ 20″ HD: 566.346m VD: 89.678m 测量　模式　S/A　P1↓

① 在仪器开机时,测量模式可设置为 N 次测量模式或者连续测量模式。

② 在测量中,要设置测量次数(N 次)。

3. 精测模式/跟踪模式

利用全站仪进行精测或跟踪测量,具体操作见表 4-3。

表 4-3 　精测模式/跟踪模式

操作过程	操作	显示
①在距离测量模式下按 F2 (模式)[①]键所设置模式的首字符(F/T)	F2	HR: 170° 30′ 20″ HD: 566.346m VD: 89.678m 测量　模式　S/A　P1↓
②按 F1 (精测)键精测, F2 (跟踪)键跟踪测量	F1 — F2	HR: 170° 30′ 20″ HD: 566.346m VD: 89.678 m 精测　跟踪　---　F HR: 170° 30′ 20″ HD: 566.346m VD: 89.678m 测量　模式　S/A　P1↓

① 要取消设置,按 ESC 键。

4. 注意事项

① 在晴天和雨天作业要撑伞遮阳、挡雨，防止阳光或其他强光直接射入接收物镜，损坏光敏二极管；防止雨水浇淋测距仪主机，发生短路。

② 测线两侧和镜站背景应避免有反光物体，防止杂乱信号进入接收系统产生干扰；此外，主机和测线还应避开高压线、变压器等强电磁场干扰源。

③ 测线应保证一定的净空高度，尽量避免通过发热体和较宽水面的上空。

④ 仪器用完后要注意关机；保存和运输中需注意防潮、防振、防高温；长久不用要定期通电干燥。

⑤ 电池要及时进行充电；当仪器不用时，电池仍需充电后再存放。

三、测距误差和标称精度

考虑到大气折射率和仪器加常数 K，相位式测距的基本公式可写为

$$D = \frac{c_0}{2fn}\left(N + \frac{\Delta\varphi}{2\pi}\right) + K \tag{4-9}$$

式中，c_0 为真空中的光速值；n 为大气的折射率，它是载波波长、大气温度、大气湿度、大气压力的函数。

由上式可知，测距误差是由光速值误差 m_{c0}、大气折射率误差 m_n、调制频率误差 m_f 和测相误差 $m_{\Delta\varphi}$、加常数误差 m_K 决定的；但实际上，除上述误差外，测距误差还包括仪器内部信号窜扰引起的周期误差 m_A、仪器的对中误差 m_g 等。这些误差可分为两大类：一类与距离成正比，称为比例误差，如 m_{c0}、m_n、m_f、m_g；另一类与距离无关，所产生的误差称为固定误差，如 $m_{\Delta\varphi}$、m_K。因此测距仪的标称精度表达式一般可写为

$$m_D = \pm(a + bD) \tag{4-10}$$

式中，a 为固定误差，mm；b 为比例误差系数，mm/km；D 为距离，km。

【例 4-2】　某全站仪的标称精度为 $\pm(5\text{mm} + 5\text{ppm} \times D)$，现用它观测一段 1000m 的距离，则测距中误差为

$$m = \pm(5\text{mm} + 5\text{mm/km} \times 1.0\text{km}) = \pm 10\text{mm}$$

第三节　直　线　定　向

确定地面上两点之间的相对位置，仅知道两点之间的水平距离是不够的，还必须确定此直线与标准方向之间的关系。确定一条直线与标准方向之间角度（水平角度）关系的这项工作称为直线定向。

一、标准方向的种类

1. 真子午线方向

地球表面某点与地球旋转轴所构成的平面与地球表面的交线称为该点的真子午线，真子午线在该点的切线方向称为该点的真子午线方向。真子午线方向用天文测量方法或用陀螺经纬仪测定。

2. 磁子午线方向

地球表面某点与地球磁场南北极连线所构成的平面与地球表面的交线称为该点的磁子午线。磁子午线在该点的切线方向称为该点的磁子午线方向，一般是磁针在该点自由静止时所指的方向。磁子午线方向可用罗盘仪测定。

3. 坐标纵轴方向

由于地球上各点的子午线互相不平行，而是向两极收敛，为了测量计算工作的方便，通

常以平面直角坐标系的纵坐标轴（*X* 轴）为标准方向。我国采用高斯平面直角坐标系，6°带或 3°带内都以该带的中央子午线的投影作为坐标纵轴，因此，该带内直线定向，就用该带的纵坐标轴方向作为标准方向。如采用假定坐标系，则用假定的纵坐标轴（*X* 轴）作为标准方向。

二、直线方向的表示方法

测量工作中，常采用方位角来表示直线的方向。由标准方向的北端起，顺时针方向旋转到某直线的夹角，称为该直线的方位角。方位角的角度范围为 0°～360°。

如图 4-11 所示，若标准方向 *ON* 为真子午线，并用 *A* 表示真方位角，则 A_1、A_2、A_3、A_4 分别为直线 *O1*、*O2*、*O3*、*O4* 的真方位角。若 *ON* 为磁子午线方向，则各方位角分别为相应直线的磁方位角，磁方位角用 A_m 表示。若 *ON* 为坐标纵轴方向，则各方位角分别为相应直线的坐标方位角，如图 4-12 所示，用 α 来表示。

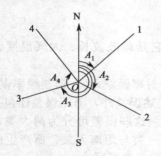

图 4-11　直线方位表示方法

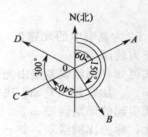

图 4-12　坐标方位角

三、几种方位角之间的关系

1. 真方位角与磁方位角之间的关系

由于地磁南北极与地球的南北极并不重合，因此，过地面上某点的真子午线方向与磁子午线方向常不重合，两者之间的夹角称为磁偏角。如图 4-13 中的 δ。磁针北端偏于真子午线以东称东偏，偏于真子午线以西称西偏。直线的真方位角与磁方位角之间可用下式进行换算：

$$A = A_m + \delta \tag{4-11}$$

式（4-11）中的 δ 值，东偏取正值，西偏取负值。我国磁偏角的变化大约在 $-10°\sim+6°$ 之间。

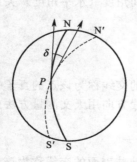

图 4-13　磁偏角 δ

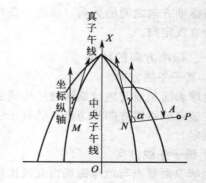

图 4-14　子午线收敛角

2. 真方位角与坐标方位角之间的关系

中央子午线在高斯投影平面上是一条直线，作为该带的坐标纵轴，而其他子午线投影后为收敛于两极的曲线，如图 4-14 所示。地面点 M、N 等点的真子午线方向与中央子午线之间的角度，称为子午线收敛角，用 γ 表示。γ 角有正有负。在中央子午线以东地区，各点的纵坐标轴偏在真子午线的东边，γ 为正值；在中央子午线以西地区，γ 为负值。某点的子午线收敛角 γ，可由该点的高斯平面直角坐标为引数，在测量计算用表中查到。也可用下式计算：

$$\gamma = (L - L_0)\sin B \tag{4-12}$$

式中，L_0 为中央子午线的经度；L，B 为计算点的经、纬度。

真方位角 A 与坐标方位角之间的关系，如图 4-14 所示，可用下式进行换算：

$$A_{12} = \alpha_{12} + \gamma \tag{4-13}$$

3. 坐标方位角与磁方位角之间的关系

若已知某点的磁偏角 δ 与子午线收敛角 γ，则坐标方位角与磁方位角之间的换算式为

$$\alpha = A_{\mathrm{m}} + \delta - \gamma \tag{4-14}$$

四、坐标方位角

1. 坐标方位角

从坐标纵轴北端起，顺时针方向量到某直线的夹角，称为该直线的坐标方位角。用 α 来表示，其角值范围为 $0° \sim 360°$。

2. 正、反坐标方位角

一条直线有正、反两个方向，通常以直线前进的方向为正方向。如图 4-15 所示，直线 AB 的 A 是起点，B 是终点；通过起点 A 的纵坐标轴方向与直线 AB 所夹的坐标方位角 α_{12}，称为直线 AB 的正坐标方位角。过终点 B 的纵坐标轴方向与直线 BA 所夹的坐标方位角 α_{BA}，称为直线 AB 的反坐标方位角（直线 BA 的正坐标方位角）。由图 4-15 中可以看出一条直线正、反坐标方位角的数值相差 $180°$，即

$$\alpha_{正} = \alpha_{反} \pm 180° \tag{4-15}$$

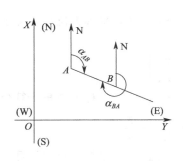

图 4-15 正、反坐标方位角

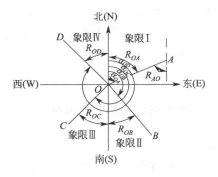

图 4-16 坐标方位角与象限角

由于地面各点的真（或磁）子午线收敛于两极，并不互相平行，致使直线的反真（或磁）方位角不与正真（或磁）方位角相差 $180°$，给测量计算带来不便，故测量工作中常采用坐标方位角进行直线定向。

五、象限角与坐标方位角

1. 象限角

测量上有时用象限角来确定直线的方向。象限角，就是由标准方向的北端或南端起量至某直线所夹的锐角，常用 R 表示，角值范围为 $0° \sim 90°$。

2. 坐标方位角与象限角的换算关系

坐标方位角和象限角均是表示直线方向的方法，它们之间既有区别又有联系。在实际测

量中经常用到它们之间的换算关系，由图 4-16 可以推算出它们之间的换算关系，见表 4-4。

表 4-4　坐标方位角和象限角的换算

直线方向	由坐标方位角 α 求象限角 R	由象限角 R 求坐标方位角 α
第 I 象限（北东）	$R=\alpha$	$\alpha=R$
第 II 象限（南东）	$R=180°-\alpha$	$\alpha=180°-R$
第 III 象限（南西）	$R=\alpha-180°$	$\alpha=180°+R$
第 IV 象限（北西）	$R=360°-\alpha$	$\alpha=360°-R$

【例 4-3】 某直线 AB，已知正坐标方位角 $\alpha_{AB}=334°31'48''$，试求 α_{BA}、R_{AB}、R_{BA}。

解

$$\alpha_{BA}=334°31'48''-180°=154°31'48''$$
$$R_{AB}=360°-334°31'48''=25°28'12''（北西）$$
$$R_{BA}=180°-154°31'48''=25°28'12''（南东）$$

六、距离、方位角与坐标之间的关系

1. 距离与坐标的关系

当已知地面上 A、B 两点的坐标时，可以通过坐标反算（直角坐标→极坐标）的方法，求出两点之间的水平距离 D，其计算公式为

$$D_{AB}=\sqrt{(x_B-x_A)^2+(y_B-y_A)^2} \tag{4-16}$$

2. 坐标方位角与坐标的关系

当已知地面上 A、B 两点的坐标时，可同样用坐标反算的方法，求出该直线的象限角 R_{AB}，其计算公式为

$$R_{AB}=\arctan\left|\frac{y_B-y_A}{x_B-x_A}\right|=\arctan\left|\frac{\Delta y_{AB}}{\Delta x_{AB}}\right| \tag{4-17}$$

该直线的坐标方位角，按不同象限分别进行讨论。

当 AB 直线位于第 I 象限时，即 $x_B-x_A>0$ 且 $y_B-y_A>0$，坐标方位角计算公式与式（4-17）相同：

$$\alpha_{AB}=R_{AB}=\arctan\left|\frac{y_B-y_A}{x_B-x_A}\right|$$

当 AB 直线位于第 II 象限时，即 $x_B-x_A<0$ 且 $y_B-y_A>0$，坐标方位角计算公式为

$$\alpha_{AB}=180°-R_{AB}=180°-\arctan\left|\frac{y_B-y_A}{x_B-x_A}\right| \tag{4-18}$$

当 AB 直线位于第 III 象限时，即 $x_B-x_A<0$ 且 $y_B-y_A<0$，坐标方位角计算公式为

$$\alpha_{AB}=180°+R_{AB}=180°+\arctan\left|\frac{y_B-y_A}{x_B-x_A}\right| \tag{4-19}$$

当 AB 直线位于第 IV 象限时，即 $x_B-x_A>0$ 且 $y_B-y_A<0$，坐标方位角计算公式为

$$\alpha_{AB}=360°-R_{AB}=360°-\arctan\left|\frac{y_B-y_A}{x_B-x_A}\right| \tag{4-20}$$

七、坐标方位角的推算

为了整个测区坐标系统的统一，测量工作中并不直接测定每条边的方位，而是通过与已知点（其坐标为已知）的连测，以推算出各边的坐标方位角。如图 4-17 所示，A、B 为已知点，AB 边的坐标方位角 α_{AB} 为已知，通过连测求得 AB 边与 $A1$ 边的连接角为 β'，测出了各点的右（或左）角 β_A、β_1、β_2 和 β_3，现在要推算 $A1$、12、23 和 $3A$ 边的坐标方位角。

右（或左）角是指位于以编号顺序为前进方向的右（或左）边的角度。

由图 4-17 可以看出：

$$\alpha_{A1} = \alpha_{AB} + \beta'$$
$$\alpha_{12} = \alpha_{1A} - \beta_{1(右)} = \alpha_{A1} + 180° - \beta_{1(右)}$$
$$\alpha_{23} = \alpha_{12} + 180° - \beta_{2(右)}$$
$$\alpha_{3A} = \alpha_{23} + 180° - \beta_{3(右)}$$
$$\alpha_{A1} = \alpha_{3A} + 180° - \beta_{A(右)}$$

将算得的 α_{A1} 与原已知值进行比较，以检核计算中有无错误。计算中，如果 $\alpha + 180° < \beta_{(右)}$，应先加 $360°$ 再减 $\beta_{(右)}$。

如果用左角推算坐标方位角，由图 4-17 可以看出：

$$\alpha_{12} = \alpha_{A1} - 180° + \beta_{1(左)}$$

计算中如果 $\alpha > 360°$，应减去 $360°$，同理可得

$$\alpha_{23} = \alpha_{12} - 180° + \beta_{2(左)}$$

从而可以写出推算坐标方位角的一般公式为

$$\alpha_{前} = \alpha_{后} \mp 180° \pm \beta \tag{4-21}$$

式(4-21) 中，β 为左角时取正号，β 为右角时取负号。

八、罗盘仪测定磁方位角

罗盘仪是主要用来测量直线的磁方位角的仪器，也可以粗略地测量水平角和竖直角，还可以进行视距测量。

1. 罗盘仪的构造

罗盘仪主要由刻度盘、望远镜和磁针三部分组成，如图 4-18 所示。

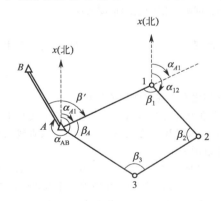

图 4-17　坐标方位角推算　　　　　　　图 4-18　罗盘仪

2. 直线磁方位角的测量

（1）准备工作

将仪器搬到测线的一端，并在测线另一端插上花杆。

（2）安置仪器

① 对中　将仪器装于三脚架上，并挂上垂球后，移动三脚架，使垂球尖对准测站点，此时仪器中心与地面点处于同一条铅垂线上。

② 整平　松开仪器球形支柱上的螺旋，上、下俯仰度盘位置，使度盘上的两个水准气泡同时居中，旋紧螺旋，固定度盘，此时罗盘仪主盘处于水平位置。

（3）瞄准读数

① 转动目镜调焦螺旋，使十字丝清晰。

② 转动罗盘仪，使望远镜对准测线另一端的目标，调节调焦螺旋，使目标成像清晰稳定，再转动望远镜，使十字丝对准立于测点上的花杆的最底部。

③ 松开磁针制动螺旋，等磁针静止后，从正上方向下读取磁针指北端所指的读数，即为测线的磁方位角。

④ 读数完毕后，旋紧磁针制动螺旋，将磁针顶起以防止磁针磨损。

3. 罗盘仪使用注意事项

① 在磁铁矿区或离高压线、无线电天线、电视转播台等较近的地方不宜使用罗盘仪，有电磁干扰现象。

② 观测时一切铁器等物体，如斧头、钢尺、测钎等不要接近仪器。

③ 读数时，眼睛的视线方向与磁针应在同一竖直面内，以减小读数误差。

④ 观测完毕后搬动仪器应拧紧磁针制动螺旋，固定好磁针以防损坏磁针。

思考题与习题

1. 距离测量的方法主要有哪几种？

2. 用钢尺丈量倾斜地面的距离有哪些方法？各适用于什么情况？

3. 什么是直线定线？如何利用经纬仪定线？

4. 用钢尺往、返丈量了一段距离，其平均值为 184.26 m，要求量距的相对误差为 1/5000，则往、返丈量距离之差不能超过多少？

5. 用钢尺丈量了 AB、CD 两段距离：AB 的往测值为 206.32m，返测值为 206.17 m；CD 的往测值为 102.83m，返测值为 102.74m。问这两段距离丈量的精度是否相同？为什么？

6. 怎样衡量距离丈量的精度？设丈量了 AB、CD 两段距离：AB 的往测长度为 167.68m，返测长度为 167.61m；CD 的往测长度为 525.88m，返测长度为 525.98m。问哪一段的量距精度较高？

7. 全站仪是怎样的仪器？它具有哪些主要功能？

8. 想要利用全站仪测 2000m 距离，该全站仪测距的标称精度为± （5mm＋3ppm・D），则测距中误差为多少？

9. 为什么要进行直线定向？怎样确定直线的方向？

10. 什么是直线定向？在直线定向中有哪些标准方向？它们之间存在怎样的关系？

11. 已知 A 点的磁偏角为西偏 21′，过点 A 的真子午线与中央子午线的收敛角为东偏 3′，直线 AB 的方向角为 60°20′。求直线 AB 的真方位角与磁方位角，并绘图表示。

12. 已知下列各直线的坐标方位角：$\alpha_{AB} = 38°30'$、$\alpha_{CD} = 175°35'$、$\alpha_{EF} = 230°20'$、$\alpha_{GH} = 330°58'$，试分别求出它们的象限角和反坐标方位角。

13. 若已知 A（2010.123，1993.467），B（1896.367，2003.872），则 $D_{AB} = ?$　$\alpha_{AB} = ?$

14. 图 4-19 所示图形，已知 $\alpha_{AB} = 55°$，其他各转折角如图所示，求 α_{BC}、α_{CD}、α_{ED}。

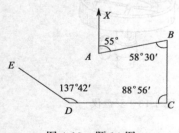

图 4-19　题 14 图

第五章 测量误差的基本知识

第一节 测量误差

在实际的测量工作中，大量的实践表明，不论测量仪器多么精密，观测工作多么认真仔细，观测值之间总是存在着一些差异，例如重复观测两点的高差，或者是多次观测一个角或丈量若干次一段距离，其结果都互有差异。另一种情况是，当对若干个量进行观测时，如果已经知道在这几个量之间应该满足某一理论值，实际观测结果往往不等于其理论上的应有值。例如，一个平面三角形的内角和等于180°，但三个实测内角的结果之和并不等于180°，而是有一差异。这些差异称为不符值。不符值是测量工作中经常而又普遍发生的现象，这是由于观测值中包含各种误差的缘故。

一、测量误差产生的原因

观测误差产生的原因很多，概括起来主要有以下三方面原因。

1. 测量仪器

任何的测量都是利用特制的仪器、工具进行的，由于每种仪器只具有一定限度的精确度，因此测量结果的精确度受到了一定的限制，且各个仪器本身的结构不完善也会产生一定的误差，使测量结果产生不符值。例如，在用只刻划到厘米的普通水准尺进行水准测量时，就难以保证毫米位读数的正确性。

2. 观测者

由于观测者的感觉器官的鉴别能力的局限性，在仪器操作过程中都会产生误差。同时，观测者的技术水平及工作态度也会对观测结果产生直接的影响。

3. 外界观测条件

外界观测条件是指野外观测过程中，外界条件的因素，如天气的变化、植被的不同、地面土质松紧的差异、地形的起伏、周围建筑物的状况，以及太阳光线的强弱、照射的角度大小等。

有风会使测量仪器不稳，地面松软可使测量仪器下沉，强烈阳光照射会使水准管变形，太阳的高度角、地形和地面植被决定了地面大气温度梯度，观测视线穿过不同温度梯度的大气介质或靠近反光物体，都会使视线弯曲，产生折光现象。因此外界观测条件也是影响野外测量质量的一个重要因素。

测量仪器、观测者和外界观测条件是引起观测误差的主要因素，通常称这三方面因素为观测条件。不难看出，观测条件好，则观测成果的质量高；反之，观测条件差，则观测成果的质量低。同时说明了，观测成果的质量高低也反映出观测条件的优劣。观测条件相同的各次观测，称为等精度观测。观测条件不同的各次观测，称为非等精度观测。任何观测都不可避免地要产生误差。为了获得观测值的正确结果，就必须对误差进行分析研究，以便采取适当的措施来消除或削弱其影响。

二、测量误差的分类

测量误差按其性质可分为系统误差、偶然误差和粗差。

1. 系统误差

在相同的观测条件下做一系列的观测，如果误差在大小、符号上表现出系统性，或者在观测过程中按一定的规律变化，或者为某一常数，则这种误差称为系统误差。简言之，符合函数规律的误差称为系统误差。

例如，测距仪的乘常数误差所引起的距离误差与所测距离的长度成正比地增加，距离愈长，误差也愈大；测距仪的加常数误差所引起的距离误差为一常数，与距离的长度无关。这是由于仪器不完善或工作前未经检验校正而产生的系统误差。又如，用钢尺量距时的温度与检定尺长时的温度不一致，而使所测得的距离产生误差；测角时因大气折光的影响而产生的角度误差等，这些都是由于外界条件所引起的系统误差。系统误差具有积累性，对测量结果影响很大，但可以通过施加改正，采用一定的观测方法减弱或消除其影响。

2. 偶然误差

在相同的观测条件下做一系列的观测，如果误差在大小、符号上表现出偶然性，把这种性质的误差称为偶然误差。偶然误差就其个体而言，无论是数值的大小或符号的正负都是不能事先预知的，但就其总体而言，具有一定的统计规律，因此，有时又把偶然误差称为随机误差。

例如，经纬仪测角时的照准误差、读数误差，水准测量时的瞄准水准尺误差、标尺读数误差等都属于偶然误差。

3. 粗差

粗差即粗大的误差。在相同观测条件下做一系列的观测，其误差大大超过限差的要求。它产生的最普遍原因是观测时的仪器精度达不到要求、技术规格的设计和观测程序不合理，以及观测者粗心大意和仪器故障或技术上的疏忽等。例如，观测时大数读错，计算机输入数据错误，航测相片判读错误等。另外，现在的高新测量技术如全球定位系统（GNSS）、地理信息系统（GIS）、遥感（RS）以及其他高精度的自动化数据采集中，常常会有粗差混入信息之中，且识别粗差源不是简单方法可以做到的，需要通过数据处理方法进行识别和消除其影响。

在实际工作中，系统误差、偶然误差和粗差总是交替产生，共同作用于观测结果。因此要首先剔除粗差同时将系统误差削减到最低程度，而后对偶然误差进行数据处理，即测量平差。测量平差的主要任务是：求出观测量的最可靠结果，评定测量成果的精度。

三、偶然误差特性

从单个偶然误差来看，其出现的符号和大小没有一定的规律性，但对大量的偶然误差进行统计分析，就能发现其规律性，误差个数愈多，规律性愈明显。

例如，在相同的观测条件下，对 358 个三角形的内角进行了观测。由于观测值含有偶然误差，致使每个三角形的内角和不等于 180°。设三角形内角和的真值为 X，观测值为 L，其观测值与真值之差为真误差 Δ。用下式表示：

$$\Delta_i = L_i - X \quad (i = 1, 2, \cdots, 358) \tag{5-1}$$

由式（5-1）计算出 358 个三角形内角和的真误差，现取误差区间的间隔 $d\Delta$ 为 $0.20''$，将这一组误差按其正负号与误差值的大小排列，统计误差出现在各区间内的个数 ν_i，以及"误差出现在某个区间内"这一事件的频率 ν_i/n（$n = 358$），结果列于表 5-1 中。

从表 5-1 中可以看出，误差的分布情况具有以下性质：误差的绝对值有一定的限值；绝对值较小的误差比绝对值较大的误差多；绝对值相等的正负误差的个数相近。

偶然误差分布的情况，除了采用上述误差分布表的形式表达外，还可以利用图形来表

表 5-1　某测区三角形内角和的误差分布

误差的区间 /(")	Δ 为负值			Δ 为正值			备注
	个数 ν_i	频率 ν_i/n	$\dfrac{\nu_i/n}{\mathrm{d}\Delta}$	个数 ν_i	频率 ν_i/n	$\dfrac{\nu_i/n}{\mathrm{d}\Delta}$	
0.00~0.20	45	0.126	0.630	46	0.128	0.640	
0.20~0.40	40	0.112	0.560	41	0.115	0.575	
0.40~0.60	33	0.092	0.460	33	0.092	0.460	
0.60~0.80	23	0.064	0.320	21	0.059	0.295	
0.80~1.00	17	0.047	0.235	16	0.045	0.225	$\mathrm{d}\Delta=0.2''$
1.00~1.20	13	0.036	0.180	13	0.036	0.180	等于区间左端值的误
1.20~1.40	6	0.017	0.085	5	0.014	0.070	差算入该区间内
1.40~1.60	4	0.011	0.055	2	0.006	0.030	
1.60 以上	0	0.000	0.000	0	0.000	0.000	
总和	181	0.505		177	0.495		

达。例如，以横坐标表示误差的大小，纵坐标代表各区间内误差出现的频率除以区间的间隔值，即 $\dfrac{\nu_i/n}{\mathrm{d}\Delta}$（此处间隔值均取为 $\mathrm{d}\Delta=0.2''$）。根据表 5-1 中的数据绘制出图 5-1。在图 5-1 中每个误差区间上的长方条面积就代表误差出现在该区间内的频率。例如，图中画有斜线的长方条面积，就是代表误差出现在（0.00″，+0.20″）区间内的频率。这种图形通常称为直方图，它形象地表示了误差的分布情况。

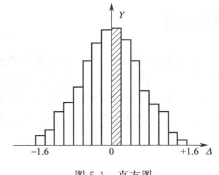

图 5-1　直方图

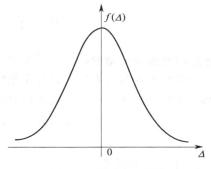

图 5-2　误差分布曲线

由此可知，在相同观测条件下所得到的一组独立观测的误差，只要误差的总个数 n 足够多，则误差出现在各区间内的频率就总是稳定在某一常数（理论频率）附近，而且当观测个数愈多时，稳定的程度也就愈大。例如，就表 5-1 的一组误差而言，在观测条件不变的情况下，如果再继续观测更多的三角形，则可以预测，随着观测值个数愈来愈多，当 $n \rightarrow \infty$ 时，各频率也就趋于一个完全确定的数值，这就是误差出现在各区间内的频率。这就是说，在一定的观测条件下，对应着一种确定的误差分布。

在 $n \rightarrow \infty$ 的情况下，由于误差出现的频率已趋于完全稳定，如果此时把误差区间间隔无限缩小，图 5-1 中各长方条顶边所形成的折线将变成图 5-2 所示的光滑的曲线。这种曲线也就是误差的概率分布曲线，或称为误差分布曲线。由此可见，偶然误差的频率分布，随着 n 的逐渐增大，都是以正态分布为其极限的。大量实验统计结果证明了偶然误差具有如下特性。

① 在一定的观测条件下，偶然误差的绝对值不会超过一定的限度。

② 绝对值小的误差比绝对值大的误差出现的可能性大。

③ 绝对值相等的正误差与负误差出现的机会相等。

④ 当观测次数无限增多时，偶然误差的算术平均值趋近于零。即

$$\lim_{n \to \infty} \frac{[\Delta]}{n} = 0 \tag{5-2}$$

$$[\Delta] = \Delta_1 + \Delta_2 + \cdots + \Delta_n$$

换句话说，偶然误差的理论平均值为零。

对于一系列的观测而言，不论其观测条件是好是差，也不论是对同一个量还是对不同的量进行观测，只要这些观测是在相同的条件下独立进行的，则所产生的一组偶然误差必然都具有上述的四个特性。

图 5-1 中的各长方条的纵坐标为 $\frac{\nu_i/n}{d\Delta}$，其面积即为误差出现在该区间内的概率。如果将这个问题提到理论上来讨论，则以理论分布取代经验分布（图 5-2），此时，图 5-1 中各长方条的纵坐标就是 Δ 的密度函数 $f(\Delta)$，而长方条的面积为 $f(\Delta)d\Delta$，即代表误差出现在该区间内的概率，$P(\Delta) = f(\Delta)d\Delta$。概率密度表达式为

$$f(\Delta) = \frac{1}{\sqrt{2\pi}\sigma} e^{-\frac{\Delta^2}{2\sigma^2}} \tag{5-3}$$

上式即为正态分布的密度函数，该函数是以偶然误差 Δ 为自变量，以标准差 σ 为唯一参数，也是曲线拐点的横坐标值。在测量数据处理中常常将数理统计中的标准差 σ 称为中误差，正态分布的密度函数的方差 σ^2 即为中误差的平方。

第二节　衡量精度的标准

评定测量成果的精度是测量平差的主要任务之一。精度就是指误差分布的密集或离散的程度。例如两组观测成果的误差分布相同，便是两组观测成果的精度相同；反之，若误差分布不同，则精度也就不同。为使人们对精度有一数字概念，并且使该数字能反映误差的密集或离散程度，以易于正确地比较各观测值的精度，通常有以下几种精度指标，作为衡量精度的标准。

一、方差与中误差

在相同的观测条件下，对于某一未知量进行一系列的观测，得观测值 l_1，l_2，$\cdots$，l_n，设其真误差分别为 Δ_1，Δ_2，$\cdots$，Δ_n，可根据式（5-1）计算得出，定义该组观测值的方差和中误差为

$$\sigma^2 = \lim_{n \to \infty} \frac{[\Delta\Delta]}{n} \tag{5-4}$$

$$\sigma = \lim_{n \to \infty} \sqrt{\frac{[\Delta\Delta]}{n}} \tag{5-5}$$

$$[\Delta\Delta] = \Delta_1^2 + \Delta_2^2 + \cdots + \Delta_n^2$$

显然观测值的方差是一理论值，在实际测量工作中不可能观测无穷次，n 总是有限的，因此，定义该组观测值的中误差 m 为

$$m = \pm\sqrt{\frac{[\Delta\Delta]}{n}} \tag{5-6}$$

【例 5-1】　某段距离用钢尺丈量了六次，其观测值列于表 5-2 中。该段距离用因瓦基线尺量得的结果为 49.982m，由于其精度很高，可视为真值。试求用 50m 普通钢尺丈量该距

离一次的观测值中误差。

解　计算过程及结果见表 5-2。

表 5-2　真误差计算中误差

观测次序	观测值/m	Δ/mm	$\Delta\Delta$	计算
1	49.988	+6	36	
2	49.975	−7	49	
3	49.981	−1	1	$m=\pm\sqrt{\dfrac{131}{6}}=\pm 4.7(\text{mm})$
4	49.978	−4	16	
5	49.987	+5	25	
6	49.984	+2	4	
和			131	

【例 5-2】　设有两组等精度观测列，其真误差分别为

第一组　　−3″、+3″、−1″、−3″、+4″、+2″、−1″、−4″

第二组　　+1″、−5″、−1″、+6″、−4″、0″、+3″、−1″

试求这两组观测值的中误差。

解　根据中误差公式(5-6) 得

$$m_1=\pm\sqrt{\frac{9+9+1+9+16+4+1+16}{8}}=\pm 2.9''$$

$$m_2=\pm\sqrt{\frac{1+25+1+36+16+0+9+1}{8}}=\pm 3.3''$$

比较 m_1 和 m_2 可知，第一组观测值的精度要比第二组高。

必须指出，在相同的观测条件下所进行的一组观测，由于它们对应着同一种误差分布，因此，对于这一组中的每个观测值，虽然各真误差彼此并不相等，有的甚至相差很大，但它们的精度均相同，即都为同精度观测值。

二、相对误差

对于某些观测结果，有时单靠中误差还不能完全反映观测精度的高低。例如，分别丈量了 100m 和 200m 两段距离，中误差均为±0.02m。虽然两者的中误差相同，但就单位长度而言，两者精度并不相同，后者显然优于前者。为了客观反映实际精度，常采用相对误差来衡量观测值的精度。

观测值中误差 m 的绝对值与相应观测值 S 的比值称为相对中误差。它是一个无量纲数，常用分子为 1 的分数表示，即

$$K=\frac{|m|}{S}=\frac{1}{\dfrac{S}{|m|}} \tag{5-7}$$

上例中前者的相对中误差为 1/5000，后者为 1/10000，表明后者精度高于前者。

对于真误差有时也用相对误差来表示。例如，距离测量中的往返测较差与距离值之比就是相对真误差，即

$$\frac{|D_{往}-D_{返}|}{D_{平均}}=\frac{1}{\dfrac{D_{平}}{\Delta D}} \tag{5-8}$$

三、容许误差

由偶然误差的第一特性可知，在一定的观测条件下，偶然误差的绝对值不会超过一定的

限值。这个限值就是容许误差或称极限误差。

中误差不代表个别误差的大小，而代表误差分布的离散度的大小。由中误差的定义可知，它是代表一组同精度观测误差平方的平均值的平方根极限值，中误差愈小，即表示在该组观测中，绝对值较小的误差愈多。按正态分布表查得，在大量同精度观测的一组误差中，误差落在 $(-\sigma, +\sigma)$、$(-2\sigma, +2\sigma)$ 和 $(-3\sigma, +3\sigma)$ 的概率分别为

$$\begin{cases} P(-\sigma < \Delta < +\sigma) \approx 68.3\% \\ P(-2\sigma < \Delta < +2\sigma) \approx 95.5\% \\ P(-3\sigma < \Delta < +3\sigma) \approx 99.7\% \end{cases} \tag{5-9}$$

上式反映了中误差与真误差间的概率关系。绝对值大于中误差的偶然误差，其出现的概率为 31.7%；而绝对值大于 2 倍中误差的偶然误差出现的概率为 4.5%；特别是绝对值大于 3 倍中误差的偶然误差出现的概率仅有 0.3%，这已经是概率接近于零的小概率事件，或者说这是实际上的不可能事件。因此一般以 3 倍中误差作为偶然误差的极限值 $\Delta_\text{限}$，并称为极限误差。即

$$\Delta_\text{限} = 3m \tag{5-10}$$

在测量工作中也可取 2 倍中误差作为观测值的容许误差，即

$$\Delta_\text{容} = 2m \tag{5-11}$$

当某观测值的误差超过了极限误差或容许误差时，将认为该观测值含有粗差，而应舍去不用或重测。

与相对误差对应，真误差、中误差、容许误差都是绝对误差。

第三节　误差传播定律

当对某未知量进行了一系列观测，可以用得到的偶然误差来计算观测值的中误差，以衡量观测值的精度。但在实际工作中，有许多未知量不能直接测得，而是由一个或几个直接观测量，通过一定的函数式计算出来。例如，水准测量中，在一测站上测得后、前视读数分别为 a、b，则高差 $h = a - b$，这时高差 h 就是直接观测值 a、b 的函数。当 a、b 存在误差时，h 也受其影响而产生误差，这就是误差传播。阐述观测值中误差与观测值函数中误差之间关系的定律称为误差传播定律。

本节就和差函数、倍数函数、线性函数及一般函数，这四种常见的函数的观测值中误差与函数中误差之间的关系来讨论误差传播的情况。

一、和差函数

设有和函数

$$z = x + y \tag{5-12}$$

由中误差定义得知函数 z 的中误差为

$$m_z = \pm \sqrt{\frac{[\Delta_z \Delta_z]}{n}} \tag{5-13}$$

式中，n 为观测次数；Δ_z 为函数 z 的真误差。

若 x、y 为独立观测值，它们的中误差分别为 m_x 和 m_y，设真误差分别为 Δ_x 和 Δ_y，由于观测值中含有误差，其函数中也必然会产生误差，由式(5-12) 可得

$$z + \Delta_z = (x + \Delta_x) + (y + \Delta_y)$$
$$\Delta_z = \Delta_x + \Delta_y \tag{5-14}$$

若对 x、y 均观测了 n 次，则得到 n 个真误差关系式：

$$\Delta_{z_1} = \Delta_{x_1} + \Delta_{y_1}$$
$$\Delta_{z_2} = \Delta_{x_2} + \Delta_{y_2}$$
$$\cdots$$
$$\Delta_{z_n} = \Delta_{x_n} + \Delta_{y_n}$$

将上列各式等号两边平方得

$$\Delta_{z_1}^2 = \Delta_{x_1}^2 + \Delta_{y_1}^2 + 2\Delta x_1 \Delta y_1$$
$$\Delta_{z_2}^2 = \Delta_{x_2}^2 + \Delta_{y_2}^2 + 2\Delta x_2 \Delta y_2$$
$$\cdots$$
$$\Delta_{z_n}^2 = \Delta_{x_n}^2 + \Delta_{y_n}^2 + 2\Delta x_n \Delta y_n$$

等式两边相加，并除以 n 得

$$\frac{[\Delta_z \Delta_z]}{n} = \frac{[\Delta_x \Delta_x]}{n} + \frac{[\Delta_y \Delta_y]}{n} + \frac{2[\Delta_x \Delta_y]}{n} \tag{5-15}$$

由于 Δ_x 和 Δ_y 均为偶然误差，它们的正负误差出现机会相等。因此，乘积 $\Delta_x \Delta_y$ 的正负号出现的机会也是相等的。参照偶然误差特性④，可得

$$\frac{2[\Delta_x \Delta_y]}{n} \rightarrow 0$$

所以式(5-15)变成

$$\frac{[\Delta_z \Delta_z]}{n} = \frac{[\Delta_x \Delta_x]}{n} + \frac{[\Delta_y \Delta_y]}{n}$$

按照中误差定义：

$$\frac{[\Delta_z \Delta_z]}{n} = m_z^2, \quad \frac{[\Delta_x \Delta_x]}{n} = m_x^2, \quad \frac{[\Delta_y \Delta_y]}{n} = m_y^2$$

得

$$m_z^2 = m_x^2 + m_y^2 \tag{5-16}$$

或

$$m_z = \pm\sqrt{m_x^2 + m_y^2} \tag{5-17}$$

当函数为差函数 $z = x - y$ 时，上式同样成立。

如果函数 z 为 n 个独立观测值 x_1，x_2，$\cdots$，x_n 的代数和，即

$$z = x_1 \pm x_2 \pm \cdots \pm x_n \tag{5-18}$$

设 n 个观测值的中误差分别为 m_1，m_2，$\cdots$，m_n。按照上面和函数的推导方法，很容易得到函数 z 的中误差为

$$m_z = \pm\sqrt{m_1^2 + m_2^2 + \cdots + m_n^2} \tag{5-19}$$

由此得出结论：和、差函数的中误差，等于各个观测值中误差平方和的平方根。

当各观测值中误差均为 m 时，即

$$m_1 = m_2 = \cdots = m_n = m$$

式(5-19)可写成

$$m_z = \pm\sqrt{n}\, m \quad 或 \quad m = \pm\frac{m_z}{\sqrt{n}} \tag{5-20}$$

即 n 个等精度观测值代数和的中误差，等于观测值中误差的 $\sqrt{n}$ 倍。

【例 5-3】　在 $\triangle ABC$ 中，观测了三个内角 $\angle A$，$\angle B$ 和 $\angle C$，它们的观测中误差分别为 $\pm 2''$，$\pm 3''$ 和 $\pm 4''$，求三角形闭合差的中误差。

解 三角形闭合差为

$$f = \angle A + \angle B + \angle C - 180°$$

则 f 的中误差为

$$m_f = \pm\sqrt{m_A^2 + m_B^2 + m_C^2} = \pm\sqrt{29} = \pm 5.4''$$

二、倍数函数

设有函数

$$z = kx \tag{5-21}$$

式中，k 为常数；x 为直接观测值。

其中误差为 m_x，现在求观测值函数 z 的中误差 m_z。

设 x 和 z 的真误差分别为 Δ_x 和 Δ_z，由式（5-21）知它们之间的关系为

$$\Delta_z = k\Delta_x$$

若对 x 共观测了 n 次，则

$$\Delta_{z_i} = k\Delta_{x_i} \quad (i = 1, 2, \cdots, n)$$

将上式两端平方后相加，并除以 n，得

$$\frac{[\Delta_z^2]}{n} = k^2\frac{[\Delta_x^2]}{n} \tag{5-22}$$

按中误差定义可知

$$m_z^2 = \frac{[\Delta_z^2]}{n} \quad m_x^2 = \frac{[\Delta_x^2]}{n}$$

所以式（5-22）可写成

$$m_z^2 = k^2 m_x^2$$

或

$$m_z = km_x \tag{5-23}$$

即观测值倍数函数的中误差，等于观测值中误差乘倍数（常数）。

【例 5-4】 设在 1∶500 地形图上，量得两点间的长度 d 为 60.4mm，其中误差 $m_d = \pm 0.2$mm。

试算出两点间的实地水平距离 D 及其中误差 m_D。

解 水平距离为

$$D = 500 \times 60.4 = 30.2 \ (\text{m})$$

中误差为

$$m_D = 500 \times (\pm 0.2) = \pm 0.1 \ (\text{m})$$

三、线性函数

设有线性函数

$$z = k_1 x_1 \pm k_2 x_2 \pm \cdots \pm k_n x_n \tag{5-24}$$

式中，x_1，x_2，$\cdots$，x_n 为独立观测值；k_1，k_2，$\cdots$，k_n 为常数。

综合式（5-18）和式（5-23）可得

$$m_z^2 = (k_1 m_1)^2 + (k_2 m_2)^2 + \cdots + (k_n m_n)^2 \tag{5-25}$$

或

$$m_z = \pm\sqrt{k_1^2 m_1^2 + k_2^2 m_2^2 + \cdots + k_n^2 m_n^2} \tag{5-26}$$

由此可知，线性函数中误差等于各常数与相应观测值中误差乘积平方和的平方根。

【例 5-5】 有一函数 $Z = 2x_1 + x_2 + 3x_3$，其中 x_1、x_2、x_3 的中误差分别为 ±3mm、

± 2mm、± 1mm，求函数 Z 的中误差。

　　解　根据式(5-26)，函数 Z 的中误差为

$$m_Z = \pm\sqrt{6^2 + 2^2 + 3^2} = \pm 7.0''$$

四、一般函数

设有一般函数

$$z = f(x_1, x_2 \cdots, x_n) \tag{5-27}$$

x_1，x_2，…，x_n 为独立观测值，已知其中误差为 m_i（$i=1$，2，…，n）。

　　当 x_i 具有真误差 Δ_i 时，函数 z 则产生相应的真误差 Δ_z，因为真误差 Δ 是一微小量，故将式(5-27)取全微分，将其化为线性函数，并以真误差符号"Δ"代替微分符号"d"，得

$$\Delta_z = \frac{\partial f}{\partial x_1}\Delta_{x_1} + \frac{\partial f}{\partial x_2}\Delta_{x_2} + \cdots + \frac{\partial f}{\partial x_n}\Delta_{x_n}$$

其中 $\dfrac{\partial f}{\partial x_i}$ 是函数对 x_i 取的偏导数并用观测值代入算出的数值，它们是常数，因此，上式变成了线性函数，根据式(5-25)得

$$m_z^2 = \left(\frac{\partial f}{\partial x_1}\right)^2 m_1^2 + \left(\frac{\partial f}{\partial x_2}\right)^2 m_2^2 + \cdots + \left(\frac{\partial f}{\partial x_n}\right)^2 m_n^2 \tag{5-28}$$

　　上式是误差传播定律的一般形式。前述的式(5-16)、式(5-23)、式(5-25)都可看做上式的特例。

　　式(5-28)为误差传播定律的一般形式。显然，由独立观测值的中误差求观测值函数中误差的关系式即为误差传播定律。该定律在测量成果精度计算中得到广泛的应用。

　　【例 5-6】　设测得 A、B 两点的倾斜距离 $L = (30.000 \pm 0.005)$ m，A，B 两点的高差 $h = (2.30 \pm 0.04)$ m，试求水平距离 D 的中误差。

　　解　① 列出函数式，代入观测值得

$$D = \sqrt{L^2 - h^2}$$

$$D = \sqrt{30.000^2 - 2.30^2} = 29.912 \text{（m）}$$

② 对各观测值求偏导数，并代入观测值的数值，得

$$\frac{\partial D}{\partial L} = \frac{L}{\sqrt{L^2 - h^2}} = \frac{30.000}{29.912}$$

$$\frac{\partial D}{\partial h} = -\frac{h}{\sqrt{L^2 - h^2}} = -\frac{2.30}{29.912}$$

③ 将偏导数值代入式(5-28)，求 m_D 值：

$$m_D = \pm\sqrt{\left(\frac{30.000}{29.912}\right)^2 \times 0.005^2 + \left(\frac{2.30}{29.912}\right)^2 \times 0.04^2} = \pm 0.006 \text{（m）}$$

　　【例 5-7】　在利用公式 $\Delta_y = D\sin\alpha$ 计算 Δ_y 时，已知边长 $D = 156.11$m，坐标方位角 $\alpha = 49°45'00''$，中误差 $m_D = \pm 0.06$m，$m_\alpha = \pm 20''$，求 Δ_y 的中误差 m_{Δ_y}。

　　解　① 列出函数式：

$$\Delta_y = D\sin\alpha$$

② 对观测值 D、α 求偏导数：

$$\frac{\partial \Delta_y}{\partial D} = \sin\alpha \qquad \frac{\partial \Delta_y}{\partial \alpha} = D\cos\alpha$$

③ 求 Δ_y 的中误差，根据式（5-28），得

$$m_{\Delta_y} = \pm\sqrt{\sin^2\alpha m_D^2 + (D\cos\alpha)^2 m_\alpha^2}$$

其中，m_α 应以弧度为单位，为此须将 m_α 除以一个弧度值 ρ（$\rho = 206265''$），故上式可写为

$$m_{\Delta_y} = \pm\sqrt{\sin^2\alpha m_D^2 + (D\cos\alpha)^2\left(\frac{m_\alpha}{\rho}\right)^2}$$

$$= \pm\sqrt{\sin^2 49°45'00'' \times 0.06^2 + (156.11 \times \cos 49°45'00'')^2 \times \left(\frac{20''}{206265''}\right)^2}$$

$$= \pm 0.047 \ （\text{m}）$$

第四节　算术平均值及其中误差

一、算术平均值

在相同的观测条件下，对某量进行多次重复观测，根据偶然误差特性，可取其算术平均值作为最终观测结果。

设对某量进行了 n 次等精度观测，观测值分别为 l_1，l_2，$\cdots$，l_n，其算术平均值为

$$L = \frac{l_1 + l_2 + \cdots + l_n}{n} = \frac{[l]}{n} \tag{5-29}$$

若观测量的真值为 X，则观测值的真误差为

$$\begin{cases} \Delta_1 = l_1 - X \\ \Delta_2 = l_2 - X \\ \cdots \\ \Delta_n = l_n - X \end{cases} \tag{5-30}$$

将式（5-30）各式两边相加，并除以 n，得

$$\frac{[\Delta]}{n} = X - \frac{[l]}{n}$$

将式（5-29）代入上式，并移项，得

$$L = X - \frac{[\Delta]}{n}$$

根据偶然误差的特性，当观测次数 n 无限增大时，则有

$$\lim_{n\to\infty}\frac{[\Delta]}{n} = 0$$

同时可得

$$\lim_{n\to\infty} L = X \tag{5-31}$$

由式（5-31）可知，当观测次数 n 无限增大时，算术平均值趋近于真值。但在实际测量工作中，观测次数总是有限的，因此，算术平均值较观测值更接近于真值。将最接近于真值的算术平均值称为最或然值或最可靠值。

二、观测值改正数

观测量的算术平均值与观测值之差，称为观测值改正数，用 ν 表示。当观测次数为 n 时，有

$$\begin{cases} \nu_1 = L - l_1 \\ \nu_2 = L - l_2 \\ \cdots \\ \nu_n = L - l_n \end{cases} \tag{5-32}$$

将式(5-32) 各式两边相加，得

$$[\nu] = nL - [l]$$

将 $L = \dfrac{[l]}{n}$ 代入上式，得

$$[\nu] = 0 \tag{5-33}$$

观测值改正数的重要特性：对于等精度观测，观测值改正数的总和为零。

三、由观测值改正数计算观测值中误差

按式(5-6) 计算中误差时，需要知道观测值的真误差，但在测量中，常常无法求得观测值的真误差。一般用观测值改正数来计算观测值的中误差。

由真误差与观测值改正数的定义可得式(5-30) 和式(5-32)，将两式相加，整理后得

$$\begin{cases} \Delta_1 = (L - X) - \nu_1 \\ \Delta_2 = (L - X) - \nu_2 \\ \cdots \\ \Delta_n = (L - X) - \nu_n \end{cases} \tag{5-34}$$

将式(5-34) 各式两边同时平方并相加，得

$$[\Delta\Delta] = n(L-X)^2 + [\nu\nu] - 2(L-X)[\nu] \tag{5-35}$$

因为 $[\nu] = 0$，令 $\delta = L - X$，代入式(5-35)，得

$$[\Delta\Delta] = [\nu\nu] + n\delta^2 \tag{5-36}$$

上式两边再除以 n，得

$$\frac{[\Delta\Delta]}{n} = \frac{[\nu\nu]}{n} + \delta^2 \tag{5-37}$$

又因为 $\delta = L - X$，$L = \dfrac{[l]}{n}$，所以

$$\delta = L - X = \frac{[l]}{n} - X = \frac{[l-X]}{n} = \frac{[\Delta]}{n}$$

故

$$\delta^2 = \frac{[\Delta]^2}{n^2} = \frac{1}{n^2}(\Delta_1^2 + \Delta_2^2 + \cdots + \Delta_n^2 + 2\Delta_1\Delta_2 + 2\Delta_2\Delta_3 + \cdots + \Delta_{n-1}\Delta_n)$$

$$= \frac{[\Delta\Delta]}{n^2} + \frac{2}{n^2}(\Delta_1\Delta_2 + \Delta_2\Delta_3 + \cdots + \Delta_{n-1}\Delta_n)$$

由于 Δ_1，Δ_2，$\cdots$，Δ_n 为真误差，所以 $\Delta_1\Delta_2 + \Delta_2\Delta_3 + \cdots + \Delta_{n-1}\Delta_n$ 也具有偶然误差的特性。当 $n \to \infty$ 时，则有

$$\lim_{n \to \infty} \frac{(\Delta_1\Delta_2 + \Delta_2\Delta_3 + \cdots + \Delta_{n-1}\Delta_n)}{n} = 0$$

所以

$$\delta^2 = \frac{[\Delta\Delta]}{n^2} = \frac{1}{n} \times \frac{[\Delta\Delta]}{n} \tag{5-38}$$

将式(5-38) 代入式(5-37)，得

$$\frac{[\Delta\Delta]}{n} = \frac{[\nu\nu]}{n} + \frac{1}{n} \times \frac{[\Delta\Delta]}{n} \tag{5-39}$$

又由式(5-6) 知 $m^2 = \dfrac{[\Delta\Delta]}{n}$，代入式（5-39），得

$$m^2 = \frac{[\nu\nu]}{n} + \frac{m^2}{n}$$

整理后，得

$$m = \pm\sqrt{\frac{[\nu\nu]}{n-1}} \tag{5-40}$$

这就是用观测值改正数求观测值中误差的计算公式。

四、算术平均值的中误差

设对某量进行了 n 次等精度观测，观测值分别为 l_1，l_2，$\cdots$，l_n，其算术平均值为

$$L = \frac{l_1 + l_2 + \cdots + l_n}{n} = \frac{[l]}{n}$$

因为式中 $1/n$ 为常数，各独立观测值的精度相同，设其中误差均为 m，算术平均值的中误差为 M，则有

$$M^2 = \left(\frac{1}{n}\right)^2 m^2 + \left(\frac{1}{n}\right)^2 m^2 + \cdots + \left(\frac{1}{n}\right)^2 m^2 = \frac{m^2}{n}$$

故

$$M = \frac{m}{\sqrt{n}} = \pm\sqrt{\frac{[\nu\nu]}{n(n-1)}} \tag{5-41}$$

由此可知，算术平均值的中误差为观测值的中误差的 $\dfrac{1}{\sqrt{n}}$ 倍。

【例 5-8】 设对某一水平角进行五次等精度观测，其观测值列于表 5-3 中，试求其观测值的最或然值、观测值中误差及算术平均值（最或是值）中误差。

解 （1）计算最或然值

$$X = \frac{[L]}{n} = 52°43'06''$$

（2）计算观测值中误差

$$m = \pm\sqrt{\frac{[\nu\nu]}{n-1}} = \pm\sqrt{\frac{360}{5-1}} = \pm 9.5''$$

（3）计算算术平均值中误差

$$M = \pm\frac{m}{\sqrt{n}} = \pm\frac{9.5''}{\sqrt{5}} = \pm 4.2''$$

表 5-3　改正数计算中误差

编号	观测值 L	改正数 ν	νν	精度评定
1	52°43′18″	−12″	144	
2	52°43′12″	−6″	36	$m = \pm\sqrt{\dfrac{[\nu\nu]}{n-1}} = \pm\sqrt{\dfrac{360}{5-1}} = \pm 9.5''$
3	52°43′06″	0	0	
4	52°42′54″	+12″	144	$M = \pm\dfrac{m}{\sqrt{n}} = \pm\dfrac{9.5''}{\sqrt{5}} \pm 4.2''$
5	52°43′00″	+6″	36	
平均值=52°43′06″		[ν]=0	[νν]=360	

【例 5-9】 某一段距离共丈量了六次，结果如表 5-4 所示，求算术平均值、观测中误差、算术平均值的中误差及相对误差。

表 5-4　改正数计算距离丈量中误差

测次	观测值/m	观测值改正数 ν/mm	$\nu\nu$	计　　算
1	148.643	+15	225	
2	148.590	−38	1444	$L=\dfrac{[l]}{n}=148.628(\mathrm{m})$
3	148.610	−18	324	
4	148.624	−4	16	$m=\pm\sqrt{\dfrac{[\nu\nu]}{n-1}}=\pm\sqrt{\dfrac{3046}{6-1}}=\pm24.7(\mathrm{mm})$
5	148.654	+26	676	$M=\pm\sqrt{\dfrac{[\nu\nu]}{n(n-1)}}=\pm\sqrt{\dfrac{3046}{6\times(6-1)}}=\pm10.1(\mathrm{mm})$
6	148.647	+19	361	
平均值=148.628		$[\nu]=0$	3046	$m_K=\dfrac{\mid M\mid}{D}=\dfrac{0.0101}{148.628}=\dfrac{1}{14716}$

第五节　加权平均值及其中误差

一、观测值的权

在测量实践中，除了等精度观测之外，还有不等精度观测。当各观测量的精度不相同时，不能简单地按算术平均值和中误差来计算观测值的最或然值和评定其精度。计算观测量的最或然值应考虑各观测值的质量和可靠程度，显然对精度较高的观测值，在计算最或然值时应占有较大的比重，反之，精度较低的应占较小的比重，为此各个观测值要给定一个数值来比较它们的可靠程度，这个数值在测量计算中被称为观测值的权。显然，观测值的精度越高，中误差就越小，权就越大，反之亦然。

设有一组观测值 L_i（$i=1,2,\cdots,n$），它们的中误差为 m_i（$i=1,2,\cdots,n$），用 P_i（$i=1,2,\cdots,n$）表示观测值的权，用中误差求权的定义公式为

$$P_i=\frac{C}{m_i^2} \tag{5-42}$$

式中，C 为任意常数。

等于 1 的权称为单位权，权等于 1 的中误差称为单位权中误差，一般用 m_0（或 σ_0，μ）表示。因此，权的另一种表达式为

$$P_i=\frac{m_0^2}{m_i^2} \tag{5-43}$$

中误差的另一种表达式为

$$m_i=m_0\sqrt{\frac{1}{P_i}} \tag{5-44}$$

在测量工作中，为了使权的概念简单明了，一般取一次观测、一个测回或单位长度（1m 或 1km）等的观测值中误差作为单位权中误差。从权的定义式不难看出，观测值的误差越小，也就是精度越高，其权越大；反之，观测值的误差越大，精度越低，其权越小。

中误差是用来反映观测值的绝对精度的，而权仅仅是用来比较各观测值相互之间精度高低的比例数。因而，权的意义不在于权本身数值的大小，而在于它们之间所存在的比例关系。

二、加权平均值及其中误差

对某一未知量进行一组不等精度观测：L_1，L_2，$\cdots$，L_n，其中误差为 m_1，m_2，$\cdots$，m_n，则观测值的权为 P_1，P_2，$\cdots$，P_n。按照误差理论，此时应按下式取其加权平均值，

作为该量的最或然值：

$$x = \frac{P_1 L_1 + P_2 L_2 + \cdots + P_n L_n}{P_1 + P_2 + \cdots + P_n} = \frac{[PL]}{P}$$

上式可以写成线性函数的形式：

$$x = \frac{P_1}{[P]} L_1 + \frac{P_2}{[P]} L_2 + \cdots + \frac{P_n}{[P]} L_n$$

根据线性函数的误差传播公式，得到

$$m_x = \pm \sqrt{\left(\frac{P_1}{[P]}\right)^2 m_1^2 + \left(\frac{P_2}{[P]}\right)^2 m_2^2 + \cdots + \left(\frac{P_n}{[P]}\right)^2 m_n^2}$$

上式可化为

$$m_x = m_0 \sqrt{\frac{P_1}{[P]^2} + \frac{P_2}{[P]^2} + \cdots + \frac{P_n}{[P]^2}}$$

因此，加权平均值的中误差为

$$m_x = \frac{m_0}{\sqrt{[P]}} \tag{5-45}$$

加权平均值的权为所有观测值的权之和：

$$P_x = [P] \tag{5-46}$$

三、单位权中误差的计算

在处理不等精度的测量成果时，需要根据单位权中误差来计算观测值的权和加权平均值的中误差。一般取某一类观测值的基本精度作为单位权中误差，例如，水平角观测的一测回的中误差等。根据一组对同一量的不等精度观测，可以估算本类观测值的单位权中误差。

如对同一个量的 n 次不等精度观测，得到

$$m_0^2 = P_1 m_1^2$$
$$m_0^2 = P_2 m_2^2$$
$$\cdots$$
$$m_0^2 = P_n m_n^2$$

取以上各式的总和，并除以 n，得到

$$m_0^2 = \frac{[Pm^2]}{n} = \frac{[Pmm]}{n}$$

用真误差 Δ_i 代替中误差 m_i，得到在观测量的真值已知时用真误差求单位权中误差的公式：

$$m_0 = \pm \sqrt{\frac{[P\Delta\Delta]}{n}} \tag{5-47}$$

在观测值的真值未知的情况下，用观测值的加权平均值 x 代替真值 X；用观测值的改正值 ν_i 代替真误差 Δ_i，得到按不等精度观测值的改正值计算单位权中误差的公式：

$$m_0 = \pm \sqrt{\frac{[P\nu\nu]}{n-1}} \tag{5-48}$$

【例 5-10】 如图 5-3 所示，从已知水准点 A、B、C 经三条水准路线，测得 D 点的观测高程 H 及水准路线长度 S。求 D 点的最或然高程及其中误差。

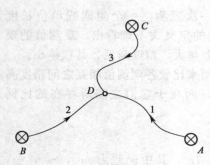

图 5-3　水准路线

解　计算见表 5-5，计算中的权公式为 $P=1/S$。

表 5-5　非等精度观测平差计算

路线	D 点高程 H /m	路线长 /km	$P=\dfrac{1}{S}$	ν /mm	$P\nu\nu$	精　度　评　定/mm
1	527.459	4.5	0.22	10	22.00	$m=\pm\sqrt{\dfrac{122.04}{2}}=7.81$
2	527.484	3.2	0.31	−15	69.79	
3	527.458	4.0	0.25	11	30.25	$M_D=\pm\dfrac{7.81}{\sqrt{0.78}}=8.84$
加权平均值=527.469			0.78		122.04	

思考题与习题

1. 测量误差的主要来源有哪些? 测量误差按其性质分为几种? 它们之间有什么不同?

2. 偶然误差有哪些特性?

3. 什么是中误差、极限误差和相对误差?

4. 误差传播定律是什么?

5. 设在图上量得某一圆的半径 $R=31.34\text{m}\pm0.3\text{mm}$，试分别求该圆周长及面积的中误差。

6. 有一长方形，测得其边长为 $15.000\text{m}\pm0.003\text{m}$ 和 $20.000\text{m}\pm0.001\text{m}$，试求该长方形的面积及其中误差。

7. 为什么说观测值的算术平均值是最或然值?

8. 对某一线段丈量四次，丈量结果如表 5-6 所示。试求该线段丈量结果的算术平均值、观测值中误差、算术平均值中误差及相对中误差。

表 5-6　线段丈量结果

观测次数	观测值 l/m	最或然误差 ν/mm	$\nu\nu$
1	148.132		
2	148.150		
3	148.118		
4	148.144		
总　　和		$[\nu]=$	$[\nu\nu]=$

9. 设对某角度等精度观测五次，得观测值为：$67°21'30''$，$67°21'48''$，$67°21'18''$，$67°21'18''$，$67°21'36''$，试求观测值的算术平均值、观测值中误差及算术平均值中误差。

10. 什么是等精度观测? 什么是非等精度观测? 权的定义和作用是什么?

11. 用同一台经纬仪分三次观测同一角度，其结果为 $\beta_1=30°24'36''$（6 测回），$\beta_2=30°24'34''$（4 测回），$\beta_3=30°24'38''$（8 测回）。试求加权平均值、单位权中误差、加权平均值中误差、一测回观测值的中误差。

第六章 小地区控制测量

第一节 控制测量概述

一、控制测量的定义与分类

测量工作必须遵守"从整体到局部，先控制后碎部"的原则，即进行任何的测量工作，首先都要进行控制测量，确定控制点的坐标，然后根据控制点进行碎部测量或测设工作。控制测量的首要任务就是建立控制网，控制网分为平面控制网和高程控制网两种。

控制测量是指在一定区域内，建立控制网，按测量任务所要求的精度，测定一系列地面标志点（控制点）的平面位置和高程。控制测量按照工作内容进行分类可以分为平面控制测量和高程控制测量，测定控制点平面位置（x，y）的工作称为平面控制测量。测定控制点高程（H）的工作称为高程控制测量。控制测量按照用途进行分类可以分为大地控制测量和工程控制测量。大地控制测量是在全国范围内按国家统一颁布的法式、规范进行的控制测量。工程控制测量是为工程建设或地形图测绘，在小区域内，在大地测量控制网的基础上独立建立控制网的控制测量。

二、平面控制测量的基本方法

平面控制测量的主要任务是建立平面控制网，根据精度要求的不同与测量现场实际情况的差异，进行平面控制测量的方法也各不相同，目前，常用的平面控制测量方法主要有导线测量、三角测量、三边测量和 GNSS 测量等方法。

导线网是把控制点连成折线多边形，测定各边长和相邻边夹角，计算它们的相对平面位置。三角网是测定三角形的内角或边长，通过计算确定控制点的平面位置。通常有测角网、边角同测网、测边网。

全球导航卫星系统（Global Navigation Satellite System，简称 GNSS）是全球性、全天候、连续的卫星无线电导航系统，它可提供实时的三维位置、三维速度和高精度的时间信息。GNSS 为测量工作提供了新的方法与技术。通常利用 GNSS 静态测量或动态测量建立不同等级的测量控制网。

平面控制网根据平面控制测量的区域建立控制网，将平面控制网分为以下四类。

① 国家控制网：在全国范围内建立的控制网称为国家控制网。

② 城市平面控制网：在城市地区为满足大比例尺测图和城市建设施工的需要，布设城市平面控制网。

③ 小区域控制网：在小于 $15km^2$ 的范围内建立的控制网，称为小区域控制网。

④ 图根控制网：直接为测图建立的控制网称图根控制网。

其中城市平面控制网、小区域控制网、图根控制网为工程测量平面控制网的建设的主要技术。

三、国家平面控制网概况

在全国范围内建立的控制网称为国家控制网。它是全国各种比例尺测图的基本控制，并为确定地球的形状和大小提供研究资料。国家控制网按照精度从高到低可以分为一、二、

三、四等四个等级。

一等三角锁是国家平面控制网的骨干，其作用是在全国范围内建立一个统一坐标系的框架，为其他等级控制网的建立以及研究地球的形状和大小提供资料。如图 6-1 所示，一等三角锁一般沿经纬线方向构成纵横交叉的网状，锁段长度一般为 200km，纵横锁段构成锁环。在山区，三角形的平均边长一般为 25km，平原地区三角形的平均边长一般为 20km。

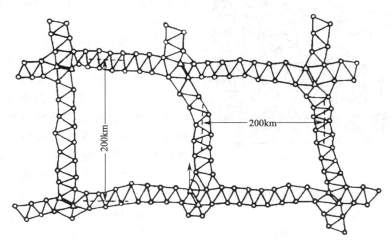

图 6-1 国家一等三角锁

二等三角网是在一等锁控制下布设的，它既是加密三、四等三角网的基础，同时又是地形测图的基本控制。因此，必须兼顾精度和密度两个方面的要求。

我国二等三角网的布设有两种形式。

1958 年之前，采用两级布设二等三角网的方法，如图 6-2 所示，即在一等锁环内首先布设纵横交叉的二等基本锁，然后再在每个部分中布设二等补充网。此种方法布设的二等基本锁平均边长为 15～20km，二等补充网的平均边长为 13km。

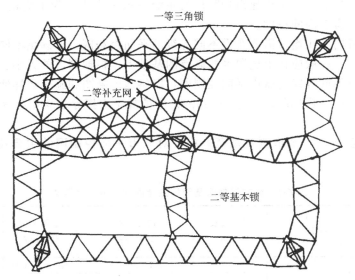

图 6-2 1958 年前国家二等三角网布设形式

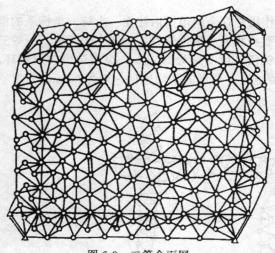

图 6-3　二等全面网

1958 年后，改用二等全面网，即在一等锁环内直接布满二等网，如图 6-3 所示。采用此种方法布设的二等网平均边长为 13km 左右。

三等、四等三角网是在一等、二等网控制下布设的，是为了加密控制点，以满足测图和工程建设的需要。三等、四等点以高等级三角点为基础，尽可能采用插网方法布设，即在高等级控制网内布设次一级的控制网，也可采用插点方法布设，即在高等级三角网内插入一个或两个低等级的新点，还可以越级布网，即在二等网内直接插入四等全面网。三等网的平均边长为 8km，四等网的边长在 2～6km 范围内。

由于全国性控制点的密度较小，远远不能满足大比例尺地形测图和工程建设测量的需要。因此，在进行大比例尺地形测图或进行工程建设时，需要根据任务要求对控制点进行加密，这些控制测量的工作通常都在小地区（面积小于 $10km^2$）内进行，不用考虑地球曲率等因素的影响，方法相对较为简单，本章将重点对小地区控制测量进行讨论。

四、工程测量平面控制网概况

根据工程建设的不同阶段对控制网提出的不同要求，工程测量控制网一般可分为测图控制网、施工控制网和变形监测专用控制网三类。

测图控制网是在工程设计阶段建立的用于测绘大比例尺地形图的测量控制网，其必须保证地形图的精度和各幅地形图之间的准确拼接。施工控制网是在工程施工阶段建立的用于工程施工放样的测量控制网。变形监测专用控制网是在工程竣工后的运营阶段建立的以监测建筑物变形为目的的控制网。由于建筑物变形的量级一般都很小，为了能精确地测出其变化，要求变形监测网具有较高的精度。

根据不同的目的和用途，需要布设不同等级的平面控制网，以满足不同的工程需要。在城市或厂矿等地区，一般应在上述国家控制点的基础上，根据测区的大小、城市规划和施工测量的要求，布设不同等级的城市平面控制网，以供地形测图和施工放样使用。在不同的工程中可以根据《城市测量规范》（CJJ 8—1999）中的规定来指导建立相应等级的城市平面控制网。

1999 年开始实施的《城市测量规范》中，对城市平面控制网的主要技术要求如表 6-1 和表 6-2 所示。

表 6-1　城市三角网及图根三角网的主要技术要求

等级	测角中误差/(″)	三角形最大闭合差/(″)	平均边长/km	起始边相对中误差	最弱边相对中误差	测回数		
						DJ$_1$	DJ$_2$	DJ$_6$
二等	≤±1.0	≤±3.5	9	≤1∶300000	≤1∶120000	12		
三等	≤±1.8	≤±7	5	≤1∶200000（首级） ≤1∶120000（加密）	≤1∶80000	6	9	

续表

等级	测角中误差/(″)	三角形最大闭合差/(″)	平均边长/km	起始边相对中误差	最弱边相对中误差	测回数 DJ₁	测回数 DJ₂	测回数 DJ₆
四等	≤±2.5	≤±9	2	≤1:120000（首级） ≤1:80000（加密）	≤1:45000	4	6	
一级	≤±5.0	≤±15	1	≤1:40000	≤1:20000		2	6
二级	≤±10.0	≤±30	0.5	≤1:20000	≤1:10000		1	2
图根	≤±20.0	≤±60	不大于测图最大视距1.7倍	≤1:10000				1

表 6-2　城市导线及图根导线的主要技术要求

等级	闭合环或附合导线长度/km	平均边长/m	测距中误差/mm	测角中误差/(″)	导线全长相对闭合差	测回数 DJ₁	测回数 DJ₂	测回数 DJ₆	方位角闭合差/(″)
三等	15	3000	≤±18	≤±1.5	≤1/60000	8	12		≤±3√n
四等	10	1600	≤±18	≤±2.5	≤1/40000	4	6		≤±5√n
一级	3.6	300	≤±15	≤±5	≤1/14000		2	4	≤±10√n
二级	2.4	200	≤±15	≤±8	≤1/10000		1	3	≤±16√n
三级	1.5	120	≤±15	≤±12	≤1/6000		1	2	≤±24√n
图根	1.0m			≤±30	≤1/2000			1	≤±60√n

注：n 为测站数。

除了上述等级的三角网或导线之外，常用的还有直接供地形测图使用的控制点，称为图根控制点，简称图根点。测定图根点位置的工作称为图根控制测量。图根点的密度取决于测图比例尺和地物、地貌的复杂程度。图根控制测量的技术要求主要与测图的比例尺有关。平坦开阔地区图根控制测量的等级及图根点的密度可参考表 6-3 和表 6-4 的规定；困难地区、山区，表中规定点数可适当增加。

表 6-3　图根点的密度

测图比例尺	1:500	1:1000	1:2000	1:3000
图根点密度/（点/km²）	150	50	15	5
每幅图图根点个数	9~10	12	15	20

小区域控制网的区域是在小于 15km² 的范围内，水准面可视为水平面，不需要将测量成果归算到高斯平面上，而是采用直角坐标，直接在平面上计算坐标。至于布设哪一级控制作为首级控制，应根据城市或厂矿的规模。中小城市一般以四等网作为首级控制网。面积在 15km² 以内的小城镇，可用小三角网或一级导线网作为首级控制。面积在 0.5km² 以下的测区，图根控制网可作为首级控制。厂区可布设建筑方格网。小区控制网的建立如表 6-4 所示。

表 6-4　小地区控制网的建立

测区面积	首级控制	图根控制
2~15km²	一级小三角或一级导线	二级图根控制
0.5~2km²	二级小三角或二级导线	二级图根控制
0.5km² 以下	图根控制	

在实际工作中，要根据城市的大小或测区的规模以及所要达到的精度要求来选择适当等级的三角网或导线。

五、高程控制测量概况

高程控制测量就是在测区布设高程控制点，即水准点，用精确方法测定它们的高程，构成高程控制网。高程控制测量的主要方法有：水准测量和三角高程测量。进行高程控制测量的主要方法是水准测量，进而建立不同等级的高程控制网，即水准网。高程控制网按照需要可以分为国家高程控制网和工程高程控制网。

国家高程控制网按照精度由高到低可以分为一、二、三、四等水准网。国家一等水准网是国家高程控制网的骨干。二等水准网布设于一等水准环内，是国家高程控制网的全面基础。三、四等水准网为国家高程控制网的进一步加密，建立国家高程控制网，采用精密水准测量的方法。

城市高程控制网是用水准测量方法建立的，称为城市水准测量。城市（或厂矿地区）高程控制分为二、三、四等水准测量和图根水准测量等几个等级，它是城市大比例尺测图及工程测量的高程控制，主要技术要求如表 6-5 所示。同样，应根据城市或厂矿的规模确定城市首级水准网的等级，然后再根据等级水准点测定图根点的高程。

在丘陵或山区，高程控制量测边可采用三角高程测量。光电测距三角高程测量现已用于（代替）四等、图根水准测量。

表 6-5　城市水准测量及图根水准测量主要技术要求

等级	每千米高差中误差/km	附合线路长度/km	水准仪型号	水准尺	观测次数（附合或环行）	往返较差或环线闭合差/mm	
						平地	山地
二等	± 2		DS_1	因瓦	往返观测	$\pm 4\sqrt{L}$	
三等	± 6	45	DS_3	双面		$\pm 12\sqrt{L}$	$\pm 4\sqrt{n}$
四等	± 10	15	DS_3	双面	单程测量	$\pm 20\sqrt{L}$	$\pm 6\sqrt{n}$
图根	± 20	5	DS_{10}			$\pm 40\sqrt{L}$	$\pm 12\sqrt{n}$

注：L 为水准路线长度，以 km 为单位；n 为测站数。

水准点间的距离，一般地区为 2～3km，城市建筑区为 1～2km，工业区小于 1km。一个测区至少设立三个水准点。

各等级的水准网在布设时应遵循以下原则。

1. 从高到低、逐级控制

国家水准网采用由高到低，从整体到局部，逐级控制，逐级加密的方式布设。一等水准网是国家高程控制网的骨干，同时也为相关地球科学研究提供高程数据；二等水准网是国家高程控制网的全面基础；三、四等水准网直接为地形测图和其他工程建设提供高程控制点。

2. 水准点分布应满足一定的密度

国家各等级的水准路线上，每隔一定距离应埋设稳固的水准标石，以便于长期保存和使用，设置水准标石的类型和间距应符合相应测量规范的要求。

3. 水准测量达到足够的精度

足够的测量精度是保证水准测量成果使用价值的头等重要问题，特别是一等水准测量应当用最先进的仪器、最完善的作业方法和最严格的数据处理，以期达到尽可能高的精度。

4. 水准网应定期复测

国家一等水准网应定期复测，复测周期主要取决于水准测量精度和地壳垂直运动速率，一般为 15～20 年复测一次。二等水准网根据实际需要可以进行不定期的复测。

按照以上原则，我国进行了国家水准网的布设，根据布设的目的、完成时代、采用技术标准和高程基准等，布设工作可以分为三期。

第一期一、二等水准网的布设于 1951—1976 年进行，共完成一等水准测量约

60000km，二等水准测量 130000km，构成了基本上覆盖全国大陆和海南岛的一、二等水准网。这一时期水准测量采用的是 1956 年黄海高程基准，国家水准原点的高程 72.289m。

我国第一期一、二等水准网的布设由于当时条件的限制，在一些方面存在着缺陷和不足。为此，1976 年 7 月国家有关部门确定了新的国家一等水准网的布设方案和任务分工，外业工作在 1977—1981 年进行。1981 年末又布置了二等水准网的布设任务，外业工作主要在 1982—1988 年完成，到 1991 年 8 月完成了全部外业观测工作和内业数据处理任务，从而建立起我国新一代的高程控制网的骨干和全面基础。国家一等水准网共布设 289 条路线，总长度 93760km，全网有 100 个闭合环和 5 条单独路线，共埋设固定水准标石 2 万多座。国家二等水准网共布设 1139 条路线，总长度 136368km，全网有 822 个闭合环和 101 条附合路线与支线，共埋设固定水准标石 33000 多座。这一时期水准测量采用的是 1985 国家高程基准，国家水准原点的高程为 72.2604m。

随着科学技术的发展和国家经济建设的需要，应以更高精度和要求进行国家第二期一等水准网的复测。为此，1991 年开始，国家对一等水准网进行全面复测。复测水准网共 273 条路线，总长 94000km，构成 99 个闭合环，全网共设置水准点 2 万多个。

城市和工程高程控制网一般利用水准测量的方法来建立，特殊条件下也可以采用精密三角高程测量的方法来建立。城市和工程高程控制网是各种大比例尺测图、城市工程测量和城市地面沉降观测的高程控制基础，又是工程建设施工放样和监测工程建筑物垂直形变的依据。其应与国家水准点进行连测，以求得高程系统的统一，在此基础上，可以根据具体的需要，依据相应的测量规范较为灵活地实施测量工作。

第二节　导线测量

一、导线测量概述

将测区内相邻控制点连接而构成的折线称为导线，导线测量就是依次测定各导线边的边长和转折角值，再根据起算数据，推算各导线点的坐标。导线上的控制点，包括已知点和待定点，称为导线点。连接各导线点的折线称为导线边。导线边之间所夹的水平角称为导线角，其中，与已知方向相连接的导线角称为连接角，也称定向角，不与已知方向相连接的导线角称为转折角。导线角按其位于导线前进方向的左侧或右侧而分别称为左角或右角。

导线测量中，由于各点上方向数较少，因此受通视要求的限制较少，易于选点定点，而且，导线网的图形非常灵活，选点时可以根据具体情况随时改变方案。鉴于以上优点，导线测量是建立小地区平面控制网和图根控制网较为常用的一种方法。根据测区的不同情况和要求，导线可以布设成下列三种形式。

1. 闭合导线

从一高级控制点，即已知点开始，经过若干导线点，最后又回到起始点，形成闭合多边形，这种导线称为闭合导线，如图 6-4 所示。闭合导线本身存在着严密的几何条件，具有较强的检核作用，常用于较为开阔的面状区域的控制测量。

2. 附合导线

从一高级控制点开始，经过各个导线点，附合到另一高级控制点上，形成连续折线，这种导线称为附合导线，如图 6-5 所示。附合导线由本身的已知条件构成对观测成果的校核作用，常用于带状区域的控制测量。

3. 支导线

支导线是指从一高级控制点开始，既不闭合到起始点，又不附合到另一高级控制点的导

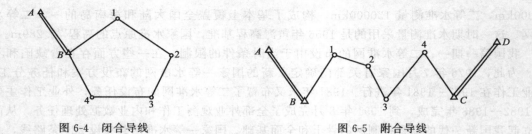

图 6-4 闭合导线　　　　　　　　　　　　　　图 6-5 附合导线

线。如图 6-6 中的 5、6 两点。支导线没有检核条件，不易发现错误，一般不宜采用，通常只在导线点不能满足局部测图需要的时候才增设支导线，并且导线边数一般不能超过 4 条。

在较大区域内进行控制测量时，单一导线往往满足不了工作的需要，因此常布设成相互联系的多条导线，形成网状结构，这种由多条导线构成的控制网称为导线网，如图 6-7 所示。导线网有较多的检核条件，整体精度相对较高，但是计算较为复杂。

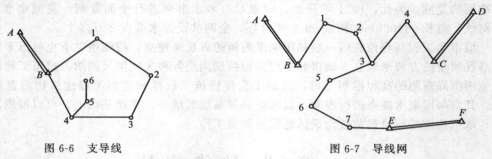

图 6-6 支导线　　　　　　　　　　　　　　图 6-7 导线网

用导线测量的方法建立小地区平面控制网通常分为一级导线、二级导线和三级导线，每一级导线都有相应的技术参数，具体参数见表 6-2。用于大比例尺地形图测绘的图根导线的要求主要与地形图的比例尺有关。

二、导线测量的外业工作

导线测量的外业工作主要包括选点、测边、测角三项工作。

1. 选点

选点就是在测区内选定导线点的位置，并建立标志。实地踏勘选点之前，应收集测区内已有的各种比例尺的地形图和已有的高等级控制测量成果，并了解控制点标志的保存完好情况。同时还应了解有关测区的气象、地址、行政区划、交通状况、风俗习惯等信息，为后续工作打下良好的基础。

收集资料之后，应先把高等级的控制点展绘在地形图上，然后在图上初步拟定导线点的位置和导线的布设形式。图上设计完成后，再到实地进行踏勘，最后选定导线点的位置。如果测区内没有可供参考的地形图，可以直接到实地踏勘，根据测区的基本情况直接在实地拟定导线的布设方案，并确定导线点的位置。

在进行实地选点时，应注意以下几个方面。

① 要确保相邻导线点之间通视良好，尽量远离障碍物，以便于测距和测角。

② 导线点应选在土质坚实、易于保护之处，以利于点位的稳定和仪器的安置。

③ 导线点要有一定的密度，并且应选在视野开阔处，便于实施碎部测量。

④ 为了确保测距、测角的精度，导线点应尽可能地远离强磁场、高电压、重水汽的环境。

⑤ 导线边长要大致相等，不能相差过为悬殊。

⑥ 要以《城市测量规范》为基础，严格达到其中的各项标准。

　　导线点选定后，要根据导线的不同等级采用不同的方式在地面上把点标定出来。导线点的标志分为临时性标志和永久性标志两种。临时性标志一般多用于图根控制网，若土质较为松软，可以在点位上打一较大木桩，然后在木桩顶端钉一钢钉，作为点的标志，若地面为水泥等较为坚实的表面，可以直接在地面上钉入一个钢钉，以钢钉作为点的标志。如果导线点需要长期保存，则需要建立永久性标志。永久性标志一般埋设于地下，标志由混凝土桩或石桩构成，在桩的顶部设置一铜帽或钢筋，在铜帽或钢筋的顶端刻"十"字，以"十"字中心作为点的标志。临时性标志和永久性标志的埋设形式与水准点类似，在第二章中已详细介绍，参见图 2-15 和图 2-16。

　　无论是临时性标志还是永久性标志，导线点埋设后，要在桩上或附近用红油漆写明点号或编号，同时还要做好点之记，以便于查找与使用控制点。点之记指的是记载等级控制点位置和结构情况的资料。这些资料包括：点名、等级、点位略图及与周围固定地物的相关尺寸等。点之记中的点位略图如图 6-8 所示。

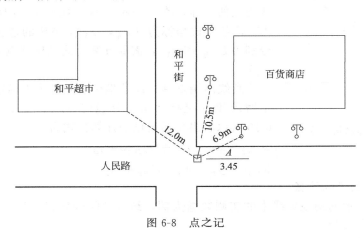

图 6-8　点之记

2. 测边

　　目前，导线的边长测量一般利用全站仪进行测定，直接测量导线点间的水平距离。对于图根导线或精度要求不高的时候，也可以采用钢尺量距的方法进行测量，若采用钢尺丈量，钢尺必须经过检定，而且要进行往返丈量，取往返测量的平均值作为最终成果，一般要求钢尺量距的相对误差不大于 1/3000。

3. 测角

　　导线测量需要测定每个转折角和连接角的水平角值，对于闭合导线，应测其内角，而对于附合导线，一般应测其左角。测角时应采用测回法进行测量，不同等级的测角要求已列于表 6-2 中。图根导线中，一般采用 DJ_6 级光学经纬仪或普通全站仪施测一个测回，若盘左、盘右测得的角值相差不大于 $40''$，取其平均值作为最终结果。

三、导线测量的内业计算

　　导线测量内业计算的目的是分配外业测量中产生的各项误差，计算各导线点的平面坐标 $(x，y)$，并评定其测量精度。

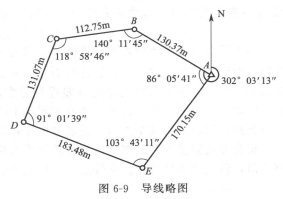

图 6-9　导线略图

内业计算之前，应该全面检查导线测量的外业记录，看其数据是否完整，有无记错、算错等情况，成果是否符合相应等级的精度要求，起算数据是否准确等。然后绘制导线略图，把各项数据标注在图上的相应位置，如图 6-9 所示。

1. 内业计算中数字取位的要求

导线的内业计算必须合理地对数字进行取位，既不能因取位过少损失测量精度，又不能因取位过多增大内业计算量。通常情况下，对于四等导线，角值取至秒，边长与坐标值取至毫米。而图根导线角值取至秒，边长和坐标值取至厘米。

2. 内业计算的基本公式

（1）方位角计算

方位角的计算在本书第四章中已详细介绍，此处不再赘述，相关公式参见第四章第三节。

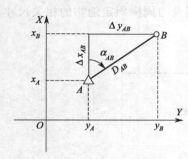

图 6-10　坐标增量计算

（2）坐标计算

根据直线起点的坐标、直线长度及其坐标方位角计算直线终点的坐标，称为坐标正算。如图 6-10 所示，已知直线 AB 起点 A 的坐标为 (x_A, y_A)，AB 的边长和坐标方位角分别为 D_{AB} 和 α_{AB}，需要计算直线 AB 终点 B 的坐标 (x_B, y_B)。

直线两端点 A、B 的坐标之差称为坐标增量，分为 x 坐标增量和 y 坐标增量，分别用 Δx_{AB} 和 Δy_{AB} 表示。由图 6-10 可以看出坐标增量的计算公式为

$$\begin{cases} \Delta x_{AB} = x_B - x_A = D_{AB}\cos\alpha_{AB} \\ \Delta y_{AB} = y_B - y_A = D_{AB}\sin\alpha_{AB} \end{cases} \tag{6-1}$$

3. 闭合导线的坐标计算

现以图 6-9 所示的图根导线中的实测数据为例，结合"闭合导线坐标计算表"，说明闭合导线坐标计算的步骤。

（1）准备工作

将检核后的外业距离观测数据、角度观测数据以及已知坐标、已知坐标方位角等起算数据填入"闭合导线坐标计算表"（表 6-6）中的相应栏内，起算数据要用下划双线标明。

（2）角度闭合差的计算与调整

由几何原理可知，多边形内角和的理论值为

$$\sum\beta_{理} = (n-2) \times 180° \tag{6-2}$$

式中，n 为多边形内角数。

由于观测角不可避免地含有误差，致使实测的内角和并不等于理论值。实测的内角和 $\sum\beta_{测}$ 与理论内角和 $\sum\beta_{理}$ 之差称为闭合导线角度闭合差，用 f_β 表示，即

$$f_\beta = \sum\beta_{测} - \sum\beta_{理} \tag{6-3}$$

各级导线对角度闭合差的容许值 $f_{\beta容}$ 有着不同的规定，具体值参见表 6-2。本例为图根导线，图根导线的角度闭合差容许值为 $f_{\beta容} = \pm 60''\sqrt{n}$。若角度闭合差超限，则需要重新检测角度。反之，则可以对角度闭合差进行分配，分配时按照"反符号平均分配"的原则进行，即角度闭合差以相反符号平均分配到每个内角中去。如果不能均分，闭合差的余数应依次分配给角值较大的几个内角，见表 6-6 的第 3 列。

将角度观测值加上改正数后便得到导线内角改正之后的角值，改正之后的内角和应等于理论值，将此作为计算检核条件之一，见表 6-6 的第 4 列。

（3）推算各边的坐标方位角

　　角度闭合差调整完成后，用改正之后的角值，根据起始边的已知坐标方位角，推算各导线边的坐标方位角，并将推算出的导线各边的坐标方位角填入表 6-6 的第 5 列。

　　闭合导线各边坐标方位角的推算完成后，要推算出起始边的坐标方位角，它的推算值应与原有的已知坐标方位角值相等，以此作为一个检核条件，如果不等，应重新检查计算。

　　（4）坐标增量的计算

　　利用各导线边的边长观测值和坐标方位角，按照式（6-1），分别计算每条导线边两端点间的坐标增量，填入表 6-6 中第 7 列和第 8 列每栏的下半部分。

　　（5）坐标增量闭合差的计算与调整

　　从图 6-11（a）可以看出，闭合导线所有的 x 坐标增量与 y 坐标增量代数和的理论值都应为零，即

$$\begin{cases} \sum \Delta x_{理} = 0 \\ \sum \Delta y_{理} = 0 \end{cases} \tag{6-4}$$

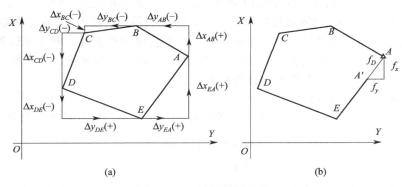

图 6-11　坐标增量闭合差

　　实际上由于边长的测量误差和角度闭合差调整后的残存误差，往往使实测的坐标增量代数和 $\sum \Delta x_{测}$ 和 $\sum \Delta y_{测}$ 不等于零，从而产生了纵坐标增量闭合差 f_x 和横坐标增量闭合差 f_y，如图 6-11（b）所示。

$$\begin{cases} f_x = \sum \Delta x_{测} \\ f_y = \sum \Delta y_{测} \end{cases} \tag{6-5}$$

　　从图 6-11（b）中可以看出，由于 f_x 和 f_y 的存在，使得导线不能闭合，推算得到的 A' 点与起始点 A 之间的长度 f_D 称为导线全长闭合差，即

$$f_D = \sqrt{f_x^2 + f_y^2} \tag{6-6}$$

　　单纯通过 f_D 的大小无法准确衡量导线测量的精度，所以一般利用导线全长相对闭合差 K 来衡量。导线全长相对闭合差是导线全长闭合差 f_D 与导线全长 $\sum D$ 之比，以分子为 1 的分数形式来表示，即

$$K = \frac{f_D}{\sum D} = \frac{1}{\dfrac{\sum D}{f_D}} \tag{6-7}$$

　　以导线全长相对闭合差 K 来衡量导线的精度，K 值的分母越大，精度越高。不同等级的导线对导线全长相对闭合差有不同的容许值 $K_{容}$，可参见表 6-2。本例为图根导线，图根导线中导线全长相对闭合差容许值为 $K_{容} = \dfrac{1}{2000}$。若 $K > K_{容}$ 则成果不符合精度要求，需检查外业成果，或返工重测；反之则符合精度要求，需要对坐标增量闭合差进行调整。

进行坐标增量闭合差调整时，一般按照"与导线边长成正比反符号"的原则进行分配，即将 f_x 和 f_y 反其符号按边长成正比分配到各边的纵、横坐标增量中去，以 ν_{xi}、ν_{yi} 分别表示第 i 边的纵、横坐标增量改正数，即

$$\begin{cases} \nu_{xi} = -\dfrac{f_x}{\sum D} \times D_i \\ \nu_{yi} = -\dfrac{f_y}{\sum D} \times D_i \end{cases} \tag{6-8}$$

坐标增量改正数应与导线边长观测值保留相同的小数位数，并且纵、横坐标增量改正数之和应分别等于纵、横坐标增量闭合差的相反数，即

$$\begin{cases} \sum \nu_x = -f_x \\ \sum \nu_y = -f_y \end{cases} \tag{6-9}$$

计算得出的坐标增量闭合差改正数值分别填入相对应的坐标增量栏内的上方，见表 6-6 的第 7、第 8 列，同时，应将纵、横坐标增量闭合差、导线全长闭合差、导线全长相对闭合差、导线全长相对闭合差容许值的计算过程填入表 6-6 的"辅助计算"一栏内，以便于衡量精度指标。

坐标增量闭合差调整之后，将各边的增量值加上相应的改正数，即可得到各边改正之后的纵、横坐标增量，将其填入表 6-6 的第 9、第 10 列。改正之后的纵、横坐标增量的代数和应分别等于零，以此作为一个重要的计算检核条件。

（6）计算各导线点的坐标

根据起始点 A 的已知坐标以及改正后的坐标增量值，利用下式依次推算各点的坐标：

$$\begin{cases} x_{前} = x_{后} + \Delta x_{改} \\ y_{前} = y_{后} + \Delta y_{改} \end{cases} \tag{6-10}$$

由此计算得到的坐标值填入表 6-6 的第 11、第 12 两列。最后，还应该推算起始点 A 的坐标，其值应与原有的已知值相等。

4. 附合导线的坐标计算

附合导线的坐标计算步骤与闭合导线基本相同，仅在角度闭合差的计算与调整以及坐标增量闭合差的计算方面稍有不同。以下仅介绍不同之处。

（1）角度闭合差的计算与调整

图 6-12 所示的附合导线中，A、B、G、H 四点的坐标已知，可以得出起始边 AB 和终边 GH 的坐标方位角 α_{AB} 和 α_{GH}。而根据起始边的 α_{AB} 和导线的连接角与转折角可以推算得到终边的坐标方位角 α'_{GH}，即

$$\begin{aligned} \alpha_{BC} &= \alpha_{AB} + 180° + \beta_A \\ \alpha_{CD} &= \alpha_{BC} + 180° + \beta_B \\ \alpha_{DE} &= \alpha_{CD} + 180° + \beta_C \\ \alpha_{EF} &= \alpha_{DE} + 180° + \beta_D \\ \alpha_{FG} &= \alpha_{EF} + 180° + \beta_E \\ + \underline{\alpha'_{GH} = \alpha_{FG} + 180° + \beta_G} \\ \alpha'_{GH} &= \alpha_{AB} + 6 \times 180° + \sum \beta_{测} \end{aligned}$$

由此可以写出观测左角时的一般公式：

$$\alpha'_{终} = \alpha_{始} + n \times 180° + \sum \beta_{测} \tag{6-11}$$

若观测右角，同样可以得到下式：

$$\alpha'_{终} = \alpha_{始} + n \times 180° - \sum \beta_{测} \tag{6-12}$$

表 6-6　闭合导线坐标计算

点号 (1)	观测角(内角)(° ′ ″) (2)	改正数 (″) (3)	改正角 (° ′ ″) (4)	坐标方位角 (° ′ ″) (5)	距离 D /m (6)	增量计算值 Δx/m (7)	增量计算值 Δy/m (8)	改正后增量 Δx/m (9)	改正后增量 Δy/m (10)	坐标值 x/m (11)	坐标值 y/m (12)	点号 (13)
A				302 03 13	130.37	−1 69.19	−1 −110.50	69.18	−110.51	500.00	1000.00	A
B	140 11 45	−13	140 11 32	262 14 45	112.75	−1 −15.21	−1 −111.72	−15.22	−111.73	569.18	889.49	B
C	118 58 46	−13	118 58 33	201 13 18	131.07	−1 −122.18	−2 −47.44	−122.19	−47.46	553.96	777.76	C
D	91 01 39	−12	91 01 27	112 14 45	183.48	−2 −69.46	−2 169.82	−69.48	169.80	431.77	730.30	D
E	103 43 11	−12	103 42 59	35 57 44	170.15	−1 137.72	−2 99.92	137.71	99.90	362.29	900.10	E
A	86 05 41	−12	86 05 29	302 03 13						500.00	1000.00	A
B												
总和	540 01 02	−62	540 00 00		727.82	+0.06	+0.08					

辅助计算

$$\sum \beta_测 = 540°01'02''$$
$$-\sum \beta_理 = 540°00'00''$$
$$f_\beta = +62''$$
$$f_{\beta容} = \pm 60''\sqrt{n} = \pm 60''\sqrt{5} = \pm 134''$$

$$f_x = \sum \Delta x_测 = +0.06,\ f_y = \sum \Delta y_测 = +0.08\ (\text{m})$$
导线全长闭合差 $f_D = \sqrt{f_x^2 + f_y^2} = +0.10\ (\text{m})$
导线全长相对闭合差 $K = \dfrac{f_D}{\sum D} = \dfrac{0.1}{727.82} \approx \dfrac{1}{7000} < K_容 = \dfrac{1}{2000}$

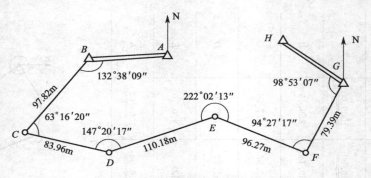

图 6-12　附合导线坐标计算

求得终边的坐标方位角后，与其已知值相减即可得到附合导线的角度闭合差，即

$$f_\beta = \alpha'_{终} - \alpha_{终} \tag{6-13}$$

附合导线角度闭合差的调整与闭合导线略有不同，当角度闭合差在容许范围内时，如果观测的是左角，则将角度闭合差反符号平均分配到各左角中；如果观测的是右角，则将角度闭合差同符号平均分配到各右角中。

（2）坐标增量闭合差的计算

附合导线的坐标增量代数和的理论值应等于终、始两点的已知坐标值之差，即

$$\begin{cases} \sum \Delta x_{理} = x_{终} - x_{始} \\ \sum \Delta y_{理} = y_{终} - y_{始} \end{cases} \tag{6-14}$$

则附合导线坐标增量闭合差为

$$\begin{cases} f_x = \sum \Delta x_{测} - \sum \Delta x_{理} = \sum \Delta x_{测} - (x_{终} - x_{始}) \\ f_y = \sum \Delta y_{测} - \sum \Delta y_{理} = \sum \Delta y_{测} - (y_{终} - y_{始}) \end{cases} \tag{6-15}$$

附合导线的导线全长闭合差、导线全长相对闭合差计算以及坐标增量闭合差的调整方法与闭合导线相同。

图 6-12 所示的附合导线坐标计算的全过程见表 6-7。

5. 支导线的坐标计算

支导线中没有检核条件，因此没有角度闭合差与坐标增量闭合差的产生，导线的转折角和坐标增量均不需要进行改正，支导线的计算步骤如下。

① 根据观测的连接角与转折角推算各边的坐标方位角。

② 根据各边的坐标方位角和边长计算坐标增量。

③ 根据各边的坐标增量推算各点的坐标。

四、查找导线测量粗差的基本方法

导线测量的内业工作完成后，如果角度闭合差 f_β 或导线全长相对闭合差 K 超过容许值时，应首先检查内业计算是否有错误，若无错误，则说明外业测得的某一个或多个角度、边长有错误，需要对错误的角度、边长重新进行测量。而通过以下方法进行计算，可以判断出哪一个角度或哪一条边含有粗差，可以有针对性地进行外业补测，节约了时间，提高了工作效率。

1. 角度错误的查找方法

如图 6-13 所示，假设闭合导线 $ABCDE$ 中的 D 角测错，其错误值为 x，其余观测量均正确无误。由图可以看出，在 D 点

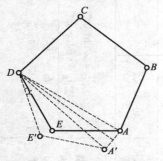

图 6-13　闭合导线角度查错

表 6-7　附合导线坐标计算

点号	观测角(左角) (°′″)	改正数 (″)	改正角 (°′″)	坐标方位角 (°′″)	距离 D /m	增量计算值 Δx/m	增量计算值 Δy/m	改正后增量 Δx/m	改正后增量 Δy/m	坐标值 x/m	坐标值 y/m	点号
1	2	3	4	5	6	7	8	9	10	11	12	13
A				267 30 28						627.04	1752.88	A
B	132 38 09	−7	132 38 02	220 08 30	97.82	−1 / −74.78	−1 / −63.06	−74.79	−63.07	623.73	1676.83	B
C	63 16 20	−6	63 16 14	103 24 44	83.96	−1 / −19.47	−1 / 81.67	−19.48	81.66	548.94	1613.76	C
D	147 20 17	−7	147 20 10	70 44 54	110.18	−1 / 36.33	−1 / 104.02	36.32	104.01	529.46	1695.42	D
E	222 02 13	−7	222 02 06	112 47 00	96.27	−1 / −37.28	−1 / 88.76	−37.29	88.75	565.78	1799.43	E
F	94 27 17	−7	94 27 10	27 14 10	79.39	−1 / 70.59	−1 / 36.33	70.58	36.32	528.49	1888.18	F
G	98 53 07	−7	98 53 00	306 07 10						599.07	1924.5	G
H										642.19	1865.41	H
总和	758 37 23	−41	758 36 42		467.62	−24.61	247.72	−24.66	247.67			

辅助计算

$$\alpha'_{GH}=306°07'51''$$
$$-\alpha_{GH}=306°07'10''$$
$$f_\beta=+41''$$

$$f_{\beta容}=\pm60''\sqrt{6}=\pm147''$$

$$\Sigma\Delta x_{测}=-24.61 \qquad \Sigma\Delta y_{测}=247.72$$
$$x_G-x_B=-24.66 \qquad y_G-y_B=247.67$$
$$f_x=0.05 \qquad f_y=0.05$$

导线全长闭合差 $f_D=\sqrt{f_x^2+f_y^2}=0.07$

导线全长相对闭合差 $K=f_D/\Sigma D\approx1/6500$

导线全长相对闭合差容 $K_{容}=1/2000$

之后的 E、A 两点由于此错误，均绕 D 点旋转了 x 角，而移至 E'、A' 点。AA' 即为由于 D 角测错而产生的闭合差。由于其余观测量都正确无误，所以三角形 $\triangle ADA'$ 是等腰三角形，其底边 AA' 的垂直平分线通过定点 D。由此可见，当角度闭合差超限时，在闭合差 AA' 的中点作垂线，如果该垂线通过或非常接近某个导线点，则该点发生错误的可能性较大。

如果是图 6-14 所示的附合导线，则可以分别从导线两个端点 B 和 C 开始，按角度和边长把导线展绘到图上，则所绘的两条导线的交点 4 即为测错角度的导线点。同理，这种方法也适用于闭合导线。

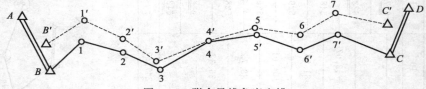

图 6-14　附合导线角度查错

如果误差比较小，用以上的图解法难以准确显示角度测错的点，这时可以从导线的两端开始分别计算各点的坐标，若某点的两个坐标值相同或相近，则该点就是角度测错的导线点。

2. 边长错误的查找方法

如图 6-15 所示，假设 12 边的距离测量有误，相差 Δd，这使得 2、3、4、C 各点均按照 12 方向平移了 Δd 的距离至 $2'$、$3'$、$4'$、C' 点。从图上可以看出，闭合差 CC' 的坐标方位角与量错边的坐标方位角极为接近。因此，查找错误时，先计算闭合差的坐标方位角 α'：

$$\alpha' = \arctan \frac{f_y}{f_x} \tag{6-16}$$

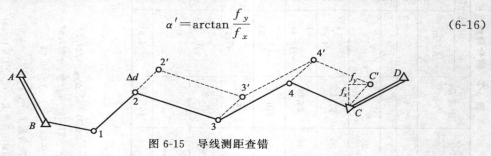

图 6-15　导线测距查错

然后寻找坐标方位角值接近 α' 的导线边，则该边即为丈量有错误的边。

以上的查找错误方法，仅适用于只有一个角度或一条边产生错误的情况。

第三节　小三角测量

三角测量是进行平面控制测量的一种经典方法，其原理是将地面上所选的控制点相互连

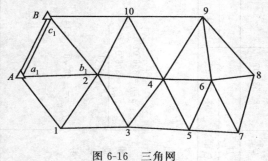

图 6-16　三角网

接成三角形而形成三角网，如图 6-16 所示，此时，控制点称为三角点。观测时，测量网中所有三角形的内角，再根据已知点的坐标或已知边长利用正弦定理求得所有三角形的边长，根据已知坐标方位角和角度观测值推算出所有边的坐标方位角，进而计算得到所有三角点的坐标值。小三角测量，是指在面积小于 15km^2 的测区内建立边长较短的三角测量。其特点是边长短，计算时不用考虑地球曲率的影响，并

按近似法处理观测成果。

一、小三角网的布设形式

根据测区的地形条件、已有高等级控制点的分布情况以及工程要求，小三角网可以布设成单三角锁、中点多边形、大地四边形、线形三角锁四种形式，分别如图 6-17～图 6-20 所示。

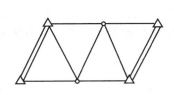

图 6-17　单三角锁

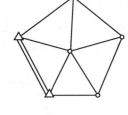

图 6-18　中点多边形

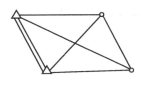

图 6-19　大地四边形

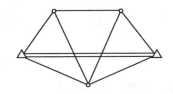

图 6-20　线形三角锁

二、小三角测量的外业工作

小三角测量的外业工作包括踏勘选点、建立标志、测量起始边、测角四项工作。

1. 踏勘选点

首先利用测区原有的地形图在图上进行方案的设计，然后到实地进行踏勘，根据实际情况确定点位。为了保证测量精度，要求小三角网具有一定的图形强度，因此选点时应注意以下问题。

① 起始边应选在平坦而坚实的地段，以便于量距。

② 点位应选在地势较高、视野开阔、土质坚实的地方，以便于测角、测图和保存点位。

③ 三角形应尽量接近于等边三角形，其内角不应小于 30°，最大不应超过 120°，边长应满足相应等级的要求。

2. 建立标志

确定点位后应及时建立测量标志。根据三角网的等级与精度要求建立临时性标志或永久性标志。临时性标志和永久性标志与导线测量中的标志类似。

3. 测量起始边

起始边长是推算三角形边长、用于坐标计算的起始数据，要求精度比较高，所以要求采用精密光电测距的方法进行测量，并加入相应的改正数。

4. 测角

测角是三角测量的主要工作。如果测站上只有一个水平角，则采用测回法进行观测。如果测站上有三个或三个以上的方向时，应采用方向观测法测量。测角中误差可按下式计算：

$$m_\beta = \pm \sqrt{\frac{[\omega\omega]}{3n}}$$

（6-17）

式中，ω 为三角形闭合差；n 为三角形个数。

三、小三角测量的内业计算

小三角测量的内业计算目的是计算各个三角点的坐标，即根据已知数据和观测数据，结合图形条件，通过科学的数据处理，合理分配误差，求出观测值的最或然值，最后通过最或然值求出三角点的坐标值，同时对观测精度进行评定。三角测量平差计算分为严密平差和近似平差两种方法，对小三角测量可以采用近似法进行计算。

图 6-21 所示的单三角锁，A 点坐标值和 AB 边的坐标方位角已知。AB 边长 D_0 和 FG 边长 D_5 用精确方法丈量，也作为已知条件。另外，观测了所有三角形的内角。欲求出 A 点以外的所有三角点的平面坐标。下面结合实例说明小三角测量近似平差的计算方法和步骤。

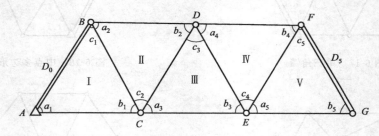

图 6-21　单三角锁算例

1. 绘制略图、统一编号

从三角锁的起始边向终边方向对三角形进行统一编号，如图 6-21 中的 Ⅰ、Ⅱ、Ⅲ、Ⅳ、Ⅴ。另外，对三角形的三个内角做如下规定：已知边所对角用 b 表示，待定边所对角用 a 表示，b 和 a 是用来向前推算边长的，所以又称传距角，它们所对的边称传距边。第三个角称间隔角，用 c 表示，它所对边称间隔边。根据上述规定，用 a_i、b_i、c_i 把所有三角形内角标出，并将其角值填入表 6-8 中相应的栏内。

2. 三角形闭合差的计算与调整

三角形的内角和应等于 180°，否则，其差值即为三角形闭合差，用 f 表示。

$$f_i = a_i + b_i + c_i - 180° \tag{6-18}$$

式中，f_i 为第 i 个三角形的角度闭合差。

若 f_i 不超过规范中的规定，则将 f_i 反符号平均分配给相应三角形的三个观测角，并计算第一次改正角 a'_i、b'_i、c'_i，即

$$\begin{cases} a'_i = a_i - \dfrac{f_i}{3} \\[2mm] b'_i = b_i - \dfrac{f_i}{3} \\[2mm] c'_i = c_i - \dfrac{f_i}{3} \end{cases} \tag{6-19}$$

此时，必须满足

$$a'_i + b'_i + c'_i = 180°00'00'' \tag{6-20}$$

以此作为检核。三角形闭合差的计算与调整的结果填入表 6-8 的第 3、第 4、第 5 列。

3. 边长闭合差的计算与调整

用第一次改正的传距角 a'_i、b'_i 和起始边长度 D_0，按正弦定理，可以推算出各传距边的长度 D'_i：

$$\begin{cases} D'_1 = D_0 \dfrac{\sin a'_1}{\sin b'_1} \\[2mm] D'_2 = D'_1 \dfrac{\sin a'_2}{\sin b'_2} = D_0 \dfrac{\sin a'_1}{\sin b'_1} \times \dfrac{\sin a'_2}{\sin b'_2} \\[2mm] \cdots \\[2mm] D'_5 = D_0 \dfrac{\sin a'_1}{\sin b'_1} \times \dfrac{\sin a'_2}{\sin b'_2} \times \dfrac{\sin a'_3}{\sin b'_3} \times \dfrac{\sin a'_4}{\sin b'_4} \times \dfrac{\sin a'_5}{\sin b'_5} \end{cases} \tag{6-21}$$

若第一次改正角和丈量的边 D_0、D_n 是正确的，则理论上应该是

$$D'_5 = D_5 \tag{6-22}$$

而实际上存在测量误差，致使 $D'_5 \neq D_5$，其差值称为边长闭合差，用 W_D 表示：

$$W_D = \frac{D_0 \sin a'_1 \sin a'_2 \sin a'_3 \sin a'_4 \sin a'_5}{D_5 \sin b'_1 \sin b'_2 \sin b'_3 \sin b'_4 \sin b'_5} - 1 \tag{6-23}$$

鉴于 D_0、D_5 丈量精度较高，其误差可以忽略不计，因此可以认为边长闭合差主要是由 a'_i 和 b'_i 的误差引起的。若将第一次改正角 a'_i、b'_i 再加上第二次改正数 ν_{a_i}、ν_{b_i}，则可使边长条件得到满足，即

$$\frac{D_0 \sin(a'_1 + \nu_{a_1}) \sin(a'_2 + \nu_{a_2}) \cdots \sin(a'_5 + \nu_{a_5})}{D_5 \sin(b'_1 + \nu_{b_1}) \sin(b'_2 + \nu_{b_2}) \cdots \sin(b'_5 + \nu_{b_5})} - 1 = 0 \tag{6-24}$$

现令式（6-23）右边第一项为 f_0，式（6-24）左边第一项为 f，又考虑到 ν_{a_i} 和 ν_{b_i} 都很小，所以将式（6-24）按泰勒级数展开，取至第一项，则式（6-24）变成：

$$f = f_0 + \frac{\partial f}{\partial a'_1} \times \frac{\nu_{a_1}}{\rho} + \frac{\partial f}{\partial a'_2} \times \frac{\nu_{a_2}}{\rho} + \cdots + \frac{\partial f}{\partial a'_5} \times \frac{\nu_{a_5}}{\rho} +$$

$$\frac{\partial f}{\partial b'_1} \times \frac{\nu_{b_1}}{\rho} + \frac{\partial f}{\partial b'_2} \times \frac{\nu_{b_2}}{\rho} + \cdots + \frac{\partial f}{\partial b'_5} \times \frac{\nu_{b_5}}{\rho} \tag{6-25}$$

$$\begin{cases} \dfrac{\partial f}{\partial a'_i} = f_0 \cot a'_i \\[2mm] \dfrac{\partial f}{\partial b'_i} = -f_0 \cot b'_i \end{cases} \tag{6-26}$$

将式（6-24）、式（6-25）代入式（6-23），经整理得

$$\sum_{i=1}^{5} \frac{\nu_{a_i}}{\rho} \times \cot a'_i - \sum_{i=1}^{5} \frac{\nu_{b_i}}{\rho} \times \cot b'_i + W_D = 0 \tag{6-27}$$

考虑到误差的均等性，又要满足三角形角度闭合条件，则必然是

$$\nu_{a_i} = -\nu_{b_i} = \frac{W_D \rho}{\displaystyle\sum_{i=1}^{5} \cot a'_i + \sum_{i=1}^{5} \cot b'_i} \tag{6-28}$$

若令经过两次改正后三角形三内角值为 A_i、B_i、C_i，则有

$$\begin{cases} A_i = a'_i + \nu_{a_i} \\ B_i = b'_i + \nu_{b_i} \\ C_i = c_i \end{cases} \tag{6-29}$$

边长闭合差的计算与调整的结果填入表 6-8 中第 6、第 7 列。

4. 各三角形的边长计算

根据 D_0、A_i、B_i、C_i 按正弦公式即可求得三角形各边长，此项计算填入表 6-8 中第 8 列，并以计算得到的 FG 长度与实测的 D_5 相等做检核。

5. 三角点的坐标计算

在三角网中，各边长已求出，再根据起始边的方位角和 A_i、B_i、C_i 即可求得各边的坐标方位角。进而根据已知点的坐标值求得各三角点的坐标值。

表 6-8   小三角（单三角锁）平差计算

三角形编号	角号	角度观测值 /(° ′ ″)	第一次改正 $-\dfrac{\Delta f_{\beta i}}{3}$ /(″)	第一次改正后角度值 /(° ′ ″)	第二次改正	第二次改正后角度值 /(° ′ ″)	边长 /m	边名	点名
1	2	3	4	5	6	7	8	9	10
I	b_1	57 09 09	+5	57 09 14	−3	57 09 11	250.368	AB	C
	c_1	74 34 54	+5	74 34 59	0	74 34 59	287.290	AC	B
	a_1	48 15 42	+5	48 15 47	+3	48 15 50	222.383	BC	A
	Σ	179 59 45	+15	180 00 00		180 00 00			
II	b_2	66 44 10	+3	66 44 13	−3	66 44 10	222.383	BC	D
	c_2	59 45 57	+3	59 46 00	0	59 46 00	209.139	BD	C
	a_2	53 29 44	+3	53 29 47	+3	53 29 50	194.578	CD	B
	Σ	179 59 51	+9	180 00 00		180 00 00			
III	b_3	48 22 55	−5	48 22 50	−3	48 22 47	194.578	CD	E
	c_3	73 47 30	−4	73 47 26	0	73 47 26	249.614	CE	D
	a_3	57 44 48	−4	57 44 44	+3	57 44 47	219.836	DE	C
	Σ	180 00 13	−13	180 00 00		180 00 00			
IV	b_4	62 45 20	+2	62 45 22	−3	62 45 19	219.834	DE	F
	c_4	73 49 47	+1	73 49 48	0	73 49 48	237.486	DF	E
	a_4	43 24 49	+1	43 24 50	+3	43 24 53	169.941	EF	D
	Σ	179 59 56	+4	180 00 00		180 00 00			
V	b_5	53 38 38	−6	53 38 32	−3	53 38 29	169.941	EF	G
	c_5	48 27 19	−6	48 27 13	0	48 27 13	179.837	EG	F
	a_5	67 54 20	−5	67 54 15	+3	67 54 18	195.525	FG	E
	Σ	180 00 17	−17	180 00 00		180 00 00			

辅助计算

$$W_D = \frac{D_0 \sin a_1' \sin a_2' \sin a_3' \sin a_4' \sin a_5'}{D_5 \sin b_1' \sin b_2' \sin b_3' \sin b_4' \sin b_5'} - 1$$
$$= -0.00010469$$

$$\nu_{a_i} = -\nu_{b_i} = -\frac{W_D \rho''}{\sum\limits_{i=1}^{5} \cot a_i' + \sum\limits_{i=1}^{5} \cot b_i'}$$

$$= \frac{0.00010469 \times 206265''}{6.94} = +3''$$

（图示：三角锁 A、B、C、D、E、F、G 各点及 D_0、a_1、b_1、c_1、a_2、c_2、b_2、a_3、c_3、b_3、a_4、c_4、b_4、a_5、c_5、b_5、D_5，三角形 I、II、III、IV、V）

第四节 交 会 定 点

当导线点或小三角点的密度不能满足大比例尺测图或工程施工的要求时，需要利用已有的控制点进行控制点的加密。加密时，可以采用前方交会、侧方交会、后方交会和测边交会等多种方法。

一、前方交会

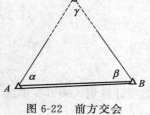

图 6-22 前方交会

如图 6-22 所示，已知 A、B 两点的坐标分别为 (x_A, y_A) 和 (x_B, y_B)，在 A、B 两点上分别设站观测 P 点，测得水平角 α 和 β，通过解算三角形计算出未知点 P 的坐标 (x_P, y_P)，这便是前方交会的基本原理。

前方交会的计算步骤如下。

（1）根据已知点坐标计算已知边的边长 S_{AB} 和坐标方位角 α_{AB}

$$S_{AB}=\sqrt{(x_B-x_A)^2+(y_B-y_A)^2} \tag{6-30}$$

$$\alpha_{AB}=\arctan\frac{y_B-y_A}{x_B-x_A} \tag{6-31}$$

（2）推算 AP 和 BP 边的边长和坐标方位角

根据正弦定理可以得到

$$\begin{cases} S_{AP}=\dfrac{S_{AB}\sin\beta}{\sin\gamma} \\[2mm] S_{BP}=\dfrac{S_{AB}\sin\alpha}{\sin\gamma} \end{cases} \tag{6-32}$$

$$\gamma=180°-(\alpha+\beta)$$

由图 6-22 可以得出 AP 和 BP 边坐标方位角为

$$\begin{cases} \alpha_{AP}=\alpha_{AB}-\alpha \\ \alpha_{BP}=\alpha_{BA}+\beta \end{cases} \tag{6-33}$$

（3）计算 P 点坐标

分别由 A 点和 B 点坐标推算 P 点的坐标，并做计算检核。

$$\begin{cases} x_P=x_A+S_{AP}\cos\alpha_{AP} \\ y_P=y_A+S_{AP}\sin\alpha_{AP} \end{cases} \tag{6-34}$$

$$\begin{cases} x_P=x_B+S_{BP}\cos\alpha_{BP} \\ y_P=y_B+S_{BP}\sin\alpha_{BP} \end{cases} \tag{6-35}$$

除了上述公式外，还可以利用余切公式（又称变形的戎格公式）直接计算 P 点坐标，即

$$\begin{cases} x_P=\dfrac{x_A\cot\beta+x_B\cot\alpha+(y_B-y_A)}{\cot\alpha+\cot\beta} \\[3mm] y_P=\dfrac{y_A\cot\beta+y_B\cot\alpha-(x_B-x_A)}{\cot\alpha+\cot\beta} \end{cases} \tag{6-36}$$

需要注意的是，在应用式（6-36）时，A、B、P 的点号必须按逆时针顺序进行排列。

为了避免外业观测错误，并提高未知点 P 的精度，一般进行前方交会定点时，要求布设成有三个已知点的前方交会，如图 6-23 所示。从 A、B、C 三个点分别向 P 点观测，测出四个角值 α_1、β_1、α_2、β_2。计算时，先按照 $\triangle ABP$ 计算 P 点坐标 x'_P、y'_P，再按照 $\triangle BCP$ 计算 P 点坐标 x''_P、y''_P。当这两组坐标的较差在容许限差范围内，则取它们的平均值作为 P 点的最后坐标。

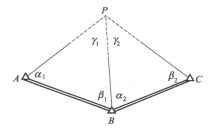

图 6-23　带检核条件的前方交会

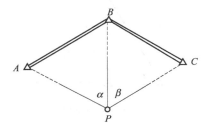

图 6-24　后方交会

二、后方交会

如图 6-24 所示，在未知点 P 上设站，向三个已知点 A、B、C 进行观测，测得水平角

α 和 β，然后根据三个已知点的坐标和两个水平角的观测值计算未知点 P 的坐标，这种方法称为后方交会。

由于后方交会可以任意设站，而且仅需架设一次仪器，所以施工现场经常采用。后方交会的计算方法很多，这里省去公式推导的过程，仅介绍其中较为简单的一个公式：

$$\begin{cases} x_P = x_B + \dfrac{a-bK}{1+K^2} \\ y_P = y_B + K\dfrac{a-bK}{1+K^2} \end{cases} \tag{6-37}$$

$$\begin{cases} a = (y_A - y_B)\cot\alpha + (x_A - x_B) \\ b = (x_A - x_B)\cot\alpha - (y_A - y_B) \\ c = -(y_B - y_C)\cot\beta + (x_B - x_C) \\ d = -(x_B - x_C)\cot\beta - (y_B - y_C) \end{cases} \tag{6-38}$$

$$K = \frac{a+c}{b+d} \tag{6-39}$$

在使用后方交会法定点时需要注意，当未知点 P 落在 A、B、C 三点构成的圆周上的任意位置时，如图 6-25 所示，α 和 β 均不变，也就是说同一组 α、β 角值可以算得无数个 P 点坐标。通常将过 A、B、C 三点的圆周称为危险圆。

在外业测量时，P 点绝对地位于危险圆上的情况比较罕见，但是在危险圆附近的情况比较容易出现，此时虽然能计算获得坐标，但坐标精度较低，因此选点时应对危险圆引起足够的重视。

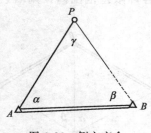

图 6-25 危险圆

三、侧方交会

如图 6-26 所示，侧方交会是指分别在已知点 A（或 B）和未知点 P 上设站，测得 α 角（或 β 角）和 γ 角，然后求出 β 角：$\beta = 180° - (\alpha + \gamma)$［或求出 α 角：$\alpha = 180° - (\beta + \gamma)$］，这样就可以利用前方交会的余切公式进行计算，求出未知点 P 点的坐标。

四、测边交会

如图 6-27 所示，测边交会法是在两个已知点上分别设站测量其至待定点间的距离 S_{AP} 和 S_{BP}，进而求得待定点坐标的一种方法。

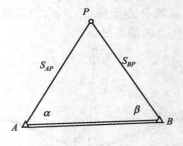

图 6-26 侧方交会   图 6-27 测边交会

首先根据两个已知点 A、B 的坐标利用式(6-30) 和式(6-31) 分别求出两个已知点之间的距离和坐标方位角。然后根据所测的距离 S_{AP} 和 S_{BP} 以及计算得到的 S_{AB}，利用余弦定理分别求出角 α 和 β 角。

$$\begin{cases} \alpha = \arccos \dfrac{S_{AB}^2 + S_{AP}^2 - S_{BP}^2}{2S_{AB}S_{AP}} \\[4mm] \beta = \arccos \dfrac{S_{AB}^2 + S_{BP}^2 - S_{AP}^2}{2S_{AB}S_{BP}} \end{cases} \tag{6-40}$$

最后再利用前方交会的余切公式进行计算，求出未知点 P 点的坐标。

第五节　全球导航卫星系统

一、概述

全球导航卫星系统（Global Navigation Satellite System）是指利用卫星信号进行导航定位的各种定位系统的统称，简称 GNSS。自从 1957 年 10 月 4 日，前苏联成功发射世界上第一颗人造地球卫星后，人们便开始了利用卫星进行定位与导航的研究，随后，卫星定位技术在大地测量学的应用也取得了惊人的发展，步入了一个崭新的时代。

目前，全世界已经投入使用的和正在建设中的导航卫星系统主要有四个。

1. GPS 全球定位导航授时系统

GPS 是由美国国防部从 1973 年开始研制的全球性、全天候、连续的无线电定位、导航、授时系统。GPS 的卫星星座由 21 颗工作卫星和 3 颗备用卫星组成。目前在全球范围内被广泛应用于军事、测量、导航、灾害监测与预警等诸多领域。

2. GLONASS 定位系统

GLONASS 定位系统是由前苏联国防部于 1978 年开始研制，前苏联解体后，俄罗斯继续完善该系统，于 1995 年建设成功，投入使用。GLONASS 星座由 27 颗工作卫星和 3 颗备用卫星组成。目前，该系统的用户主要集中于俄罗斯及其周边国家。

3. 伽利略定位系统

欧洲国家为了减少对美国 GPS 的依赖，同时也为了在卫星导航定位市场上占据一席之地，2002 年 3 月，欧盟 15 国交通部长会议一致决定，启动"伽利略"导航卫星计划。"伽利略"计划由 27 颗工作卫星和 3 颗备用卫星组成。目前，该系统正在全面建设中，预计 2013 年全部建成并提供服务，该系统是以民用为主的导航系统。值得一提的是，中国全面参与伽利略定位系统的开发与建设之中，并拥有伽利略系统的全面使用权。

4. 北斗卫星导航定位系统

北斗卫星导航定位系统是我国自主研发的全球卫星定位系统，2003 年由 3 颗地球同步卫星组成的北斗试验系统已经建成，并在 2008 年北京奥运会、汶川抗震救灾中发挥了重要作用。为更好地服务于国家建设与发展，满足全球应用需求，我国目前启动实施了北斗卫星导航系统建设。2012 年 12 月 27 日北斗系统空间信号接口控制文件正式版 1.0 正式公布，北斗导航业务正式对亚太地区提供无源定位、导航、授时服务；2013 年 12 月 27 日正式公布了《北斗系统公开服务性能规范 1.0 版》和《北斗系统空间信号接口控制文件正式版 2.0》；2014 年 11 月 23 日，北斗卫星导航系统获得国际海事组织的认可，正式成为全球无线电导航系统的组成部分，取得面向海事应用的国际合法地位；2015 年 3 月 30 日，我国成功发射了北斗导航的第 17 颗卫星，2015 年 7 月 25 日 20 时 29 分，第 18、19 颗北斗导航卫星发射升空。本次发射采用了一箭双星的发射方式，卫星使用了新一代高精度铷钟，定位、测距和授时等功能更加精确。2015 年 9 月 30 日 7 时 13 分，第 20 颗北斗导航卫星发射升空。卫星首次搭载氢原子钟，随后开展星间链路、新型导航信号体制等试验验证工作，并适时入网提供服务。2020 年将建成由 5 颗静止轨道卫星和 30 颗非静止轨道卫星组成的覆盖全球的北斗卫星导航系统。

截至目前，四套全球定位系统中，最为成熟、应用最为广泛的为美国的 GPS，本节将重点介绍 GPS 的相关内容。

二、GPS 的构成

GPS 由空间星座部分、地面监控部分和用户设备部分组成。

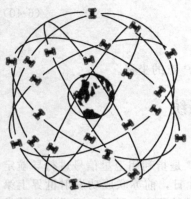

图 6-28　GPS 卫星星座示意图

GPS 空间星座部分由 21 颗工作卫星和 3 颗备用卫星组成，如图 6-28 所示，24 颗卫星均匀分布在 6 个轨道平面内，每个轨道平面均匀分布着 4 颗卫星，卫星轨道平面相对地球赤道面的倾角均为 55°，各轨道平面升交点的赤经相差 60°，在相邻轨道上，卫星的升交距角相差 30°。轨道平均高度约为 20200km，卫星运行周期为 11h 58min，地面观测者见到地平面以上的卫星颗数随时间和地点的不同而有差异，最少有 4 颗，最多有 11 颗，这样可以确保在世界任何地方、任何时间，都可以进行实时三维定位。

地面监控部分的主要任务是监视卫星的运行、确定 GPS 时间系统、跟踪并预报卫星星历和卫星钟状态、向每颗卫星的数据存储器注入导航数据。地面监控部分包括 1 个主控站、5 个监测站和 3 个注入站。主控站位于美国本土科罗拉多空间中心，它除了协调管理地面监控系统外，还负责将监测站的观测资料联合处理推算卫星星历、卫星钟差和大气修正参数，并将这些数据编制成导航电文送到注入站。主控站还可以调整偏离轨道的卫星，使之沿预定轨道运行或启用备用卫星。

监测站是在主控站控制下的数据自动采集中心，5 个监测站分别位于美国本土科罗拉多、夏威夷群岛、南大西洋的阿松森群岛、印度洋的迭哥伽西亚岛和南太平洋的卡瓦加兰岛。其主要任务是对可见卫星进行连续观测，以采集数据和监测卫星的工作状况，对所有观测数据连同气象数据传送到主控站，用以确定卫星的轨道参数。

3 个注入站分别位于南大西洋的阿松森群岛、印度洋的迭哥伽西亚岛和南太平洋的卡瓦加兰岛，其主要任务是将主控站发来的导航电文注入相应卫星的存储器，每天注入 3～4 次。此外，注入站能自动向主控站发射信号，每分钟发射一次报告自己的工作状态。

GPS 用户设备部分主要包括 GPS 接收机及天线、微处理器及其终端设备以及电源等。其中，接收机和天线是用户设备的核心部分，习惯上统称为 GPS 接收机。用户设备部分的主要任务是捕获卫星信号；跟踪并锁定卫星信号；对接收的卫星信号进行处理；测量出 GPS 信号从卫星到接收机天线间的传播时间；译出 GPS 卫星发射的导航电文；实时计算接收机天线的三维位置、速度和时间。

三、GPS 定位原理

GPS 定位的基本原理就是以 GPS 卫星和用户接收机天线之间的距离观测量为基础，并根据卫星瞬时坐标，利用距离交会来确定用户接收机所在点的三维坐标。GPS 定位的关键是测定用户接收机天线至 GPS 卫星之间的距离。依据测距的原理，其定位原理与方法主要有伪距法定位、载波相位测量定位。按定位方式不同，GPS 定位又分为绝对定位和相对定位两种。

1. 按测距的原理分类

（1）伪距测量

GPS 卫星能够按照星载时钟发射一种结构为伪随机噪声码的信号，称为测距码信号（即粗码 C/A 码或精码 P 码）。该信号从卫星发射经时间 T 后，到达接收机天线，卫星至接收机的空间几何距离 $\rho = cT$。

实际上，由于传播时间 T 中包含有卫星时钟与接收机时钟不同步的误差，测距码在大气中传播的延迟误差等，因此求得的距离值并非真正的站星几何距离，习惯上称之为"伪距"，用 ρ 表示，与之相对应的定位方法称为伪距法定位。

假设在某一标准时刻 T_a 卫星发出一个信号，该瞬间卫星钟的时刻为 t_a，该信号在标准时刻 T_b 到达接收机，此时相应接收机时钟的读数为 t_b，于是伪距测量测得的时间延迟，即为 t_b 与 t_a 之差。

由于卫星钟和接收机时钟与标准时间存在着误差，设信号发射和接收时刻的卫星和接收机钟差改正数分别为 ν_a 和 ν_b，则 $(T_b-T_a)+(\nu_b-\nu_a)$ 即为测距码从卫星到接收机的实际传播时间 ΔT。由上述分析可知，在 ΔT 中已对钟差进行了改正，但由 $c\Delta T$ 所计算出的距离中，仍包含有测距码在大气中传播的延迟误差，必须加以改正。设定位测量时，大气中电离层折射改正数为 $\delta\rho_L$，对流层折射改正数为 $\delta\rho_\tau$，则所求 GPS 卫星至接收机的真正空间几何距离 ρ 应为

$$\rho=cT-\delta\rho_L-\delta\rho_\tau \tag{6-41}$$

伪距测量的精度与测量信号（测距码）的波长及其与接收机复制码的对齐精度有关。目前，接收机的复制码精度一般取 1/100，而公开的 C/A 码码元宽度（即波长）为 293m，故上述伪距测量的精度最高仅能达到 3m（2931m/100≈3m），难以满足高精度测量定位工作的要求，而用 C/A 码测距时，通常采用窄相关技术，测距精度可达码元宽度 1/1000 左右。由于美国于 1994 年 1 月 31 日实施了 AS 技术，将 P 码和保密的 W 码进行模二相加以形成保密的 Y 码，使得民用用户只能用精度较低的 C/A 码进行测距，利用 Z 跟踪技术可对精度较高的 P 码进行相关处理，与 C/A 码相结合，可在一定程度上提高测距精度。

（2）载波相位测量

利用 GPS 卫星发射的载波为测距信号。由于载波的波长（$\lambda_{L1}=19.03cm$，$\lambda_{L2}=24.42cm$）比测距码波长要短得多，因此对载波进行相位测量，就可能得到较高的测量定位精度。

假设卫星 S 在 t_0 时刻发出一载波信号，其相位为 Φ_S；此时若接收机产生一个频率和初相位与卫星载波信号完全一致的基准信号，在 t_0 瞬间的相位为 Φ_R。假设这两个相位之间相差 N 个整周信号和不足一周的相位 Fr(Ψ)，则相位差为

$$\Phi_R-\Phi_S=\text{Fr}(\Psi)+N \tag{6-42}$$

载波信号是一个单纯的余弦波。在载波相位测量中，接收机无法判定所量测信号的整周数，但可精确测定其零数 Fr(Ψ)，并且当接收机对空中飞行的卫星做连续观测时，接收机借助于内含多普勒频移计数器，可累计得到载波信号的整周变化数 Int(Ψ)。因此，$\Psi=\text{Int}(\Psi)+\text{Fr}(\Psi)$ 才是载波相位测量的真正观测值。而 N_0 称为整周模糊度，它是一个未知数，但只要观测是连续的，则各次观测的完整测量值中应含有相同的整周模糊度，也就是说，完整的载波相位观测值应为

$$\widetilde{\Psi}=\Psi+N_0=\text{Int}(\Psi)+\text{Fr}(\Psi)+N_0 \tag{6-43}$$

与伪距测量一样，考虑到卫星和接收机的钟差改正数 ν_a、ν_b 以及电离层折射改正和对流层折射改正 $\delta\rho_L$、$\delta\rho_\tau$ 的影响，可得到载波相位测量的基本观测方程为

$$\rho=\widetilde{\Psi}\lambda$$

式中，λ 为载波波长。

代入伪距方程中，得

$$\rho=\sqrt{(X_S-X)^2+(Y_S-Y)^2+(Z_S-Z)^2}-\delta\rho_L-\delta\rho_\tau+c\nu_b \tag{6-44}$$

2. 按定位方式分类

（1）绝对定位

绝对定位是以地球质心为参考点，确定接收机天线在 WGS-84 坐标系中的绝对位置。

由于此种定位方式仅需一台接收机,因此又称为单点定位。

绝对定位的实质是空间距离后方交会。从理论上来讲,在一个测站上只需要 3 个独立距离观测量即可,即只需在一个点上能够接收到 3 颗卫星即可进行绝对定位。但是由于 GPS 采用的是单程测距原理,同时卫星钟与用户接收机钟又难以保持严格同步,造成观测的测站与卫星之间的距离均含有卫星钟和接收机钟同步差的影响,故又称为伪距测量。一般地,卫星钟钟差是可以通过卫星导航电文中所提供的相应钟差参数加以修正的,而接收机的钟差一般难以预先准确测定。因此,可以将接收机钟差作为一个位置参数与测站点坐标同步解算,即在一个测站上,为了求解 3 个点位坐标参数和 1 个钟差参数,至少要有 4 个同步伪距观测量,即在一个测站上必须至少同步观测 4 颗卫星才能准确定位。

绝对定位受到卫星星历误差、信号传播误差以及卫星几何分布影响显著,所以定位精度较低,一般来说,只能达到米级的定位精度,目前的手持 GPS 接收机大多采用该技术。此定位方式仅适用于车辆导航、船只导航、地质调查等精度要求较低的测量领域。

(2) 相对定位

GPS 相对定位也称差分 GPS 定位,是目前 GPS 测量中精度最高的定位方式,广泛地应用于各种测量工作中。相对定位是指在 WGS-84 坐标系中,确定观测站与某一地面参考点之间的相对位置,或者确定两个观测站之间的相对位置的方法。GPS 相对定位分为静态相对定位和动态相对定位两种。

① 静态相对定位   如图 6-29 所示,静态相对定位是指将两台或多台接收机分别安置在不同点上,由此构成多条基线,接收机的位置静止不动,同步观测至少 4 颗相同的卫星,确定各条基线端点在协议地球坐标系中的相对位置。

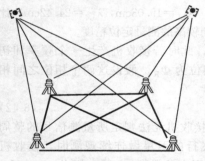

图 6-29　GPS 静态相对定位原理

静态相对定位采用载波相位观测量作为基本观测量,其精度远高于码相关伪距测量,并且采用不同载波相位观测量的线性组合可以有效地削弱卫星星历误差、信号传播误差以及接收机钟不同步误差对定位的影响。而且接收机天线长时间固定在基线端点上,可以保证足够的观测数据,可以准确地确定整周模糊度。这些优点使得静态相对定位可以达到很高的精度,一般可以达到 $10^{-6} \sim 10^{-7}$,甚至更高。

但是静态相对定位定位时间过长是其不可回避的缺点,在仅有 4 颗卫星可以跟踪的情况下,通常要观测 1~1.5h,甚至观测更长的时间,从而大大影响了 GPS 定位的效率。

② 动态相对定位   是指使用两台或多台 GPS 接收机,将一台接收机安置在基准站上固定不动,另外的一台或多台接收机安置在运动的载体上或在测区内自由移动,基准站和流动站的接收机同步观测相同的卫星,通过在观测值之间求差,以消除具有相关性的误差,提高定位精度。动态相对定位中,流动站的位置是通过确定该点相对于基准站的相对位置实现的。这种定位方法也称为差分 GPS 定位。

动态相对定位又分为以测距码伪距为观测值的动态相对定位和以载波相位为观测值的动态相对定位。

动态相对定位根据数据处理方式不同,又可分为实时处理和测后处理。数据的实时处理可以实现实时动态定位,但应在基准站和用户之间建立数据的实时传输系统,以便将观测数据或观测量的修正值实时传输给流动站。数据的测后处理是在测后进行相关的数据处理,以求得定位结果,这种数据处理方法不需要实时传输数据,也无法实时求出定位结果,但可以在测后对所测数据进行详细的分析，易于发现粗差。

四、GPS 的特点及主要误差来源

与传统测量方法相比，GPS 具有下列优点。

① 测站间无须通视，不用造标。

② 受气象条件影响较小，可以全天候作业。

③ 观测时间大大缩短。

④ 定位精度较高。

⑤ 能提供统一的全球坐标系，即 WGS-84 坐标。

⑥ 操作简单，减轻了测量工作者的劳动强度。

⑦ 测量结果均为电子数据，便于传输、成图或输入到 GIS 系统。

GPS 的测量误差主要来源于卫星星历文件、卫星钟差、电离层和对流层引起的时间延迟、多路径效应、接收机钟差、接收机噪声等，需要在测量中予以注意。

五、GPS 测量的实施

GPS 测量的实施按照其先后顺序主要包括网形设计、选点、埋设标志、外业观测、内业数据处理等工作。

1. 网形设计

GPS 测量时，控制点之间无须通视，因此网形设计时具有较强的灵活性。但是由于 GPS 测量属无线电定位，受外界环境影响较大，在网形设计时应重点考虑成果的准确可靠，一般应通过独立观测边构成闭合图形，以增加检查条件，提高网的可靠性。GPS 网的布设通常有点连式 [图 6-30(a)]、边连式 [图 6-30(b)]、网连式 [图 6-30(c)] 及边点混合连接式 [图 6-30(d)] 四种方式。

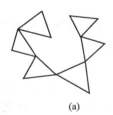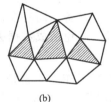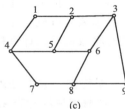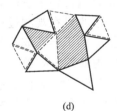

|　(a)　|　(b)　|　(c)　|　(d)　|

图 6-30　GPS 网的布网方式

虽然 GPS 控制点间无须通视，但是为了便于利用全站仪等传统仪器进行连测或加密控制点，一般要求控制点至少与另外一个控制点通视。

为了求定 GPS 网坐标与原有地面控制网坐标之间的坐标转换参数，要求至少有三个 GPS 控制点与原有地面控制点重合。同时，为了利用 GPS 控制点进行高程测量，在测区内 GPS 点应尽可能与水准点重合，或进行等级水准点连测。

2. 选点

GPS 测量各点之间不一定要通视，所以点位的选择相对要灵活一些，但是 GPS 测量有其专有的特点，在选点时需要注意以下问题。

① 控制点应视野开阔，而且易于安装接收机设备。

② 视场周围 15°以上范围内不应有过多的障碍物，以减少 GPS 信号被遮挡或障碍物吸收。

③ 点位应远离大功率无线电发射源（如电视机、微波炉等），其距离应不少于 200m，远离高压输电线，其距离应不少于 50m，以避免强电磁场对 GPS 信号的干扰。

④ 点位附近不应有大面积水域或其他强烈干扰卫星信号接收的物体，以减弱多路径效应的影响。

⑤ 点位应选在交通方便，有利于其他观测手段扩展与连测的地方。

⑥ 地面基础稳定，易于点的保存。

⑦ 选点人员应按技术设计进行踏勘，在实地按要求选定点位。

⑧ 网形应有利于同步观测及边、点连接。

⑨ 当所选点位需要进行水准连测时，选点人员应实地踏勘水准路线，提出有关建议。

⑩ 当利用旧点时，应对旧点的稳定性、完好性以及觇标是否安全可用进行检查，符合要求方可利用。

3. 埋设标志

GPS 点一般应埋设永久性标石，由于 GPS 控制点之间不必通视，所以 GPS 点不用建立高大的觇标。点位标石埋设完成后，应填写点之记、GPS 网的选点网图、土地占用批准文件与测量标志委托保管书、选点与埋石工作技术总结等资料。

4. 外业观测

外业观测是 GPS 测量的关键工作之一，根据测量方案的不同，观测方法也有所差别。观测时应注意以下问题。

① 将接收机天线架设在三脚架上，并安置在标志中心的上方，利用基座进行对中，并利用基座上的圆水准器进行整平。

② 在接收机天线的上方及附近不应有遮挡物，以免影响接收机接收卫星信号。

③ 将接收机天线电缆与接收机进行连接，检查无误后，接通电源启动仪器。

④ 根据采用的测量模式选择适当的观测时长，接收机开始记录数据后，注意查看卫星数量、卫星序号、相位测量残差、实时定位精度、存储介质记录等情况。

⑤ 观测过程中要注意仪器的供电情况，注意及时更换电池。

⑥ 接收机在观测过程中要远离对讲机等无线电设备，同时在雷雨季节要注意防止雷击。

⑦ 观测工作完成后要及时将数据导入计算机，以免造成数据丢失。

5. 内业数据处理

内业数据处理主要包括数据传输、数据处理等工作。通常情况下，GPS 接收机都会配套提供内业数据处理软件。当观测成果经检查无误后，即可利用数据处理软件，选择适当的数据处理方式，对观测数据进行解算，获得所需要的测量成果。

六、RTK 简介及应用

常规的 GPS 测量方法，如静态、快速静态、动态测量都需要事后进行解算才能获得厘米级的精度，而 RTK（Real-Time Kinematic）是能够在野外实时得到厘米级定位精度的测量方法，它采用了载波相位动态实时差分，是 GPS 应用的重大里程碑，它的出现为工程放样、地形测图，各种控制测量带来了便利，极大地提高了外业作业效率。

实时动态定位（RTK）系统由基准站、流动站和数据链组成，建立无线数据通信是实时动态测量的保证，其原理是取点位精度较高的首级控制点作为基准点，安置一台接收机作为参考站，对卫星进行续观测，流动站上的接收机在接收卫星信号的同时，通过无线电传输设备接收基准站上的观测数据，流动站上的计算机（手簿）根据相对定位的原理实时计算显示出流动站的 3 维坐标和测量精度。这样用户就可以实时监测待测点的数据观测质量和基线解算结果的收敛情况，根据待测点的精度指标，确定观测时间，从而减少冗余观测，提高工作效率。

高精度的 GPS 测量必须采用载波相位观测值，RTK 定位技术就是基于载波相位观测值的实时动态定位技术，它能够实时地提供测站点在指定坐标系中的三维定位结果，并达到厘米级精度。在 RTK 作业模式下，基准站通过数据链将其观测值和测站坐标信息一起传送给流动站。流动站不仅通过数据链接收来自基准站的数据，还要采集 GPS 观测数据，并在系统内组成差分观测值进行实时处理，同时给出厘米级定位结果，历时不到一秒钟。流动站可处于静止状态，也可处于运动状态；可在固定点上先进行初始化后再进入动态作业，也可在动态条件下直接开机，并在动态环境下完成周模糊度的搜索求解。在整周未知数解固定后，即可进行每个历元的实时处理，只要能保持四颗以上卫星相位观测值的跟踪和必要的几何图形，则流动站可随时给出厘米级定位结果。

RTK 技术的关键在于数据处理技术和数据传输技术，RTK 定位时要求基准站接收机实时地把观测数据（伪距观测值、相位观测值）及已知数据传输给流动站接收机，数据量比较大，一般都要求 9600 的波特率，这在无线电上不难实现。

RTK 的特点及应用如下。

（1）各种控制测量

传统的大地测量、工程控制测量采用三角网、导线网方法来施测，不仅费工费时，要求点间通视，而且精度分布不均匀，且在外业不知精度如何，采用常规的 GPS 静态测量、快速静态、伪动态方法，在外业测设过程中不能实时知道定位精度，如果测设完成后，回到内业处理后发现精度不合要求，还必须返测，而采用 RTK 来进行控制测量，能够实时知道定位精度，如果点位精度要求满足了，用户就可以停止观测了，而且知道观测质量如何，这样可以大大提高作业效率。如果把 RTK 用于公路控制测量、电子线路控制测量、水利工程控制测量、大地测量，则不仅可以大大减少人力强度、节省费用，而且大大提高工作效率，测一个控制点在几分钟甚至于几秒钟内就可完成。

（2）地形测图

过去测地形图时一般首先要在测区建立图根控制点，然后在图根控制点上架上全站仪或经纬仪配合小平板测图，现在发展到外业用全站仪和电子手簿配合地物编码，利用大比例尺测图软件来进行测图，甚至于发展到最近的外业电子平板测图等，都要求在测站上测四周的地形地貌等碎部点，这些碎部点都与测站通视，而且一般要求至少 2～3 人操作，需要在拼图时一旦精度不合要求还得到外业去返测，现在采用 RTK 时，仅需一人背着仪器在要测的地形地貌碎部点待上一二秒钟，并同时输入特征编码，通过手簿可以实时知道点位精度，把一个区域测完后回到室内，由专业的软件接口就可以输出所要求的地形图，这样用 RTK 仅需一人操作，不要求点间通视，大大提高了工作效率。采用 RTK 配合电子手簿可以测设各种地形图，如普通测图、铁路线路带状地形图的测设，公路管线地形图的测设，配合测深仪可以用于测水库地形图，航海海洋测图等。

（3）放样程序放样

放样程序放样是测量的一个应用分支，它要求通过一定方法采用一定仪器把人为设计好的点位在实地给标定出来。过去采用常规的放样方法很多，如经纬仪交会放样、全站仪的边角放样等。一般要放样出一个设计点位时，往往需要来回移动目标，而且要 2～3 人操作；同时在放样过程中还要求点间通视情况良好，在生产应用上效率不是很高，有时放样中遇到困难的情况会借助于很多方法才能放样。如果采用 RTK 技术放样时，仅需把设计好的点位坐标输入到电子手簿中，背着 GPS 接收机，它会提醒你走到要放样点的位置，既迅速又方便。由于 GPS 是通过坐标来直接放样的，而且精度很高也很均匀，因而在外业放样中效率会大大提高，且只需一个人操作。

第六节　高程控制测量

一、概述

前文已经指出，测定控制点高程的工作称为高程控制测量。进行高程控制测量的主要方法是水准测量，进而建立不同等级的高程控制网，即水准网。

布设全国统一的高程控制网必须利用精密水准测量的方法连测到水准原点。根据高程控制网所要求达到的精度和用途的不同，可以采用不同等级的水准测量进行连测。

水准测量分为一、二、三、四等水准测量以及等外水准测量，等外水准测量通常用于精度要求较低的图根控制网，在本书第二章中已经详细介绍，此处不赘述。

水准测量的等级不同，相应的技术要求也有较大的差异，根据《国家一、二等水准测量规范》和《国家三、四等水准测量规范》的规定，各等级的水准测量的主要技术要求参见表6-9和表6-10。

一般地，建立小地区首级高程控制网采用三、四等水准测量的方法，因此，本节将重点介绍三、四等水准测量的相关内容。

表 6-9　水准测量测站限差

等级	仪器类型	视线长度 /m	前后视距差/m	前后视距累计差/m	视线高度（下丝读数）/m	重复测量次数	基辅分划读数差 /mm	基辅分划高差之差 /mm	检测间歇点高差之差 /mm
一等	DS$_{05}$	≤30	≤0.5	≤1.5	≥0.5	—	0.3	0.4	0.7
	数字水准仪	≥4且≤30	≤1.0	≤3.0	≤2.80且≥0.65	≥3次			
二等	DS$_1$	≤50	≤1.0	≤3.0	≥0.3	—	0.4	0.6	1.0
	数字水准仪	≥3且≤50	≤1.5	≤6.0	≤2.80且≥0.55	≥2次			
三等	DS$_3$	≤75	≤2.0	≤5.0	三丝能读数	—	2.0	3.0	3.0
	DS$_1$,DS$_{05}$	≤100							
四等	DS$_3$	≤100	≤3.0	≤10.0	三丝能读数	—	3.0	5.0	5.0
	DS$_1$,DS$_{05}$	≤150							

表 6-10　往返测高差不符值与环线闭合差的限差

等级	测段、路线往返测高差不符值	附合路线闭合差	环线闭合差	检测已测测段高差之差
一等	$\pm 1.8\sqrt{K}$	—	$\pm 2\sqrt{F}$	$\pm 3\sqrt{R}$
二等	$\pm 4\sqrt{K}$	$\pm 4\sqrt{L}$	$\pm 4\sqrt{F}$	$\pm 6\sqrt{R}$
三等	$\pm 12\sqrt{K}$	平原$\pm 12\sqrt{L}$ 山区$\pm 15\sqrt{L}$	平原$\pm 12\sqrt{F}$ 山区$\pm 15\sqrt{F}$	$\pm 20\sqrt{R}$
四等	$\pm 20\sqrt{K}$	平原$\pm 20\sqrt{L}$ 山区$\pm 25\sqrt{L}$	平原$\pm 20\sqrt{F}$ 山区$\pm 25\sqrt{F}$	$\pm 30\sqrt{R}$

注：K—测段或路线长度，km；L—附合路线长度，km；F—环线长度，km；R—检测测段长度，km。

二、三、四等水准测量

1. 三、四等水准路线的布设

三、四等水准路线一般沿道路布设，尽量避开土质松软地段，水准点间的距离一般为2~4km，在城市建筑区为1~2km。水准点应选在地基稳固，能长久保存和便于观测的地方。

三、四等水准测量的主要技术要求见表6-10，在观测中，每个测站的技术要求见表6-9。

2. 三、四等水准测量的观测方法

三、四等水准测量的观测应在通视良好、望远镜成像清晰稳定的情况下进行，并需采用

DS₃ 及更高精度的水准仪进行观测。观测时，一般采用双面尺法进行观测。双面尺法采取的是"后—前—前—后"观测顺序，如下。

① 观测后视水准尺的黑面，读取上、中、下三丝读数，并记入观测手簿（表 6-11）中，分别对应填入（2）、（3）、（1）位置。

表 6-11　三（四）等水准观测手簿

测自	BM₁		至		A		2010 年 10 月 16 日	
时刻始	9		时	30		分	天气：	晴
末	10		时	20		分	成像：	清晰

测站编号	后尺　下丝　上丝	前尺　下丝　上丝	方向及尺号	标尺读数 黑面	标尺读数 红面	K 加黑减红 /mm	高差中数 /m
	后视距	前视距					
	视距差 d	累计差 Σd					
	（1）	（4）	后	（3）	（8）	（14）	
	（2）	（5）	前	（6）	（7）	（13）	
	（9）	（10）	后—前	（15）	（16）	（17）	（18）
	（11）	（12）					
1	1328	1515	后 BM₁	1116	5805	−2	
	0904	1103	前 TP₁	1309	6096	0	
	42.4	41.2	后—前	−193	−291	−2	−0.192
	+1.2	+1.2					
2	1586	1153	后 TP₁	1310	6097	0	
	1033	602	前 TP₂	877	5562	2	
	55.3	55.1	后—前	433	535	−2	+0.434
	+0.2	+1.4					
3	1338	1723	后 TP₂	1110	5798	−1	
	882	1256	前 TP₃	1489	6275	1	
	45.6	46.7	后—前	−379	−477	−2	−0.378
	−1.1	+0.3					
4	1265	2219	后 TP₃	975	5765	−3	
	683	1628	前 A	1924	6612	−1	
	58.2	59.1	后—前	−949	−847	−2	−0.948
	−0.9	−0.6					
			后				
			前				
			后—前				
每页检核	Σ(9)=201.5 −Σ(10)=202.1 =−0.6 =4 站(12)	Σ(3)=4.511 −Σ(6)=5.599 −1.088 Σ(15)=−1.088	Σ(8)=23.465 −Σ(7)=24.545 −1.080 Σ(16)=−1.080				Σ(15)=−1.088 +Σ(16)=−1.080 −2.168 2Σ(18)=−2.168

② 观测前视水准尺的黑面，读取上、中、下三丝读数，并记入观测手簿中，分别对应填入（5）、（6）、（4）位置。

③ 观测前视水准尺的红面，读取中丝读数，并记入观测手簿中的（7）位置。

④ 观测后视水准尺的红面，读取中丝读数，并记入观测手簿中的（8）位置。

"后—前—前—后"观测顺序的优点是可以减弱仪器下沉误差的影响。概括起来，每个测站共需读取 8 个读数，并需要立即进行测站计算与检核，满足三、四等水准测量的有关限差要求后方可迁站。

3. 三、四等水准测量的测站计算与检核

三、四等水准测量的测站计算与检核包括视距计算、尺常数 K 检核、高差计算与检核、每页水准测量记录计算检核四个部分。

（1）视距计算

视距计算是根据前、后视的上、下视距丝读数来计算前、后视的视距。

后视视距：$(9)=[(1)-(2)]\times100$。

前视视距：$(10)=[(4)-(5)]\times100$。

前后视距差：$(11)=(9)-(10)$，三等水准测量中，视距差不得超过 2m，四等水准测量中，视距差不得超过 3m。

前后视距累计差：$(12)=$ 上一站的 $(12)+$ 本站的 (11)，三等水准测量中，前后视距累计差不得超过 5m，四等水准测量中，前后视距累计差不得超过 10m。

（2）尺常数 K 检核

三、四等水准测量必须采用双面水准尺，水准尺的黑面刻划都从零开始，而红面刻划一根尺从 4.687m 开始，另一根尺从 4.787m 开始，这里的 4.687 或 4.787 便称为尺常数 K。并产生了尺常数 K 检核，即同一根水准尺红、黑面中丝读数之差，应等于该尺的尺常数 K，因此在记录手簿中：

$$(13)=(6)+K-(7)$$
$$(14)=(3)+K-(8)$$

规范要求，(13)、(14) 的大小，在三等水准测量中不得超过 2mm，四等水准测量中不得超过 3mm。

（3）高差计算与检核

利用前、后视水准尺的黑、红面中丝读数分别计算该站的高差，即

黑面高差：$\quad(15)=(3)-(6)$

红面高差：$\quad(16)=(8)-(7)$

由于配对使用的水准尺尺常数相差 0.100m，所以，如果没有观测误差，(15) 和 (16) 应相差 0.100m，即

红、黑面高差之差：$(17)=(15)-(16)\pm0.100=(14)-(13)$

对于三等水准测量，要求 (17) 不得超过 3mm，对于四等水准测量，要求 (17) 不得超过 5mm。

红黑面高差之差在容许范围以内时，取其平均值作为该测站的观测高差，即

$$(18)=\{(15)+[(16)\pm0.100]\}/2$$

（4）每页水准测量记录计算检核

为了防止计算出错，应在记录手簿每页的最后对这一页的计算进行总体计算检核，主要包括以下几项。

高差检核：$\qquad\sum(3)-\sum(6)=\sum(15)$

$$\sum(8)-\sum(7)=\sum(16)$$

$$\sum(15)+\sum(16)=2\sum(18)\text{（适用于偶数站的情况）}$$

或 $\qquad\sum(15)+\sum(16)=2\sum(18)\pm100\text{mm}\text{（适用于奇数站的情况）}$

视距差检核：$\sum(9)-\sum(10)=$ 本页末站 $(12)-$ 前页末站 (12)

本页总视距：本页总视距 $=\sum(9)+\sum(10)$

计算实例见表 6-11。

4. 三、四等水准测量成果计算

三、四等水准测量的内业计算与本书第二章所介绍的方法相同。

三、三角高程测量

三角高程测量是一种间接测定未知点高程的方法，常用于两点之间地形起伏较大，水准测量难以实施之处。与水准测量相比，三角高程测量精度较低，常用于山区地形测量、航测外业等。

1. 三角高程测量的基本原理

三角高程测量的基本原理是根据测站点和目标点间的水平距离以及其竖直角来计算两点的高差。如图 6-31 所示，假设 A 点高程已知为 H_A，需要求未知点 B 的高程 H_B。在 A 点安置仪器，照准 B 点的目标顶端，测得其竖直角为 α，A、B 两点的水平距离为 S，同时量取仪器高为 i，目标高为 ν，则可以得到两点的高差 h_{AB} 为

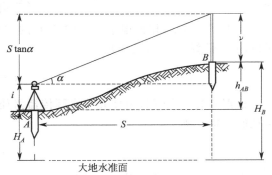

图 6-31　三角高程测量原理

$$h_{AB} = S\tan\alpha + i - \nu \tag{6-45}$$

B 点的高程为

$$H_B = H_A + h_{AB} \tag{6-46}$$

2. 地球曲率和大气折光对高差的影响

得出式(6-45) 的前提条件是用水平面代替大地水准面，即把大地水准面看做平面，而且仅适用于观测视线为直线的情况，当两点之间的距离小于 300m 时是适用的。如果两点之间的距离大于 300m，则必须考虑地球曲率带来的影响，需要加上地球曲率的改正数，称为球差改正。同时，由于大气密度不同，造成观测视线受大气折光的影响而形成了一条向上凸起的弧线，产生了误差，必须加入大气垂直折光差改正，称为气差改正。以上两项改正合称为球气差改正，简称二差改正。

如图 6-32 所示，O 点为地球中心，R 为地球曲率半径（$R = 6371$km），S 为地面点 A、B 之间的实测水平距离，$\overset{\frown}{PE}$ 和 $\overset{\frown}{AF}$ 分别为过仪器中心 P 点和测站点 A 点的水准面，曲线 $\overset{\frown}{PN}$ 为实际光程曲线。当位于 P 点的望远镜指向与 $\overset{\frown}{PN}$ 相切的 PM 方向时，由于大气折光的影响，由 N 点反射出的光线恰好落在望远镜的横丝上。即仪器置于 A 点上测得直线 PM 的竖直角为 α。由图可以看出，BF 为 A、B 两点的真实高差 h_{AB}；GE 是由于地球曲率而产生的误差，即球差 c；MN 是由于大气折光而产生的误差，即气差 γ；EF 即为仪器高 i。可以得到

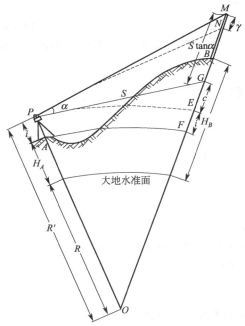

图 6-32　球气差对三角高程测量的影响

$$h_{AB} = BF = MG + EF + EG - BN - MN \tag{6-47}$$

即
$$h_{AB} = S\tan\alpha + i + c - \nu - \gamma \tag{6-48}$$

由图 6-32 可以看出，△OPG 为直角三角形，因此得到
$$(R' + c)^2 = R'^2 + S^2 \tag{6-49}$$

即
$$c = \frac{S^2}{2R' + c} \tag{6-50}$$

考虑到 c 与 R' 相比很小，式(6-50) 的右端中 c 可以略去，又考虑到 R' 与 R 相差甚小，所以用 R 代替 R'，因此得出

$$c = \frac{S^2}{2R} \tag{6-51}$$

根据研究，大气折射使光线实际传播路径为一近似圆弧，而且其曲率半径约为地球曲率半径的 7 倍，则

$$\gamma = \frac{S^2}{14R} \tag{6-52}$$

根据以上两式可以得出二差改正数为

$$f = c - \gamma = \frac{S^2}{2R} - \frac{S^2}{14R} \approx 0.43\frac{S^2}{R} = 6.7S^2 \text{ (cm)} \tag{6-53}$$

式中，S 为水平距离，km。

3. 三角高程测量的观测和计算

三角高程测量分为一、二两级，其对向观测较差不应大于 $0.02S$(m) 和 $0.04S$(m)。若符合要求，取两次高差的平均值。

对图根小三角点进行三角高程测量时，竖直角 α 用 DJ$_6$ 级经纬仪进行 1~2 个测回，为了减少折光差的影响，目标高不应小于 1m，仪器高 i 和目标高 ν 用钢尺量出。

三角高程测量路线应组成闭合或附合路线，每边均取对向观测。观测结果列于三角高程路线略图上，其路线高差闭合差的容许值按下式计算：

$$f_{h容} = \pm 0.05\sqrt{\sum S^2} \text{ (m)} \tag{6-54}$$

若 $f_h \leq f_{h容}$，则将闭合差按与边长成正比反符号分配给各段高差，再按照调整后的高差推算各点的高程。

思考题与习题

1. 控制测量分为哪两类？各有什么作用？
2. 建立平面控制网的主要方法有哪些？各有什么优缺点？
3. 导线的布设形式有哪几种？导线外业选点时应该注意哪些问题？
4. 导线内业计算的目的是什么？计算的基本步骤是什么？
5. 计算图 6-33 所示闭合导线各点的坐标值。
6. 计算图 6-34 所示附合导线各点的坐标值。
7. 小三角网的布设形式有哪几种？其内业计算的步骤是什么？
8. 前方交会、后方交会、侧方交会、测边交会各需要哪些已知数据？各适用于什么场合？
9. 全球导航卫星系统由哪些部分组成？各部分的作用是什么？
10. 卫星绝对定位和相对定位的基本原理各是什么？
11. GPS 外业测量时，在选点和观测时应注意哪些问题？
12. 三、四等水准测量与等外水准测量在观测和计算方面有哪些异同之处？
13. 三角高程测量的基本原理是什么？

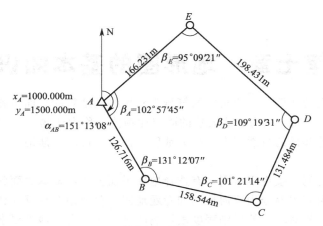

图 6-33　题 5 图

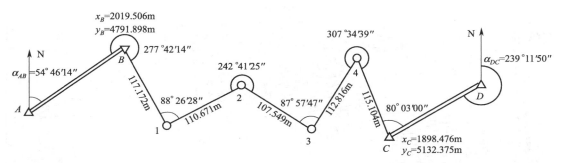

图 6-34　题 6 图

第七章　地形图的基本知识

地形图是按一定的比例尺，用规定的符号表示地物、地貌的平面位置和高程的正射投影图，如图 7-1 所示。地面上人为的或天然的固定性物体，称为地物，例如：房屋、道路、河流等；地球表面高低起伏的自然形态，称为地貌，例如：山岭、洼地、斜坡等。地物和地貌总称为地形。

地图是以一定比例，按规定法则，有选择地在平面上表示地球表面各种自然现象和社会现象的图。地图按照其内容分为普通地图和专题地图。普通地图是反映地表基本要素的一般特征的地图，它是以相对均衡的详细程度表示制图区域各种自然地理要素（例如：水系、植被、地貌等）和社会经济要素（例如：行政区域划分、居民点、交通线路等）的基本特征、

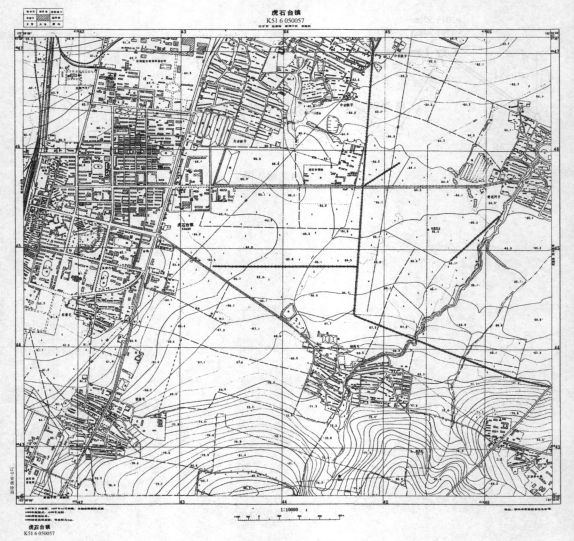

图 7-1　城市地形图

分布规律及其相互关系的图，例如：中国地图、地形图等。专题地图是根据专业需要着重反映自然和社会现象中的某一种或几种专业要素的地图，集中表现某种主题内容的图，例如：地籍图、地质图、旅游图等。

第一节　地形图的比例尺

一、比例尺的表示方法

图上一段直线长度与地面上相应线段的实际水平长度之比，称为图的比例尺。比例尺有以下几种表示方法。

1. 数字比例尺

数字比例尺是分子为1、分母为整数的分数。设图上一段直线长度是 d，对应的实地长度是 D，则该图的比例尺为

$$\frac{d}{D}=\frac{1}{\dfrac{D}{d}}=\frac{1}{M} \tag{7-1}$$

式中，M 为数字比例尺分母。

式(7-1)的分数值越大（M 值越小），比例尺越大。数字比例尺一般写成 1：500、1：1000、1：2000 等形式。

2. 图示比例尺

最常见的图示比例尺是直线比例尺，如图 7-2 所示为 1：500 的直线比例尺。取 2cm 长度为基本单位，从直线比例尺上可以读出基本单位的 1/10，可估读到 1/100。

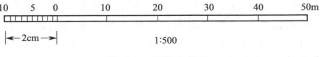

图 7-2　直线比例尺

二、地形图按比例尺分类

地形图按比例尺的大小分为大比例尺地形图、中比例尺地形图和小比例尺地形图。通常把 1：500、1：1000、1：2000、1：5000 比例尺的地形图称为大比例尺图，把 $1：1×10^4$、$1：2.5×10^4$、$1：10×10^4$ 比例尺地形图称为中比例尺地形图，把 $1：20×10^4$、$1：50×10^4$、$1：100×10^4$ 以上的图称为小比例尺地形图。

大比例尺地形图在实际生产生活中有着广泛的用途，如表 7-1 所示：

表 7-1　大比例尺地形图的用途

比例尺	用　　途
1：500	初步设计、施工图设计，城镇、工矿总图管理，竣工验收等
1：1000	
1：2000	可行性研究、初步设计、矿山总图管理、城镇详细规划等
1：5000	可行性研究、总体规划、厂址选择、初步设计等

中比例尺地形图是国家的基本图，由国家测绘部门负责测绘，目前大部分采用航空摄影测量的方法成图。小比例尺地形图一般由中比例尺图缩小编绘而成。大比例尺地形图可以采用平板仪、经纬仪测绘，目前一般采用全站仪或 GPS-RTK 测量，大面积测图时也采用航空摄影测量结合补调绘的方法成图。

三、比例尺精度

人们用肉眼能分辨的图上最小距离为 0.1mm，因此，把相当于图上 0.1mm 的实地水平距离称为比例尺精度，即比例尺精度＝0.1M（mm）。显然，比例尺越大，其比例尺精度也越高。工程常用大比例尺地形图的比例尺精度，如表 7-2 所示。

表 7-2　常用大比例尺地形图的比例尺精度

比例尺	1∶500	1∶1000	1∶2000	1∶5000	1∶10000
比例尺精度/m	0.05	0.1	0.2	0.5	1.0

比例尺精度的概念对于测图和用图都有很重要的意义，根据比例尺精度可以知道地面上量距应准确到什么程度，测图比例尺应根据用图的需要来确定。例如测绘 1∶2000 比例尺的地形图，实地测量距离只需取到 0.2m，因为若量得更精细，在图上是无法表示出来的。例如要在图上反映出 5cm 的细节，则所选用的比例尺不应小于 1∶500。比例尺越大，地图表示得越详细，精度也越高，但是，一幅图所能容纳的地面面积也就越小，而且测绘成本也就越高，所以应该根据实际需要，选择适当的比例尺进行测图。

第二节　地形图的分幅和编号

为了便于编图、印刷、管理和查询，需要对地形图进行分幅和编号。地形图分幅和编号有两种方法：一种是经纬网梯形分幅法或国际分幅法；另一种是坐标格网正方形或矩形分幅法。前者用于国家基础比例尺地形图，后者用于工程建设大比例尺地形图。

一、经纬网梯形分幅方法

同其他国家一样，我国也是以 $1∶100×10^4$ 地图为基础，按规定的经差和纬差统一划分图幅，即梯形分幅，从而使相邻比例尺地图的数量成为简单的倍数关系。经纬线分幅的优点是每个图幅都有明确的地理概念，缺点是经纬线被画成了曲线，相邻图幅不能拼接。

1. 原有地形图分幅和编号方法

1991 年以前地形图的分幅和编号系统是以 1∶1000000 地形图为基础，划分出 1∶500000、1∶250000、1∶100000 三种比例尺地形图；在 1∶100000 的基础上，划分出 1∶50000 和 1∶10000 比例尺地形图；由 1∶50000 延伸出 1∶250000 比例尺地形图。

（1）1∶1000000 地形图的分幅和编号

1∶1000000 地形图的分幅和编号是国际上统一规定的，从赤道起算，每纬差 4 度为一行，至北极各分为 22 行，依次用大写拉丁字母 A，B，C，…，V 表示其相应行号；从 180 度经线起算，自西向东每经差 6 度为一列，全球分为 60 列，依次用阿拉伯数字 1，2，3，…，60 表示其相应列号，如图 7-3 所示；由经线和纬线所围成的每一个梯形小格为一幅 1∶1000000 地形图，它们的编号由该图所在的行号与列号组合而成，例如北京所在的 1∶1000000 地形图的图号为 J-50，如图 7-4 所示。

（2）1∶100000 比例尺地形图分幅和编号

将一幅 1∶1000000 地形图按经差 30′、纬差 20′ 划分为 144 幅 1∶100000 的地形图。编号方法是从左至右、从上至下用阿拉伯数字 1～144 加在 1∶1000000 图号的后面，例如北京某地：北纬 39°54′30″，东经 116°28′25″，图幅编号为 J-50-5，如图 7-5 所示。

（3）1∶50000、1∶25000 和 1∶10000 地形图的分幅和编号

这三种比例尺的分幅编号都是以 1∶100000 比例尺地形图为基础的。每幅 1∶100000 的图，分成 4 幅 1∶50000 的图，分别在 1∶100000 的图号后写上各自的代号 A、B、C、D。

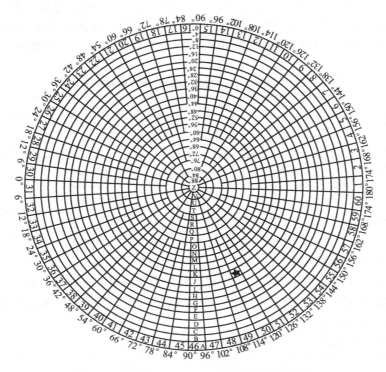

图 7-3　北半球 1∶1000000 地形图分幅和编号

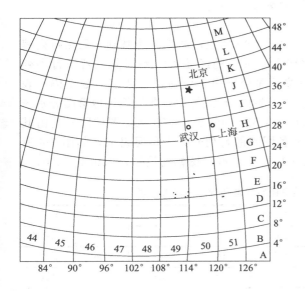

图 7-4　北京 1∶1000000 地形图分幅和编号

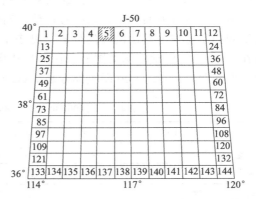

图 7-5　1∶100000 地形图分幅和编号

每幅 1∶5000 的图又可分为 4 幅 1∶50000 的图，分别在 1∶100000 的图号后写上各自的代号 A、B、C、D。每幅 1∶50000 的图又可分为 4 幅 1∶2.50000 的图，分别以 1、2、3、4 编号。每幅 1∶100000 的图分为 64 幅 1∶10000 的图，分别以（1）、（2）、…、（64）表示。北京某地上述三种比例比图的图幅编号见表 7-3。

（4）1∶5000、1∶2000 地形图的分幅和编号

1：5000 和 1：2000 比例尺图的分幅编号是在 1：10000 的图的基础上进行的。每幅 1：10000 的图分为 4 幅 1：5000 的图，分别在 1：10000 的图号后面写上各自的代号 a、b、c、d。每幅 1：5000 的图又分成 9 幅 1：2000 的图，分别以 1、2、…、9 表示，图幅的大小及编号见表 7-3。

表 7-3 1：100000～1：2000 地形图经纬差和编号关系表

比例尺		1：100000	1：50000	1：2.50000	1：10000	1：5000	1：2000
图幅范围	经差	30′	15′	7′30″	3′45″	1′52.5″	37.5″
	纬差	20′	10′	5′	2′30″	1′15″	25″
在上一行比例尺图中所包含的幅数		在 1：1000000 图幅有 144 幅	4 幅	4 幅	在 1：100000 图上幅有 64 幅	4 幅	4 幅
北京某地的图幅编号		J-50-5	J-50-5-B	J-50-5-B-2	J-50-5-(15)	J-50-5-(15)-a	J-50-5-(15)-a-9

2. 新地形图的分幅和编号

1991 年我国制定了《国家基本比例尺地形图分幅和编号》的国家标准，规定自 1991 年起新测和更新的地形图，按照此标准进行分幅和编号。新系统与原有系统相比，划分方法没有变化，但图幅编号方法有较大变化。

（1）1：1000000 地形图的分幅和编号

新的 1：1000000 地形图编号是由该图行号（字符码）和列号（数字码）组合而成，只是行、列的称呼与旧版本相反，即把列和行对换，横向为行，纵向为列，且由"列-行"式改为"行列"式。例如北京 1：1000000 地形图的编号为 J50。

（2）1：500000～1：5000 地形图的编号

1：500000～1：5000 地形图的编号均以 1：1000000 的地形图编号为基础，采用行列编号方法，即将 1：1000000 地形图按所含各比例尺地形图的经差和纬差划分成若干行和列（详见表 7-4），横行从上到下、纵列从左到右按顺序分别用三位阿拉伯数字（数字码）表示，不足三位者前面补零，取行号在前、列号在后的排列形式标记；各比例尺地形图分别采用不同的字符作为其比例尺的代码（见表 7-5）；1：500000～1：5000 地形图的图号均由其所在 1：1000000 地形图的图号、比例尺代码和各图幅的行列号共十位码组成，如图 7-6 所示。例如北京 1：250000 图幅编号是 J50C002003；1：100000 图幅的编号是 J50D010010。

表 7-4 1：1000000～1：5000 地形图经纬差和行、列数关系表

比例尺		1：1000000	1：500000	1：250000	1：100000	1：50000	1：2.50000	1：10000	1：5000
图幅范围	经差	6°	3°	1°30′	30′	15′	7′30″	3′45″	1′52.5″
	纬差	4°	2°	1°	20′	10′	5′	2′30″	1′15″
行列数量关系	行数	1	2	4	12	24	48	96	192
	列数	1	2	4	12	24	48	96	192

表 7-5 各种比例尺地形图符号代码表

比例尺	1：500000	1：250000	1：100000	1：50000	1：2.50000	1：10000	1：5000
代码	B	C	D	E	F	G	H

注：1：1000000 代码是 A，未列出。

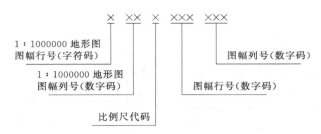

图 7-6　1：500000～1：5000 国家基本比例尺地形图图号构成

二、矩形分幅方法（正方形分幅方法）

大比例尺地形图通常采用以统一的坐标格网线划分分幅的，图幅的比例尺、图幅大小、实地面积，图幅数见表 7-6。

表 7-6　矩形分幅及面积

比例尺	图幅大小/cm²	实地面积/km²	一幅 1：5000 图所含图幅数
1：5000	40×40	4	1
1：2000	50×50	1	4
1：1000	50×50	0.25	16
1：500	50×50	0.0625	64

地形图按矩形分幅常用的编号方法有两种。

1. 图幅西南角坐标编号方法

以每幅图的西南角坐标值（x，y）的千米数作为该图幅的编号，如图 7-7 所示为 1：1000 比例尺的地形图，按照图幅西南角坐标编号法分幅，其中画阴影线的两幅图的编号分别为 3.0-1.5，2.5-2.5。这种方法的编号和测区的坐标值联系在一起，便于按照坐标查询。

2. 基本图幅编号方法

将坐标原点置于城市中心，X 与 Y 坐标轴将城市分为Ⅰ，Ⅱ，Ⅲ，Ⅳ四个象限，如图 7-8（a）所示。以城市地形图最大比例尺 1：500 图幅为基本图幅，图幅大小是 50cm×40cm，实地范围为东西 250m，南北 200m。按照坐标的绝对

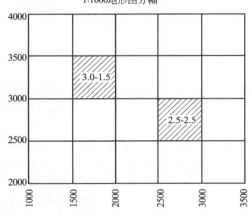

图 7-7　图幅西南角坐标编号法分幅

值 $x=0～200m$ 编号为 1，$x=200～400m$ 编号为 2……$y=0～250m$ 编号为 1，$y=250～500m$ 编号为 2……依此类推。x，y 中间以"/"分隔，称为图幅号。图 7-8（b）所示为 1：500 比例尺图幅在第一象限中的编号。每 4 幅 1：500 图构成 1 幅 1：1000 图，每 16 幅 1：500 图构成 1 幅 1：2000 图，因此同一地区 1：1000 和 1：2000 图幅编号如图 7-8（c）和图 7-8（d）所示。

基本图幅编号方法的优点是：根据编号很容易看出地图的比例尺，其图幅坐标范围也较容易计算。例如，某幅图编号为Ⅱ39-40/53-54，可知该图幅为 1：1000 图，位于第二象限（城市的东南区），其坐标值范围为

$$x：-200m×(39-1)～-200m×40=-7600～-8000m$$

$$y：250m×(53-1)～250m×54=13000～13500m$$

另外，已知某点坐标，即可推算在其比例尺的图幅编码。例如，在上海某点坐标

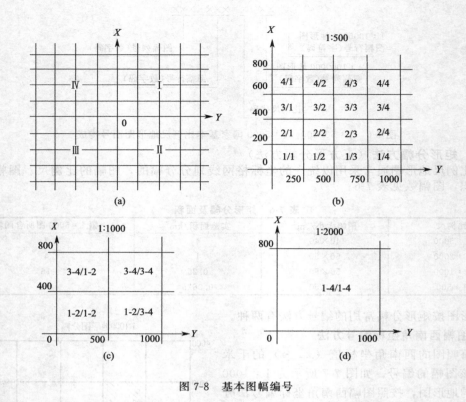

图 7-8　基本图幅编号

（7650，－4378），已知其在第四象限，所在 1：1000 比例尺地形图图幅的编码可以算出：

$$n_1 = [\mathrm{int}(\mathrm{abs}(7650))/400] \times 2 + 1 = 39$$
$$m_1 = [\mathrm{int}(\mathrm{abs}(-4378))/500] \times 2 + 1 = 17$$

式中，int 括号中内容取整数，abs 括号中内容取绝对值。

因上海在 1：1000 比例尺的第四象限代码用 H 表示，所以该点编码为 H039-017。

第三节　地形图的图外注记

为了更好地诠释地形图所反映的地物内容，地形图还包括很多的图外注记，例如图名、图号、接图表、比例尺、图廓线等。

一、图号、图名、接图表

图号是统一分幅编号，以确定地图所在的位置。图名是地图的名称，选用图幅内最著名的地名，最大的村庄，突出的地物、地貌等的名称，沙漠等特殊地区也用图号作为地图的图名。接图表是在地图图廓的左上方，画有该幅图四邻各图名（或图号）的略图，中间一个画有斜线的代表本图幅。

二、比例尺和图廓线

图廓线即地图的图框，包括内图廓和外图廓。在每幅图的外图廓下方中央位置均注有该图幅的比例尺，有的还注有直线比例尺。

三、经纬度及坐标格网

梯形分幅的地形图，可以根据图上的经纬度的情况确定图上任一点地理坐标。矩形分幅的地形图可以通过坐标格网确定图上任一点的平面直角坐标和任一直线的方向线。

四、地形图的坐标系统和高程系统

一般在地形图图廓的左下角标注该图的坐标系统和高程系统以及等高距。

对于 $1:10\times10^4$ 或者更小比例尺的地形图，通常采用国家统一的高斯平面直角坐标系。当用图范围较小时，也可采用把测区作为平面看待的工程独立坐标，例如建筑工程和矿区等。

高程系统方面，我国大部分地形图采用的是"1956 年黄海高程系"或者"1985 年国家高程基准"，但也有一些地方性高程系统，例如上海及其邻近地区采用"吴淞高程系"。各种高程系统之间只需加减一个常数即可以进行转换。

地形图有唯一一个等高距，读图时对间曲线和助曲线要格外注意，详见本章第五节。

五、测图单位、时间、方式、人员

大多数地形图在外图廓的左侧下方会注有该图测绘的单位，例如"辽宁省×××测绘院"。在外图廓的左下角标注该图测绘的时间和方式，例如"2006 年航测成图"。一些地形图还会在外图廓的右下角标注有"测量员"、"绘图员"、"审核"等，需要相关人员签字确认。

除了以上图外注记，一些地形图还包括三北方向关系图和坡度比例尺等图外注记。

第四节　地形图图式

为了方便测图与用图，用各种符号将实地上地物和地貌在图上表示出来，这些符号总称为地形图图式。图式是国家测绘局统一制定的，它是测图与用图的重要依据。表 7-7 所示为 $1:500$、$1:1000$、$1:2000$ 比例尺的一些常用的地形图图式。

图式中的符号有三种：地物符号、地貌符号和注记。

一、地物符号

地物符号分为比例符号、半比例符号和非比例符号。

比例符号即按照测图的比例尺，将地物缩小、用规定的符号画出的地物符号，以面状地物为主，例如房屋、旱田、林地等，也有部分线状地物，如桥梁。不同使用类型的土地一般以虚线确定某种土地使用类型的范围，以相对应的符号按照一定的分布原则进行填充。

半比例符号适用于长度能够按照比例尺缩小后画出，而宽度不能按照比例尺表示的地物，以线状地物为主，例如围墙、篱笆、栅栏等。

非比例符号用来表示轮廓较小，无法按照比例缩小后画出的地物，例如三角点、水井、电线杆等，只能用特定的符号表示它的中心位置。非比例符号多以点状地物为主。不同地物符号定位点即符号表示地物的中心位置也有所区别，一般分为符号中心、符号底线中心、符号底线拐点等。

二、地貌符号

地貌是指地球表面的各种起伏形态，包括山地、丘陵、高原、平原、盆地等。地形图上表示地貌的方法有很多种，目前最常用的是等高线法。对于峭壁、悬崖等特殊地貌，不便使用等高线法时，则注记相应的符号。

三、注记

为了表明地物的种类和特征，除用相应的符号表示外，还需配合一定的文字和数字加以说明。如地名、县名、村名、路名、河流名称、水流方向以及等高线的高程和散点的高程等。

表 7-7　地形图图式

编号	名称	图例	编号	名称	图例
1	坚固房屋 4——房屋层数	坚4　　1.5	9	水稻田	0.2　2.0　10.0
2	普通房屋 2——房屋层数	2　　1.5	10	旱地	1.0 2.0 10.0
3	窑洞 1——住人的 2——不住人的 3——地面下的	1　25 20　2　3	11	灌木林	0.5 1.0
4	台阶	0.5m　0.5　0.5	12	菜地	2.0 2.0 10.0
5	花圃	1.5 1.5 10.0	13	高压线	4.0
6	草地	1.5 0.8 10.0	14	低压线	4.0
7	经济作物地	0.8 3.0 蔗 10.0	15	电杆	1.0 o
			16	电线架	
8	水生经济作物地	3.0 藕 0.5	17	砖、石及混凝土围墙	10.0　0.5 0.3 10.0
			18	土围墙	10.0 0.5

续表

编号	名　称	图　例	编号	名　称	图　例
19	栅栏、栏杆	1.0　10.0	32	烟囱	3.5　1.0
20	篱笆	1.0　10.0	33	气象站（台）	3.0　4.0　1.2
21	活树篱笆	3.5　0.5　10.0　1.0　0.8	34	消火栓	1.5　1.5　2.0
22	沟渠 1——有堤岸的 2——一般的 3——有沟堑的		35	阀门	1.5　1.5　2.0
			36	水龙头	3.5　2.0　1.2
			37	钻孔	3.0　1.0
23	公路	0.3　沥：砾　0.3	38	路灯	1.5　1.0
24	简易公路	8.0　2.0	39	独立树 1——阔叶 2——针叶	1　3.0　1.5　0.7　2　3.0　0.7
25	大车路	0.15　碎石　0.3			
26	小路	4.0　1.0　0.3			
27	三角点 凤凰山——点名 394.486——高程	凤凰山 394.468　3.0	40	岗亭、岗楼	90°　3.0　1.5
28	图根点 1——埋石的 2——不埋石的	1　2.0　N16　84.46　2　1.5　25　2.5　62.74	41	等高线 1——首曲线 2——计曲线 3——间曲线	0.15　87　1　0.3　85　2　0.15　6.0　3　1.0
29	水准点	2.0　Ⅱ京石5　32.804			
30	旗杆	1.5　4.0　1.0　1.0			
31	水塔	2.0　3.0　1.0　1.2	42	示坡线	0.8

编号	名　称	图　例	编号	名　称	图　例
43	高程点及其注记	0.5 • 163.2　　🌲 75.4	45	陡崖 1——土质的 2——石质的	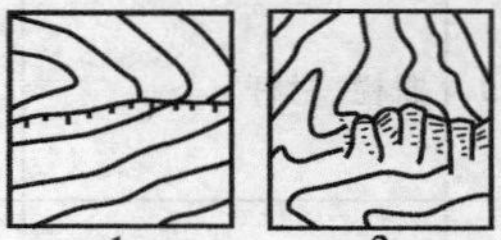 1　　　2
44	滑坡	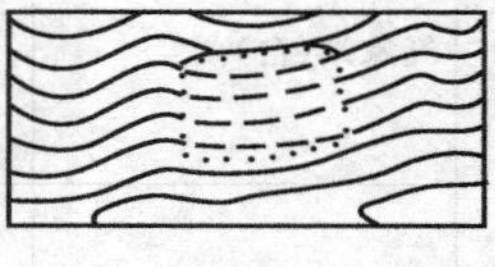	46	冲沟	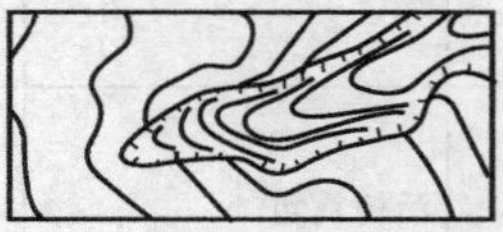

第五节　等　高　线

一、等高线的概念

等高线是目前表示地貌最常用的方法，等高线是地面上高程相等的相邻点连接而成的闭合曲线。等高线的绘制原理是等距离水平面切割地貌形成的截口线投影到水平面上而形成的。即将一座山按照固定的高差水平切割，每个切割面与山的交线都可以看做一条等高线，将这些等高线沿着铅垂方向投影到水平面上（正射投影），最后再按照一定比例缩放到图上，就形成了一张等高线地形图。每个切割面的高程就是对应等高线的高程值。相邻两条等高线的高差，称为等高距，一般用 h 表示，图 7-9 中，$h=5\text{m}$。相邻等高线之间的水平距离称为等高线平距，一般用 d 表示，它随着地面起伏状况而变化。

h 与 d 的比值称为地面的坡度，一般用 i 表示，即

$$i=\frac{h}{d} \tag{7-2}$$

坡度一般用百分率表示，向上为正，向下为负，例如 $i=+2\%$，$i=-3\%$。

在图上按照基本等高距描绘的等高线称为首曲线；为了便于读图，每隔四条首曲线加粗一条等高线称为计曲线，线上注有高程；个别地方坡度过缓，用基本等高线无法表示，可按 $1/2$ 等高距用虚线表示，称为间曲线；如果再无法表示，可以采用 $1/4$ 等高距表示，或根据需要任意表示，称为助曲线。

二、几种典型地貌的等高线表示方法

1. 典型地貌的名称

地貌是地形图要表示的重要信息之一，种类千姿百态、错综复杂，但基本形态可以归纳为山头、山脊、山谷、山坡、鞍部、洼地、绝壁等，如图 7-10 所示。

2. 山头和洼地

图 7-11 是山头和洼地的等高线对比图。它们投影到水平面上是一组闭合曲线，从高程注记上可以区分山头和洼地，也可以在等高线上加绘示坡线（图中的短线），示坡线的方向指向低处。

3. 山脊、山谷和山坡的等高线

图 7-12 为山脊等高线和山谷等高线。山脊的等高线是一组凸向低处的曲线，各条曲线方向改变处的连接线即为山脊线。山谷的等高线为一组凸向高处的曲线，各条曲线方向改变

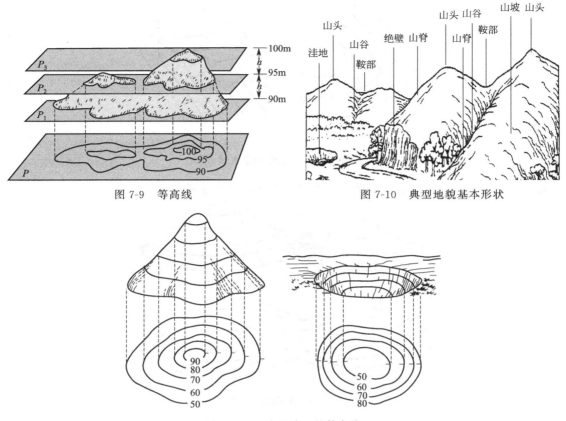

图 7-9　等高线

图 7-10　典型地貌基本形状

图 7-11　山头和洼地的等高线

处的连接线即为山谷线。山脊和山谷的两侧是山坡，山坡的等高线近于平行线。

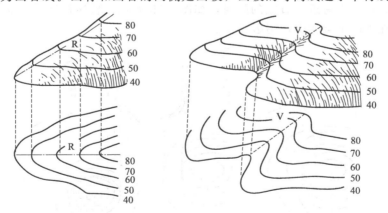

图 7-12　山脊的等高线和山脊线、山谷等高线和山谷线

降雨时，雨水必然以山脊线为分界线流向山脊的两侧，所以山脊线又称分水线。而雨水也必然由两侧的山坡汇集到山谷中，然后再沿着山谷线流出，所以山谷线又称汇水线或集水线，如图 7-13 所示。在地区规划设计及施工建设中，必须要考虑地表水流的方向以及分水线和集水线等问题，因此，山谷线和山脊线在地形图测绘和应用中具有重大的意义。

4. 鞍部的等高线

鞍部在相对的两个山脊和山谷的会聚处，如图 7-14 中的 S 处。鞍部两侧的等高线是相

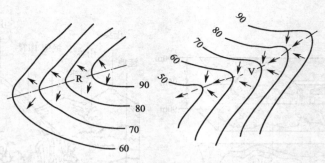

图 7-13　分水线和集水线

对称的，所以鞍部在道路选取上是一个重要的节点，越岭道路常经过鞍部。

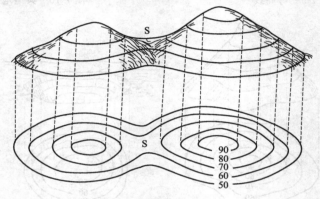

图 7-14　鞍部的等高线

5. 绝壁和悬崖

绝壁又称陡崖，它和悬崖都是由于地壳运动而产生的。绝壁因为有陡峭的崖壁，所以等高线比较密集，地图上有近乎直立的陡崖，如图 7-15 所示。悬崖是近乎直立而下部凹入的绝壁，等高线在地图上会相交，用虚线表示。

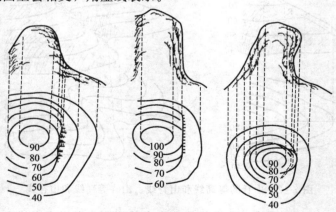

图 7-15　绝壁和悬崖的等高线

三、等高线的特性

等高线具有以下特性。

① 同一条等高线上的各点高程相等。

② 等高线是一条闭合曲线，不在同一幅图内闭合，则必定跨越多幅闭合，且不能中断。

③ 不同高程的等高线不能相交。当等高线重叠时，表示陡坎或绝壁。

④ 等高线平距与坡度成正比。在同一幅图上，平距小表示坡度陡，平距大表示坡度缓，平距相等表示坡度相同。换句话说，坡度陡的地方等高线密，坡度缓的地方等高线稀。

⑤ 山脊线（分水线）、山谷线（集水线）均与等高线垂直相交。

思考题与习题

1. 比例尺为 1：5000 的地形图，坐标精度是多少？写出计算过程。

2. 某地经纬度坐标是北纬 42°16′45″、东经 123°43′14″，在新、旧两种地图分幅和编号方法中，所在图幅的编号各是多少？

3. 地形图接图表的作用是什么？

4. 地物符号包括哪几种？举例说明。

5. 等高线有哪几种？其特性有哪些？

6. 图 7-16 中虚线或字母表示地形部位，分别判断①～④是什么地形部位？

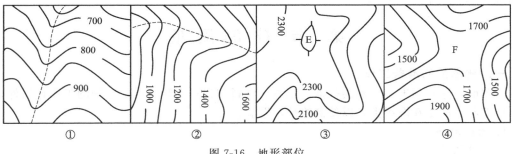

图 7-16　地形部位

7. 图 7-17 有地形部位，将地形名称的代号填在图中恰当位置。A 代表鞍部、B 代表陡崖、C 代表山脊、D 代表山谷。

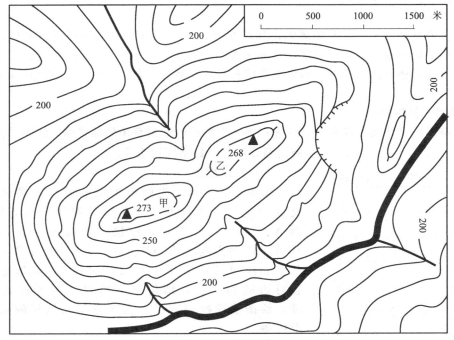

图 7-17　地形部位

第八章　大比例尺地形图的测绘

图根控制测量工作结束后，就可以用图根点作为测站点，测出各地物、地貌特征点的位置和高程，按规定的比例尺缩绘到图纸上，加绘地物、地貌符号，即成地形图。地物、地貌特征点统称为碎部点；测定碎部点的工作称为碎部测量，也称地形测绘。测绘大比例尺地形图的方法有经纬仪测绘法、小平板仪与经纬仪联合测绘法、大平板仪测绘法及摄影测量方法等，施测时，若图根点的密度不能满足测图要求，则需增设测站点，通常用视距支导线、平板仪导线及平板仪前方交会等方法来增设测站点。目前由于小平板仪和大平板生产厂家越来越少，因此使用经纬仪测绘法测绘大比例尺地形图成为常用方法。

第一节　碎　部　测　量

一、测图前的准备工作

测图前，除必须准备的测绘仪器、工具、资料和根据实际情况拟定测图工作计划外，还必须将控制点展绘在图纸上，以便测绘地形图。

1. 图纸准备

（1）绘图纸

测绘地形图通常用质量较好的绘图纸。对于为满足某项工程需要的临时性测图，可将绘图纸直接固定在图板上进行测绘。而对于需要长期保存的图，为了减少图纸变形，应将图纸裱糊在锌板、铝板或胶合板上。

（2）聚酯薄膜

聚酯薄膜是一种无色透明的薄膜，其厚度为 0.05～0.1mm。表面经过打毛后，便可代替图纸使用。聚酯薄膜具有透明度好、伸缩性小、不怕潮湿等优点，使用保管都很方便。如果表面不清洁，还可用水洗涤。但聚酯薄膜有易燃、易折和老化等缺点，故使用保管时应注意防火、防折。

2. 绘制坐标格网

为了准确可靠地展绘控制点，应先在图纸上精确地绘制直角坐标格网。绘制的方法通常有对角线法、坐标格网尺法等。

（1）对角线法

如图 8-1 所示，先画出图纸的两条对角线，从其交点 O 起以适当长度沿对角线量取四个相等的线段，得 A、B、C、D 四点，连接此四点成一矩形。然后从 A、D 两点起各沿 AB、DC 每隔 10cm 取一点；再从 A、B 两点起各沿 AD、BC 每隔 10cm 取点，连接各对边的相应点，即得坐标格网。为了保证绘图精度，绘图前应检查直尺是否平直、比例尺的长度是否准确等。

坐标格网绘好后，应进行检查，其检查项目和精

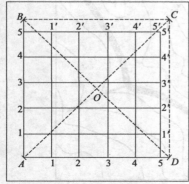

图 8-1　坐标格网

度要求是：方格网线粗不应超过 0.1mm，方格网边长与理论长度之差不超过图上 0.2mm；纵横方格网线应严格正交，对角线上各交点应在一条直线上，方格网对角线长度与 14.14cm 之差不应超过 0.3mm。

（2）坐标格网尺法

坐标格网尺是一种特制的金属直尺，如图 8-2 所示。它适用于绘制 50cm×50cm 的坐标

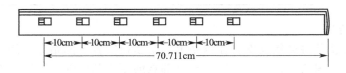

图 8-2　坐标格网尺

格网。格网尺上每隔 10cm 有一小孔，全尺共有六孔，每孔内有一斜面，左端第一孔的斜面下边缘为一直线，线上刻有零点，其余各孔和尺末端的下绕线都是以零点为圆心，分别以 10cm、20cm、…50cm 及 70.711cm 为半径的圆弧。图中 70.711cm 是边长为 50cm 的正方形对角线长度，供截取对角线时使用。除上述两种方法外，还有用坐标格网仪绘制坐标格网和展绘控制点，则更能提高精度和效率。也可直接购买绘制好格网的聚酯薄膜纸。

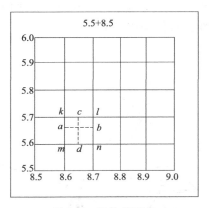

图 8-3　展绘控制点

3. 展绘控制点

坐标格网绘好后，可按测区所分图幅，将坐标格网线的坐标标注在相应格网边线的外侧（图 8-3）。展点时，根据控制点 A 的坐标（$x_A = 5.665$，$y_A = 8.640$）确定其位置在方格内的位置展绘在图纸上，如图 8-3 所示，把各控制点都展绘在图纸上后，用尺量取各相邻控制点之间的距离，与相应的实地距离比较是否符合，其差值不得超过图上距离的 0.3mm。

二、碎部测量方法

碎部测量的方法和碎部点的选择得当与否，将直接影响测图的质量和速度。须根据测区内地物、地貌情况及测图比例尺，正确选择碎部点，合理选择施测方法。

1. 碎部点的选择

如第一章所述，碎部点应选在地物、地貌的特征点上。对于地物，碎部点应选在地物轮廓线的方向变化处，如房角、道路转折点及河流岸边线的弯曲点等。由于地物形状极不规则，一般规定凡地物凸凹长度在图上大于 0.4mm 均应表示出来。如 1：500 比例尺的测图，对实地凸凹大于 0.2m 的；1：1000 比例尺测图，对实地凸凹大于 0.4m 的都要进行施测。对地貌来说、碎部点则应选在最能反映地貌特征的山脊线、山谷线等地性线上，如山脊、山谷、山头、鞍部、最高点与最低点等所有坡度变化及方向变化处。图 8-4 是依地貌情况所选择的碎部点位图。为了能详尽表示实地情况，在地面平坦或坡度无

图 8-4　地貌的碎部点选择图

显著变化的地方，应按表 8-1 的要求选择足够多的碎部点。

表 8-1　地形点间距

测图比例尺	地形点最大间距/m	最大视距/m		测图比例尺	地形点最大间距/m	最大视距/m	
		主要地物点	次要地物点和地形点			主要地物点	次要地物点和地形点
1：500	15	60	100	1：2000	50	180	250
1：1000	30	100	150	1：5000	100	300	350

2. 经纬仪测绘法

经纬仪测绘法就是将经纬仪安置在测站上，绘图板安置于测站旁，用经纬仪测定碎部点的方向与已知方向之间的夹角，测定测站至碎部点的距离和碎部点高程。然后根据测定数据按极坐标法用量角器和比例尺把碎部点的平面位置展绘在图纸上，并在点的右侧注明其高程，对照实地描绘地形图。此法操作简单、灵活，不受地形限制，适用于各类地区的测图工作。具体操作如下。

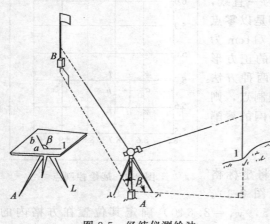

图 8-5　经纬仪测绘法

① 安置仪器　如图 8-5 所示，安置经纬仪于测站点 A，量取仪器高 i，并填入记录手簿。

② 定向　置水平度盘读数为 0°，后视控制点 B。

③ 立尺　立尺员依次将尺立在地物或地貌特征点上。在立尺之前，立尺员应先弄清施测范围和实地情况，选定主要立尺点，并与观测员、绘图员商量跑尺路线。立尺点的数量视测区的地物、地貌分布情况而定，原则上要求做到测点均匀，一点多用，不调点，不废点。一般地区碎部点的最大间距和最大视距可参照表 8-1；城市建筑区的最大视距参见表 8-2 的规定。

表 8-2　地物点最大视距

测图比例尺	最大视距/m	
	主要地物点	次要地物点和地形点
1：500	50(量距)	70
1：1000	80	120
1：2000	120	200

④ 观测　转动照准部，瞄准立于 1 点上的标尺，用视距法读尺间隔、竖盘读数、中丝读数，最后读取水平角 β。同法观测其他碎部点。

⑤ 记录　对每个碎部点测得的尺间隔、中丝读数、竖盘读数及水平角均应依次填入手簿，如表 8-3 所示。对于特殊的碎部点还应在备注栏中加以说明，如房角、山顶、鞍部等。

⑥ 计算　依视距、竖直角 α 计算得平距和高差（见下文），并算出碎部点的高程。

⑦ 刺点　用小针将量角器的圆心插在图上测站 a 处，转动量角器，将碎部点方向与起始方向的夹角值对在起始方向线上，则量角器的零方向便是碎部点的方向。再在零方向线上

用测图比例尺按测得的平距定出碎部点的位置（图8-5），并在点的右侧注明其高程。"注"字要求字头朝北，字体端正。

表 8-3 碎部点记录计算手簿

测站：A 后视点：B 仪器高 $i=1.42$m 指标差 $x=0$m 测站高程 $H_A=207.40$m

点号	尺间隔 l/m	中丝读数	竖盘读数	竖直角 $+\alpha$	初算高差 $\pm h'$/m	改正数 $(i-\nu)$	改正后高差 $\pm h$/m	水平角 β	水平距离	高程 /m	备注
1	0.760	1.42	93°28′	−3°28′	−4.59		−4.59	275°25′	75.7	202.8	
2	0.750	2.42	93°00′	−3°00′	−3.92	−1.00	−4.92	372°30′	74.7	202.5	
3	0.514	1.42	91°45′	−1°45′	−1.57	0	−1.57	7°40′	51.4	205.8	鞍部
4	0.257	1.42	87°26′	+2°34′	+1.15	0	+1.15	178°20′	25.6	208.6	

第二节 视 距 测 量

视距测量是用望远镜内视距丝装置（图8-6），根据光学原理同时测定距离和高差的一种方法。这种方法具有操作方便、速度快、一般不受地形限制等优点。虽然精度较低，但能满足测定碎部点位置的精度要求，因此被广泛应用于地形测量中。

视距测量所用的主要仪器有经纬仪、平板仪等。

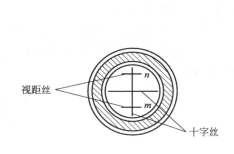

图 8-6 十字丝板

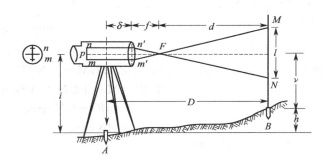

图 8-7 视距测量原理

一、视线水平时的距离与高差公式

如图8-7所示，欲测定 A、B 两点间的水平距离 D 及高差 h，可在 A 点安置经纬仪，B 点立一视距尺。使望远镜视准轴水平并瞄准 B 点的视距尺，对光后，尺上 M、N 点的实像与视距丝上 m、n 点相重合。设 M、N 间距为 l（称为尺间隔），视距丝间距为 p，物镜焦距为 f，视距尺至物镜焦点 F 的距离为 d，仪器中心至物镜的距离为 δ，由 $\triangle m'n'F$ 与 $\triangle MNF$ 相似可得

$$\frac{d}{l}=\frac{f}{p}$$

则

$$d=\frac{f}{p}l$$

A、B 两点间的水平距离为

$$D=d+f+\delta$$

即

$$D=\frac{f}{p}l+(f+\delta)$$

令 $\dfrac{f}{p}=K$，$f+\delta=c$，则

$$D=Kl+c \tag{8-1}$$

式中，K 是为视距乘常数，其数值一般为 100；c 为加常数。

对于内对光望远镜，采用凹透镜对光，在设计时已考虑使加常数 c 趋近于零，所以式 (8-1) 可改写为

$$D=Kl \tag{8-2}$$

同时，由图 8-7 可求出 A、B 之间的高差：

$$h=i-\nu \tag{8-3}$$

式中，i 为仪器高，是桩顶到仪器水平轴的高度；ν 为瞄准高，是十字丝中丝在尺上的读数。

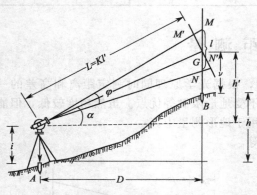

图 8-8 视线倾斜视距测量原理图

二、视线倾斜时的距离与高差公式

在地势起伏较大的地区进行视距测量时，必须使视线倾斜才能读取尺间隔，如图 8-8 所示。由于视线不垂直于视距尺，故上述公式均不适用。如果将尺间隔 MN 换算为与视线垂直的尺间隔 $M'N'$，这样，用内对光望远镜时，就可按式 (8-2) 计算倾斜距离 L，然后再根据 L 和竖直角 α 算出水平距离 D 及高差 h。

由于 φ 角很小，约为 $34'$，故可把 $\angle GM'M$ 和 $\angle GN'N$ 近似地视为直角，而 $\angle M'GM=\angle N'GN=\alpha$，由此得到 MN 与 $M'N'$ 的关系：

$$M'N'=M'G+GN'=MG\cos\alpha+GN\cos\alpha$$
$$=(MG+GN)\cos\alpha$$
$$=MN\cos\alpha$$

设 $M'N'=l'$，则

$$l'=l\cos\alpha$$

对于内对光望远镜，根据式 (8-2) 得倾斜距离为

$$L=Kl'=Kl\cos\alpha$$

从图 8-8 可看出，A、B 的水平距离为

$$D=L\cos\alpha=Kl\cos^2\alpha \tag{8-4}$$

又可从图中清楚地看出，A、B 的高差 h 计算公式为

$$h=h'+i+\nu \quad (h' \text{为初算高差})$$

而

$$h'=L\sin\alpha=Kl\cos\alpha\sin\alpha$$
$$=\frac{1}{2}kl\sin2\alpha \tag{8-5}$$

故

$$h=\frac{1}{2}Kl\sin2a+i-\nu \tag{8-6}$$

在实际工作中，应尽可能使瞄准高 ν 等于仪器高 i，以简化高差 h 的计算。式 (8-4)、式 (8-5) 是视距测量计算的基本公式。

三、影响视距测量精度的主要因素

影响视距测量精度的主要因素有垂直折光、视差、读数凑整误差、视距乘常数的误差和

标尺倾斜误差等。

① 垂直折光影响　视距尺不同部分的光线通过不同密度的空气层到达望远镜，越接近地面的空气折光影响越显著。经验证明，当视距丝接近地面在视距尺上读数时，100m 的距离误差可达 1.5m，并且这种误差与距离的平方成比例地增加。在夏天太阳光下，这种折光很大。

② 视差的影响　视距丝的影像位于望远镜视野十字纵丝的两端，并且两丝相距较大，当读两丝读数时，就需变动瞳孔位置，才能分别读出读数。这时，若有视差存在，由于视距尺影像与视距丝平面不重合，视距丝所截尺上的读数便含有误差。这种误差与距离成比例地增加。

③ 读数凑整误差的影响　在视距尺上读数时，常常是凑整成一个分划或半个分划读出，这种误差一般为 ±5mm，对实际距离的影响为 5m。

④ 视距尺倾斜所引起误差的影响　视距尺倾斜对距离的影响，其相对误差公式为

$$\frac{m'_D}{D}=\frac{\delta}{3438}\tan\alpha \tag{8-7}$$

式中，δ 为视距尺倾斜角，$(')$；α 为竖直角；m'_D 为视距尺倾斜所引起的距离误差。

将不同的 α、δ 代入式(8-7)，计算出相对误差列入表 8-4。

表 8-4　视距尺倾斜所引起的距离误差

$\dfrac{m'_D}{D}$　δ 　　　α	30′	1°	2°	3°	$\dfrac{m'_D}{D}$　δ 　　　α	30′	1°	2°	3°
5°	$\dfrac{1}{1310}$	$\dfrac{1}{655}$	$\dfrac{1}{327}$	$\dfrac{1}{218}$	20°	$\dfrac{1}{315}$	$\dfrac{1}{150}$	$\dfrac{1}{80}$	$\dfrac{1}{50}$
10°	$\dfrac{1}{650}$	$\dfrac{1}{325}$	$\dfrac{1}{162}$	$\dfrac{1}{108}$	30°	$\dfrac{1}{200}$	$\dfrac{1}{100}$	$\dfrac{1}{50}$	$\dfrac{1}{30}$

由表 8-4 看出，尺身倾斜对视距精度的影响极大，在山区更为显著。

根据实验，在平坦地区用目估尺身垂直、倾斜 2° 不易发觉，在陡坡地段倾斜 3° 不易发觉，因此当地面坡度大于 8° 时，应在尺上附设水准器，才能恢复尺倾斜小于 30′。

⑤ 视距乘常数误差的影响　视距乘常数 K 的误差，主要来源于测定误差及温度变化的影响。一般规定 K 的误差应小于 0.2m，若是在 99.95～100.05m 之间，便可把它当成 100m。

另外，竖直角的测量误差对视距测量精度虽有影响，但不显著，故不予分析。

在以上这些因素的影响下，平坦地区的视距精度一般在 1/300 左右，若条件较差，精度还要降低；当地面坡度超过 8° 时，如果能保证尺身倾斜在 ±30′ 之内，其精度可达到 1/200 左右。

四、视距测量注意事项

① 由于垂直折光的影响使竖立视距尺的视距精度无法提高，而视距横尺可以减小这种影响，这便是视距横尺的优点。若用竖立视距尺，在夏天太阳下作业，应使视线离开地面 1.5m。

② 作业时要小心地消除视差，读数时尽量不要变动眼睛的位置。

③ 作业时，要将视距尺竖直，并要在视距尺上装水准器。

④ 要严格检验视距乘常数，若 K 值不在 99.95～100.05 的范围内，应编制改正表，以便改正。

⑤ 视距尺应是厘米刻划的直尺，若使用塔尺，各节尺的接合要严格准确。

第三节　地形图的绘制

当碎部点展绘在图上后，就可对照实地描绘地物的等高线。如果测区范围较大，还应对各图幅衔接处进行拼接，最后经过检查与整饰，才能获得合乎要求的地形图。

一、地物的测绘

地物一般可分为两大类：一类是自然地物，如河流、湖泊、森林、草地、独立岩石等；另一类是经过人类物质生产活动改造了的人工地物，如房屋、高压输电线、铁路、公路、水渠、桥梁等。所有这些地物都要在地形图上表示出来。

1. 地物在地形图上的表示原则

凡是能依比例尺表示的地物，则将它们水平投影位置的几何形状相似地描绘在地形图上，如房屋、河流、运动场等，或是将它们的边界位置表示在图上，边界内再绘上相应的地物符号，如森林、草地、沙漠等。对于不能依比例尺表示的地物，在地形图上以相应的地物符号表示在地物的中心位置上，如水塔、烟囱、纪念碑、单线道路、单线河流等。

测绘地物必须根据规定的测图比例尺，按规范和图式的要求，经过综合取舍，将各种地物表示在图上，并将地物的形状特征点测定下来（例如，地物的转折点、交叉点、曲线上的弯曲交换点、独立地物的中心点等）便得到与实地相似的地物形状。

2. 居民地的测绘

测绘居民地根据所需测图比例尺的不同，在综合取舍方面不同，对于居民地的外轮廓，都应准确测绘，其内部的主要街道以及较大的空地应区分出来，对散列式的居民地，独立房屋分别测绘。测绘房屋时，只要测出房屋三个房角的位置，即可确定整个房屋的位置。

3. 公路的测绘

公路在图上一律按实际位置测绘。在测量方法上有的采用将标尺立于公路路面中心，有的采用将标尺交错立在路面两侧，也可以用将标尺立在路面的一侧，实量路面的宽度，作业时可视具体情况而定。公路的转弯处、交叉处、标尺点应密一些，公路两旁的附属建筑物都应按实际位置测出，公路的路堤和路堑的测绘方法与铁路相同。

大车路一般指农村中比较宽的道路。有的还能通行汽车，但是没有铺设路面。这种路的宽度大多不均匀，道路部分的边界不十分明显。测绘时可将标尺立于道路中心，以地形图图式规定的符号描绘于图上。

人行小路主要是指居民地之间来往的通道，田间劳动的小路一般不测绘。上山小路应视其重要程度选择测绘。如该地区小路稀少应减少舍去。测绘时标尺立于道路中心，由于小路弯曲较多，标尺点的选择要注意弯曲部分的取舍。既要使标尺点不致太密，又要正确表示小路的位置。

人行小路若与田埂重合，应绘小路不绘田埂。有些小路虽不是直接由一个居民地通向另一个居民地，但它与大车路、公路或铁路相连，这时应根据测区道路网的情况决定取舍。

4. 水系的测绘

水系包括河流、渠道、湖泊、池塘等地物，通常无特殊要求时均以岸边为界。

5. 植被的测绘

测绘植被是为了反映地面的植物情况，所以要测出各类植物的边界，用地类界符号表示其范围，再加注植物符号和说明。

二、地貌的测绘

地表上高低起伏的自然形态，称为地貌，如高山、平原、洼地等。在大、中比例尺地形图中是以等高线来表示地貌的。测绘等高线与测绘地物一样，首先需要确定地形特征点，然后连接地性线，便得到地貌整个骨干的基本轮廓，按等高线的性质，再对照实地情况就能描绘出等高线。

勾绘等高线时，首先轻轻描绘出山脊线、山谷线等地性线，再根据碎部点的高程勾绘等高线；不能用等高线表示的地形，如悬崖、峭壁、土坎、土堆、冲沟、雨裂、乱石堆等，应按图式规定的符号表示。由于各等高线的高程是等高距的整数倍，而测得的地形点高程，绝大多数不是等高距的整倍数，因此必须在相邻的地形点间按比例内插出高程为整米数的点，这些点位就是等高线通过的位置。图 8-9 是根据地形点的高程，用内插法勾绘的等高线图。

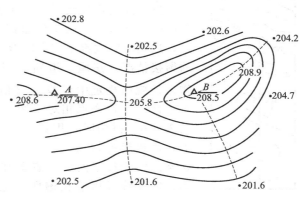

图 8-9　内插法勾绘的等高线

由于地形点是选在坡度变化和方向变化处，这样相邻两点间的坡度可视为均匀坡度。所以，在内插等高线时，等高线的平距与高差应成正比。如图 8-10 所示，两地形点高程分别为 202.8m 和 207.4m，其间有高程为 203m、204m、205m、206m 及 207m 的五条等高线通过，依上述原理得知，它们在地形图上的位置应是 m、n、o、p、q。在实际勾绘时，可根据这一原理用图解法或目估法定出各等高线通过的位置，连接相邻的等高点即为等高线。图解法具体做法如图 8-11 所示，在透明纸上绘出数条间隔相等的平行线，并在各线两端注以 0～10 的数字。使用时先将透明纸放在高程为 202.8m、207.4m 的 1、A 两点连线上，并使 1 点放在平行线间 2.8 处，然后将透明纸绕 1 点转动，直至 A 点通过平行线间 7.4 处止，再将 1A 线与各平行线的交点刺到图上，即得高程为 203m、204m、205m、206m 及 207m 等高线通过的位置。先画计曲线，再画首曲线，并注意图上山脊线、山谷线及示坡线的特性，参照实际地形可绘出符合实际的地形图。地形图上等高距的选择可参照表 8-5。

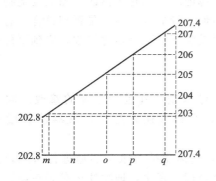

图 8-10　等坡法内插

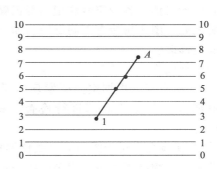

图 8-11　图解法内插

表 8-5　等高距选择　　　　　　　　单位：m

比例尺 地面倾斜角	1：500	1：1000	1：2000	1：5000	备　注
0°～6°	0.5	0.5	1	2	等高距为 0.5m 时，高程可注至厘米，其余均注至分米
6°～15°	0.5	1	2	5	
15°以上	1	1	2	5	

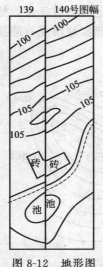

图 8-12 地形图
的拼接

三、地形图的拼接、检查与整饰

地形图在野外作业完毕之后，还要进行拼接、整饰与检查等工作。

1. 地形图的拼接

当测区面积较大时，整个测区必须划分为若干幅图，这样，在相邻图幅的连接处，由于测量误差和绘图误差的影响，无论是地物轮廓线，还是等高线都不完全吻合。图 8-12 表示左、右图幅在相邻边界处的衔接情况，房屋、道路、等高线都有偏差。如果其差值不超过地物、地貌所规定中误差 $2\sqrt{2}$ 倍时，可按两幅图上地物、地貌的平均位置修正。地物点相对于图根点的位置中误差与等高线高程中误差见表 8-6。拼图时，用宽 $3\sim4\text{cm}$ 的透明纸条，盖在左图幅的拼接边上，用铅笔把格网线、地物、等高线等都描在透明纸上，然后再把这条透明纸按格网线位置盖在右图幅的衔接边上，同样用铅笔将地物、等高线等描绘在透明纸上。这样就可看出相应地物或等高线的偏差情况。如偏差不超过上述规定，则可取其平均位置，然后据此改正相邻图幅的原图。

表 8-6　地物点高程中误差

地 区 类 别	地物点位置中误差/mm		等高线高程中误差(等高距倍数)		
	主要地物	次要地物	0°~6°	6°~15°	15°以上
一般地区	±0.6	±0.8	$\dfrac{1}{3}$	$\dfrac{1}{2}$	1
城市建筑区	±0.4	±0.6			

2. 地形图的检查

为了确保地形图质量，除施测过程中加强检查外，当地形图绘完以后，本小组应再做一次全面检查，称为自检。然后根据具体情况，由上级组织互检或专门检查。图的检查工作可分为室内检查和外业检查两种，外业检查又分为巡视检查和仪器检查两种。

（1）室内检查

室内检查包括：图根点的数量是否合乎规定；手簿记录计算有无错误；图上的地物、地貌是否清晰易读；各种符号注记是否正确；等高线与地貌特征点的高程是否相符合，有无矛盾可疑之处；图边拼接有无问题等。如果发现有错误或疑点，不可随意修改，应到野外进行实地检查修改。

（2）外业检查

① 仪器检查　根据室内所发现的问题到野外设站检查，并进行必要的修改。同时要对已有图根点及主要碎部进行检查，看原测图是否有错或误差超限；仪器检查量一般为 10%。

② 巡视检查　对于图面上未做仪器检查的部分，仍需手持图纸与实地进行对照，主要检查地物、地貌有无遗漏，用等高线表示的地貌是否合理、真实，地物注记是否正确。

3. 地形图的整饰

当原图经过拼接和检查后，还应清绘和整饰，使图面更加清晰、美观。整饰的次序是先图内后图外，先地物后地貌，先注记后符号。图上的注记、地物以及等高线均按规定的图式进行注记和绘制，但应注意等高线不能通过注记和地物。最后，应按图式要求写出图名、比例尺、坐标系统及高程系统、施测单位、测绘者及测量日期等。如是独立坐标系统，还需画出指北方向。

第四节　数字化测图方法

一、概述

数字化测图（digital surveying & mapping，简称 DSM）是近几十年来发展起来的一种全新的测绘地形图方法。从广义上说，数字化测图应包括：利用电子全站仪或其他测量仪器进行野外数字化测图；利用手扶数字化仪或扫描数字化仪对传统方法测绘的原图的数字化；以及借助解析测图仪或立体坐标量测仪对航空摄影、遥感相片进行数字化测图等技术。利用上述技术将采集到的地形数据传输到计算机，并由功能齐全的成图软件进行数据处理、成图显示，再经过编辑、修改，生成符合国标的地形图。最后将地形数据和地形图分类建立数据库，并用数控绘图仪或打印机完成地形图和相关数据的输出。

上述以电子计算机为核心，在外连输入、输出硬件设备和软件的支持下，对地形空间数据进行采集、传输、处理、编辑、入库管理和成图输出的整个系统，称为自动化数字测绘系统。目前，市场上比较成熟的大比例尺数字化测图软件主要有以下四种：①清华山维新技术开发有限公司开发的 EPSW 全息测绘系统。②广州南方测绘仪器公司（South）开发的 CASS6.1。③北京威远图仪器公司（WelTop）开发的 SV300。④广州开思测绘软件公司（SCS）开发的 SCS GIS2000。这些数字化测图软件一般都应用了数据库管理技术并具有 GIS 前端数据采集功能，其生成的数字地形图可以多种格式文件输出并可以供某些 GIS 软件读取。它们都是在 AutoCAD 平台上开发的，其优点是可以充分利用 AutoCAD 强大的图形编辑功能。虽然上述数字化测图软件都是在 AutoCAD 平台上开发的，但它们的图形数据和地形编码一般互不兼容。因此，在同一个城市的各测绘生产单位，应根据本市的实际和需求选择同一种数字化测图软件，以便统一全市的数字化测图工作。

数字化测绘不仅是利用计算机辅助绘图，减轻测绘人员的劳动强度，保证地形图绘制质量，提高绘图效率，更具有深远意义的是，由计算机进行数据处理，并可以直接建立数字地面模型和电子地图，为建立地理信息系统提供了可靠的原始数据，以供国家、城市和行业部门的现代化管理，以及工程设计人员进行计算机辅助设计（CAD）使用。提供地图数字图像等信息资料已成为政府管理部门和工程设计、建设单位必不可少的工作，正越来越受到各行各业的普遍重视。

二、野外数字化数据采集方法

1. 数据采集的作业模式

数字化测图的野外数据采集作业模式主要有野外测量记录、室内计算机成图的数字测记模式和野外数字采集、便携式计算机实时成图的电子平板测绘模式。

图 8-13 为利用电子全站仪在野外进行数字地形测量数据采集的示意图，也可采用普通测量仪器施测、手工键入实测数据。从图中可看出，其数据采集的原理与普通测量方法类似，所不同的是全站仪不仅可测出碎部点至已知点间的距离和角度，而且还可直接计算出碎部点的坐标，并自动记录。

由于地形图不是在现场测绘，而是依据电子手簿中存储的数据，由计算机软件自动处理，并控制数控绘图仪自动完成地形图的绘制，这就存在野外采集的数据与实地或图形之间的对应关系问题。为使绘图人员或计算机能够识别所采集的数据，便于对其进行处理和加工，必须对仪器实测的每个碎部点给予一个确定的地形信息编码。

2. 地形信息码

输入地形信息码是数字测图数据采集的一项重要工作。如果只有碎部点的坐标和高程，

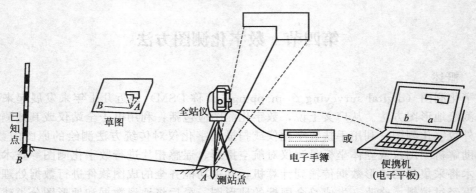

图 8-13　全站仪野外数字测图

计算机处理时，就无法识别碎部点是哪一种地形要素，也无法确定碎部点之间的连接关系。因此，要将测量的碎部点生成数字地图，就必须给碎部点记录输入地形信息码。

（1）地形图要素分类和代码

按照国家标准《1∶500　1∶1000　1∶2000 地形图要素分类与代码》（GB 14804—93），地形图要素（地形类别）分成 9 大类（与《地形图图式》相对应）：

　　1 类　　测量控制点；

　　2 类　　居民地与垣栅；

　　3 类　　工矿建（构）筑物及其他；

　　4 类　　交通及附属设施；

　　5 类　　管线及附属设施；

　　6 类　　水系及附属设施；

　　7 类　　境界；

　　8 类　　地貌和土质；

　　9 类　　植被。

将上述 9 类地形图要素用一定规则构成的符号（串）来表示，这些符号（串）称为编码或代码。地形图要素代码由 4 位数字码组成，从左到右分别为大类码、小类码、一级代码、二级代码，分别用 1 位十进制数字表示。例如第 1 大类测量控制点：导线点代码为 115，水准点代码为 121；第 2 大类居民地与垣栅：一般房屋代码为 211，简单房屋代码为 212，围墙代码为 243；第 4 大类交通及附属设施：高速公路代码为 4310，一级公路代码为 4311，小路代码为 443 等。表 8-7 是部分地形图要素代码。

表 8-7　1∶500　1∶1000　1∶2000 地形图要素分类与代码（GB 14804—93）

代　　码	名　　称	代　　码	名　　称
1	测量控制点	113	小三角点
11	平面控制点	⋮	⋮
111	三角点	114	土堆上的小三角点
1111	一等	⋮	⋮
⋮	⋮	115	导线点
1114	四等	1151	一级
112	土堆上的三角点	2	居民地和垣栅
⋮	⋮		

续表

代　　码	名　　称	代　　码	名　　称
21	普通房屋	221	地面上住人的窑洞
211	一般房屋	⋮	⋮
212	简单房屋	23	房屋附属设施
213	建筑中房屋	231	廊
⋮	⋮	2311	柱廊
218	过街楼	2312	门廊
22	特种房屋	⋮	⋮

（2）连接线代码

为表示各碎部点之间的连接关系，需要有连接线代码。各碎部点的连接形式分为直线、曲线、圆弧和独立点四种，分别用1、2、3和空为代码。为了使一个地物上的点根据记录按顺序自动连接起来，需要给出连线的顺序码，如用0表示开始、1表示中间、2表示结束。

（3）数据记录内容和格式

野外数据采集时，要记录测站数据，如测站点号、零方向点号、仪器高等；碎部点观测数据如距离、水平角、竖直角、觇标高或全站仪计算得到的 x 坐标、y 坐标和高程 H 等；同时还要记录地形要素代码、连接点和连接线信息。可用表8-8和图8-14说明野外记录方法。假设测量一条小路，其记录格式见表8-7、表中略去了观测值。小路的编码为443，点号同时也代表测量碎部点的顺序。

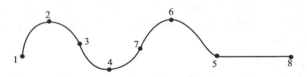

图8-14　数字测图的记录

表8-8　数字测图记录表

单　　元	点　　号	编　　码	连　接　点	连接线型
第一单元	1	443	1	
	2	443		
	3	443		
	4	443		2
第二单元	5	443	5	
	6	443		
	7	443	4	2
第三单元	8	443	5	1

3. 碎部测量的方法

大比例尺数字化测图主要有测记模式（草图法）和电子平板仪模式（电子平板法）两种。

（1）草图法数字测图

草图法数字测图的流程是：外业使用全站仪测量碎部点三维坐标的同时，领图员绘制碎部点构成的地物形状和类型并记录下碎部点点号（必须与全站仪自动记录的点号一致）。内业将全站仪或电子手簿记录的碎部点三维坐标，通过CASS传输到计算机、转换成CASS坐标格式文件并展点，根据野外绘制的草图在CASS中绘制地物。

其优点是：测图时，不需要记忆繁多的地形符号编码，是一种十分实用、快速的测图方法；缺点是不直观，当草图编号有错误时，可能还需要到实地查错。

① 人员组织

a. 观测员1人：负责操作全站仪，观测并记录观测数据，当全站仪无内存或 PC 卡时，必须加配电子手簿，此时观测员还负责操作电子手簿并记录观测数据。观测中应注意经常检查零方向，与领图员核对点号。

b. 领图员1人：负责指挥跑尺员，现场勾绘草图，要求熟悉地形图图式，以保证草图的简洁、正确，应注意经常与观测员对点号（一般每测 50 个点就要与观测员对一次点号）。草图纸应有固定格式，不应随便画在几张纸上；每张草图纸应包含日期、测站、后视、测量员、绘图员信息；当遇到搬站时，尽量换张草图纸，不方便时，应记录本草图纸内哪些点隶属哪个测站，一定要标示清楚。草图绘制不要试图在一张纸上画足够多的内容，地物密集或复杂地物均可单独绘制一张草图，既清楚又简单。

c. 跑尺员1人：负责现场跑尺，要求有必要的经验，以保证内业制图的方便；对于经验不足者，可由领图员指挥跑尺，以防引起内业制图的麻烦。

d. 内业制图员1人：对于无专业制图人员的单位，通常由领图员担负内业制图任务；对于有专业制图人员的单位，通常将外业测量和内业制图人员分开，领图员只负责绘草图，内业制图员得到草图和坐标文件，即可在 CASS 上连线成图；这时领图员绘制的草图好坏将直接影响到内业成图的速度和质量。

② 数据采集。数据采集设备一般为全站仪，主流全站仪大多带有可以存储 3000 个以上碎部点的内存或 PC 卡，可直接记录观测数据。

③ 野外采集数据传输到计算机文件保存。使用与全站仪型号匹配的通信电缆连接全站仪与计算机的 COM 接口，设置好全站仪的通信参数后，执行下拉菜单"数据/读取全站仪数据"命令。

④ 展碎部点。展碎部点分定显示区、展野外测点点号和展高程点三步进行。

⑤ 根据草图绘制地物。

(2) 电子平板法数字测图

对一个测绘工程来说，该模式采用全站仪加笔记本电脑测图。将安装了数字测图软件的笔记本电脑（或掌上电脑）作为电子平板，通过电缆与全站仪进行数据通信，由笔记本电脑实现测量数据的记录、解算、建模，在测站及时进行地形图编辑和修改，实现了测图内外作业一体化。常见的作业流程如下：

方案设计→控制测量与平差计算→细部测量→编图成图→质量检查→成果验收。

对电子平板法数字测图的整个流程通常如下所述。

① 人员组织

a. 观测员1人，负责操作全站仪，观测并将观测数据传输到笔记本电脑中。某些旧款全站仪的传输是被动式命令，观测完一点必须按发送键，数据才能传送到笔记本电脑；而主流全站仪一般都支持主动式发送，并自动记录观测数据。

b. 制图员1人，负责指挥跑尺员、现场操作笔记本电脑、内业后继处理整饰地形图。

c. 跑尺员1~2人，负责现场跑尺。

② 数据采集设备。全站仪与笔记本电脑一般采用标准的 RS232C 接口通信电缆连接，也可以采用加配两个数传电台（数据链），分别连接于全站仪、笔记本电脑上，即可实现数据的无线传送，但数传电台的价格较贵。

③ 创建测区已知点坐标数据文件。

④ 测站准备。测站准备的工作内容是：参数设置、定显示区、展已知点、确定测站点、定向点、定向方向水平度盘值、检查点、仪器高、检查。

⑤ 测图操作。

⑥ 等高线的处理。白纸测图中，等高线是对测得的相邻碎部点线性内插，手工将同高

程的点连成光滑曲线获得的，这样描绘的等高线虽然比较圆滑但精度较低。而在数字测图中，等高线是在 CASS 中通过创建数字地面模型 DTM 后自动生成的。DTM 是指在一定区域范围内，规则格网点或三角形点的平面坐标 (x, y) 和其他地形属性的数据集合。如果该地形属性是该点的高程坐标 H，则此数字地面模型又称为数字高程模型 DEM（Digital Elevation Model）。DTM 从微分角度三维地描述了测区地形的空间分布，应用它可以按用户设定的等高距生成等高线、任意方向的断面图、坡度图，计算给定区域的土方量等。

⑦ 地形图的整饰。

4. 碎部点的信息采集

碎部点的信息包括几何信息和属性信息，几何信息主要指点的三维坐标和点的连接关系，属性信息主要指碎部点的特征信息，如绘图时必须知道该点是什么点（房角、消火栓、电线杆等），有什么特征（房屋的类型、道路的等级）等。

测点的坐标是用仪器在外业测量中测得的，测量时要标明点号，点号在测图系统中是唯一的，根据它可以提取点位坐标。目前使用的全站仪都有内存，能把外业测量的坐标数据直接存储在全站仪的内存中。

测点的属性是用地形编码表示的，有编码就知道它是什么点，图式符号是什么。外业测量时知道测的是什么点，就可以给出该点的编码并记录下来。

测点的连接信息，是用连接点和连接线型表示的，外业测量时记录下点号的同时，还要记录哪一点和哪一点连接，连接的线型是折线还是曲线。测点的属性信息如地形编码和连线信息可以输入全站仪内存中或电子手簿中，通过内业处理软件自动判别，自动绘图。但由于外业信息十分复杂多变，很难做到自动化处理。目前，生产单位常用的方法是全站仪草图法进行外业测量，即外业属性信息绘制在一张草图上，并把测点的点号也标注在草图上，内业成图时，把全站仪内存中的坐标数据展绘在成图软件中，再根据草图上记录的各点连线信息和地物类别进行编图。

三、地形图的处理与输出

绘制出清晰、准确、符合标准的地形图是大比例尺数字化地形测量工作的主要目的之一，因此对图形的处理和输出也就成为数字化测图系统中不可缺少的重要组成部分。野外采集的地物和地貌特征点信息，经过数据处理之后形成了图形数据文件。其数据是以高斯直角坐标的形式存放的，而图形输出无论是在显示器上显示图形，还是在绘图仪上自动绘图，都存在一个坐标转换的问题。另外，还有图形的分幅、绘图比例尺的确定、图式符号注记及图廓整饰等内容，都是计算机绘图不可缺少的内容。

1. 图形的分幅

因为在数字化地形测量中野外数据采集时，采用全站仪等设备自动记录或手工键入实测数据、信息等，并未在现场成图，因此，对所采集的数据范围应按照标准图幅的大小或用户确定的图幅尺寸进行截取，对自动成图来说，这项工作就称为图形分幅。图形分幅的基本思路是：首先根据四个图廓点的高斯平面直角坐标，确定图幅范围；然后，对数据的坐标项进行判断，将属于图幅矩形框内的数据，以及由其组成的线段或图形等，组成该图幅相应的图形数据文件，而将图幅以外的数据以及由其组成的线段或图形，仍保留在原数据文件中，以供相邻图幅提取。图形分幅的原理和软件设计的方法很多，常用的有四位码判断分幅、二位码判断分幅和一位码判断分幅等方法，详见有关书籍。

2. 图形的显示与编辑

要实现图形屏幕显示，首先要将用高斯平面直角坐标形式存放的图形定位，并将这些数据转换成计算机屏幕坐标。高斯平面直角坐标系 x 轴向北为正，y 轴向东为正；对于一幅地形图来说，向上为 x 轴正方向，向右为 y 轴正方向。而计算机显示器则以屏幕左上角为坐标系原点（0，0），x 轴向右为正，y 轴向下为正，(x,y) 坐标值的范围则以屏幕的显示方式决定。因此，只需将高斯坐标系的原点平移至图幅左上角，再按顺时针方向旋转 90°，并考虑两种坐标系的变换比例，即可实现由高斯直角坐标向屏幕坐标的转换。有了图形定位点的屏幕坐标，就可充分利用计算机语言中各种基本绘图命令及其有机的组合，编制程序，自动显示图形。

对在屏幕上显示的图形，可根据野外实测草图或记录的信息进行检查，若发现问题，用程序可对其进行屏幕编辑和修改，同时按成图比例尺完成各类文字注记、图式符号以及图名图号等成图要素的编辑。经检查和编辑修改成为准确无误的图形，软件能自动将其图形定位点的屏幕坐标再转换成高斯坐标，连同相应的信息编码保存在图形数据文件中或组成新的图形数据文件，供自动绘图时调用。

3. 绘图仪自动绘图

如前所述，野外采集的地形信息经数据处理、图形分幅、屏幕编辑后，形成了绘图数据文件。利用这些绘图数据，即可由计算机软件控制绘图仪自动输出地形图。

绘图仪作为计算机输出图形的重要设备，其基本功能是将计算机中以数字形式表示的图形描绘到图纸上，实现数（x，y 坐标串）-模（矢量）的转换。利用绘图仪绘制地形图，同样存在坐标系的转换问题，实际绘图操作时，用户通过软件可自行定义并设置坐标原点和坐标单位，以实现高斯坐标系向绘图坐标系的转换，称为定比例。通过定比例操作，用户可根据实际需要来缩小或者扩大绘图坐标单位，以实现不同比例尺和不同大小图幅的自动输出。

思考题与习题

1. 测图前有哪些准备工作？

2. 控制点展绘后，怎样检查其正确性？

3. 试述用经纬仪测绘法在一个测站上测绘地形图的工作步骤。

4. 用视距测量的方法进行碎部测量时，已知测站点的高程 $H_{站}=124.562$，仪器高 $i=1.578$，上丝读数 0.766、下丝读数 0.902、中丝读数 0.830、竖盘读数 $\alpha=98°32'48''$，试计算水平距离及碎部点的高程（该点为高于水平视线的目标点）。

5. 试述全站仪数字化测图的方法与步骤。

6. 如图 8-15 所示，根据图上的地形点，用目估法勾绘间隔为 2m 的等高线。

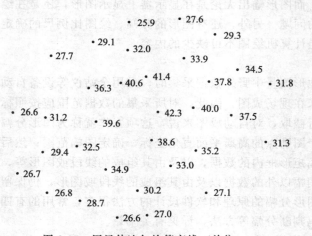

图 8-15　用目估法勾绘等高线（单位：m）

第九章　地形图的应用

地形图是地面信息的载体，它不仅包含自然地理要素，而且包含社会、政治、经济等人文地理要素，是十分丰富的信息源。地形图在国民经济建设中的应用非常广泛，涉及地学学科，国土整治与开发，土地调查，规划与管理和教育等部门。在每项新的工程建设之前，都要先进行地形测量工作，以获得规定比例尺的现状地形图。同时还要收集有关的各种比例尺地形图和资料，使得能够从历史到现状，从整体到局部，从自然地理因素到人文地理因素等方面去进行研究。

第一节　地形图的基本应用

在工程建设规划设计时，往往要用解析法或图解法在地形图上求出任意点的坐标和高程，确定两点之间的距离、方向和坡度，以及确定区域的面积等，这是用图的基本内容，现分述如下。

一、确定图上点的坐标

图 9-1 是比例尺为 1∶1000 的地形图示意图，以此图为例说明求图上 A 点坐标的方法。首先根据 A 的位置找出它所在的坐标方格网 $abcd$，过 A 点作坐标格网的平行线 ef 和 gh。然后用直尺在图上量得 $ag=62.3\text{mm}$，$ae=55.4\text{mm}$；由内、外图廓间的坐标标注知：$x_a=20.1\text{km}$，$y_a=22.1\text{km}$。则 A 点坐标为

$$x_A=x_a+ag\times M=20100+62.3\times1000\times10^{-3}=20162.3\text{（m）}$$

$$y_A=y_a+ae\times M=22100+55.4\times1000\times10^{-3}=22155.4\text{（m）}$$

式中，M 为比例尺分母。

如果图纸有伸缩变形，为了提高精度，可按下式计算

$$x_A=x_a+ag\times M\times\frac{l}{ab} \tag{9-1}$$

$$y_A=y_a+ab\times M\times\frac{l}{ad} \tag{9-2}$$

式中，l 为方格 $abcd$ 边长的理论长度，一般为 10cm；ad，ab 分别为用直尺量取的方格边长。

有时因工作需要，需求图上某一点的地理坐标（经度 λ、纬度 φ），则可通过分度带及图廓点的经纬度注记数求得。

根据内图廓间注记的地理坐标（经纬度）也可图解出任一点的经纬度。

二、确定两点间的水平距离

如图 9-1 所示，欲确定 A、B 间的水平距离，可用如下两种方法求得。

1. 直接量测（图解法）

用卡规在图上直接卡出线段 AB 长度，再参照图示比例尺，即可得其水平距离。也可以用刻有毫米刻度的直尺量取图上长度 d_{AB} 并按比例尺（M 为比例尺分母）换算为实地水平

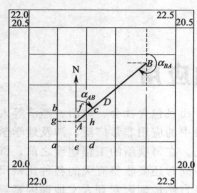

图 9-1 1:1000 地形图示意图

距离，即

$$D_{AB} = d_{AB}M \qquad (9\text{-}3)$$

或用比例尺直接量取直线长度。

2. 解析法

按式（9-1）和式（9-2），先求出 A、B 两点的坐标，再根据 A、B 两点坐标由如下公式计算：

$$D_{AB} = \sqrt{(x_B - x_A)^2 + (y_B - y_A)^2} \qquad (9\text{-}4)$$

三、确定两点间直线的坐标方位角

欲求图 9-1 中直线 AB 的坐标方位角，可有下述两种方法。

1. 解析法

首先确定 A、B 两点的坐标，然后按下式来确定直线 AB 的坐标方位角：

$$\tan\alpha_{AB} = \frac{\Delta y_{AB}}{\Delta x_{AB}} = \frac{y_B - y_A}{x_B - x_A} \qquad (9\text{-}5)$$

2. 图解法

在图上先过 A，B 点分别绘出平行于纵坐标轴的直线，然后用量角器分别度量出直线 AB 的正、反坐标方位角 α'_{AB} 和 α'_{BA}，取这两个量测值的平均值作为直线 AB 的坐标方位角，即

$$\alpha_{AB} = \frac{1}{2}(\alpha'_{AB} + \alpha'_{BA} \pm 180°) \qquad (9\text{-}6)$$

式中，若 $\alpha'_{BA} > 180°$，取 $-180°$；若 $\alpha'_{BA} < 180°$，取 $+180°$。

四、确定点的高程

地形图上点的高程多数根据等高线来判定，也有一些点的高程要根据其周围地形点的高程来判定。下面分三种情况讨论。

① 点恰好在某一等高线上，则该点的高程等于所在等高线的高程。如图 9-2 中的 A 点位于 28m 等高线上，它的高程即等于 28m。

② 点位于两条等高线之间，如图 9-2 中 M 点在 27m 和 28m 等高线之间，过 M 点作一直线基本垂直这两条等高线，得交点 P、Q，则 M 点高程为

$$H_M = H_P + \frac{d_{PM}}{d_{PQ}}h \qquad (9\text{-}7)$$

图 9-2 等高线示意图

式中，H_P 为 P 点高程；h 为等高距；d_{PM}，d_{PQ} 分别为图上 PM，PQ 线段的长度。

例如，设用直尺在图上量得 $d_{PM} = 5\text{mm}$、$d_{PQ} = 12\text{mm}$，已知 $H_P = 27\text{m}$，等高距 $h = 1\text{m}$，把这些数据代入式（9-7）得

$$H_M = 27 + 5/12 \times 1 = 27.4 \ (\text{m})$$

③ 如果点位于地形点之中，点的高程视点所处位置的具体情况而定；若点处于坡度无变化的均匀分布的地形点之中，可参照点位于等高线之间情况，用比例内插法，目估出相对于附近地形点的高差，以确定点的高程；若点处在人工平整过的地块或场地上，则点的高程等于同一地块或场地地形点的高程。

五、确定两点间直线的坡度

在各种工程建设中，常常需要了解地面的坡度以确定施工方案。A、B 两点间的高差 h_{AB} 与水平距离 D_{AB} 之比，就是 A、B 间的平均坡度 i_{AB}，即

$$i_{AB} = \frac{h_{AB}}{D_{AB}} \tag{9-8}$$

坡度一般用百分数或千分数表示。$i_{AB} > 0$，表示上坡；$i_{AB} < 0$，表示下坡。若以坡度角表示，则

$$\alpha = \arctan \frac{h_{AB}}{D_{AB}} \tag{9-9}$$

应该注意到，虽然 A、B 是地面点，但 A、B 连线坡度不一定是地面坡度。

六、面积的量算

在规划设计中，往往需要测定某一地区的面积，这就需要在地形图上量测并计算面积。求算面积的方法很多，以下介绍几种常用的方法。

1. 图解法

图解法包括几何图形法、透明膜片法等几种方法，其特点是在地形图上，直接测量待定图形的面积。

几何图形法用于量测被折线包围图形的面积。如果图形为三角形、矩形、梯形和平行四边形等可以直接计算面积的图形。如果图形为非直接可以量算的图形，应将它分解为可以计算的图形，例如图 9-3 所示是一个复杂的多边形，将其分解为可以量算的三角形和梯形。为保证量测精度，分解应使图形个数少，尽可能为稳定的三角形，图形强度较好，相邻图形共用共同边的数据，以减少量测数据量。

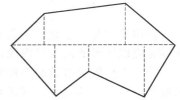

图 9-3　几何图形法量测面积

透明膜片法是应用于曲线图形的方法。用透明材料制成的膜片有两种形式，一种是正方形格网，另一种是等间隔的平行线。

正方形格网法，如图 9-4 所示，方格的边长相等，一般为 2～4mm，每个方格的面积 G 为 4～16mm^2。将这样的透明膜片覆盖在待测图形上，然后计数待测图形边界内满格（斜线充填的）个数 N 和不满格个数 n。地形图上图形的面积为

$$P = (N + n/2)G \tag{9-10}$$

实地的面积为

$$S = PM^2 \tag{9-11}$$

式中，M 为比例尺分母。

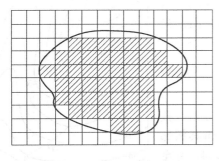

图 9-4　方格网膜片量测面积

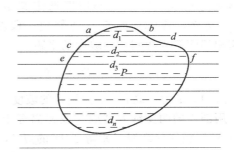

图 9-5　平行线膜片量测面积

平行线膜片法，见图 9-5，使用时将膜片覆盖在图形上，使上下边界处于平行线的中

间。逐个量出与图形相交的平行线在图形内那部分线段的长度 d_1, d_2, d_3, …。d_1, d_2, d_3, …是相邻虚线（平行线的中线）构成的梯形的中线。各梯形的面积 S 等于其中线长与平行线间距（梯形的高）之积，所有梯形面积的总和等于待测图形的面积 P。

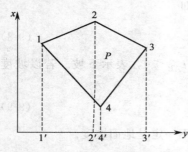

图 9-6　解析法计算面积原理

2. 解析法

解析法是使用待测图形边界上的点的坐标用公式求算面积的一种方法，这是一种精度较高的方法。随着计算机的发展，这类方法已得到广泛应用。其方法原理如图 9-6 所示，1，2，3，4 是待测图形边界上的点，通过这些点画 x 坐标轴的平行线与 y 坐标轴分别相交于 1′，2′，3′，4′ 点。从图上不难看出，待测图形 1234 的面积 P 等于梯形 122′1′ 与 233′2′ 的面积之和减去梯形 144′1′ 与 433′4′ 的面积之和。假定各点的坐标已知，则待测图形的面积为

$$P = [(x_1 + x_2)(y_2 - y_1) + (x_2 + x_3)(y_3 - y_2) - (x_1 + x_4)(y_4 - y_1) - (x_3 + x_4)(y_3 - y_4)]/2$$

展开整理得

$$P = [x_1(y_2 - y_4) + x_2(y_3 - y_1) + x_3(y_4 - y_2) + x_4(y_1 - y_3)]/2$$

同理可得

$$P = [y_1(x_2 - x_4) + y_2(x_3 - x_1) + y_3(x_4 - x_2) + y_4(x_1 - x_3)]/2 \tag{9-12}$$

对于由 n 个点组成的 n 条边的多边形，求算面积的公式为

$$P = \sum_{i=1}^{n} x_i(y_{i+1} - y_{i-1})/2 \quad \text{或} \quad P = \sum_{i=1}^{n} y_i(x_{i+1} - x_{i-1})/2 \tag{9-13}$$

使用公式时应注意，当点号编号顺序是逆时针时，计算符号与以上两式相反。当下标号为零时应以图形的最大号取代，下标号为 $n+1$ 时应以 1 取代。

除了上述确定区域的面积外，还可以用求积仪来确定区域的面积，求积仪是一种专门用来量算图形面积的仪器。其优点是量算速度快，操作简便，适用于各种不同几何图形的面积量算而且能保持一定的精度要求。

第二节　按限定的坡度选定等坡路线

对管线、渠道、道路等工程进行初步设计时，一般要先在地形图上选线。按照技术要求选定一条合理的线路，应考虑的因素很多。这里只说明根据地形图等高线，按规定的坡度选定其最短线路的方法。以图 9-7 为例，若从 A 点至 B 点修建一段坡度为 i 的公路。先计算相邻两等高线间一定坡度的平距：

$$D = h/i \tag{9-14}$$

式中，h 为等高距；i 为设计的坡度。

用圆规的两支针尖截取一段距离等于 D，从 A 开始，截取 A 点到相邻等高线平距等于 D 的点 1，再从点 1 向其相邻等高线截取平距等于 D 的点 2，继续往前截取得点 3，4，直至 B 点为止。这就是 A 与 B 点之间坡度为 i 的最短线路，一般从另一个方向还可以用同样的方法截取类似的线路上的点 1′，

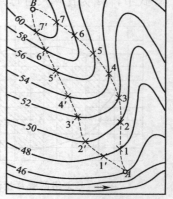

图 9-7　一定坡度线路的选取

2′，3′等。

在选定线路时，各线段不应是笔直的，而应当大约相似于等高线的形状。这样，该线路的方向变化处便不会成为急转的折线，而是平缓的圆滑曲线。

第三节　绘制已知方向纵断面图

在道路、管道设计和土方量计算中常利用地形图绘制沿线方向的断面图。如图9-8所示，要求绘出 AB 方向的断面图。绘制方法如下。

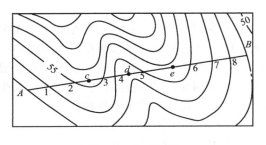

图9-8　等高线图

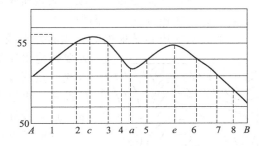

图9-9　绘制纵断面图

① 在图9-9中绘出直角坐标系，横轴表示水平距离，纵轴表示高程。为了绘图方便，水平距离的比例尺一般选择与地形图相同；为了较明显地反映路线方向的地面起伏，以便于在断面图上进行竖向布置，取高程比例尺是水平距离比例尺的10倍或20倍。

② 在图9-8中设直线 AB 与等高线的交点分别为1，2，3，4等，以线段 $A1$，$A2$，$A3$，…，AB 为半径，在图9-9的横轴上以 A 为起点，截得对应1，2，3，…，B 点，即两图中同名线段一样长。

③ 把图9-8中 A，1，2，…，B 点的高程作为图9-9中横轴上同名点的纵坐标值，这样就作出了断面上的地面点，把这些点依次平滑地连接起来，就形成断面图。

为了较合理地反映断面的起伏，应根据相邻等高线55m和56m内插出2，3点之间的 c 点高程。同法内插出 d，e 点高程。此外应注意，在纵轴注记的起始高程50m应比 AB 断面上最低点 B 的高程略小一些，这样绘出的断面线完全在横轴的上部。

第四节　确定两点间是否通视

要根据地形图来确定是否通视，这在两点间的地形起伏比较简明时，很容易通过观察分析予以判断。但在两点间起伏变化较复杂的情况下，往往难于靠直接观察来判断，而需借助于绘制简略断面图或用构成三角形法来确定其是否通视。下面介绍构成三角形法。

如图9-10所示，为了判定 A，B 两点（由图知 A 点的高程小于 B 点的高程）是否通视，可在地形图上用直线连接 A，B 两点。然后观察 AB 线上的地形起伏情况，分

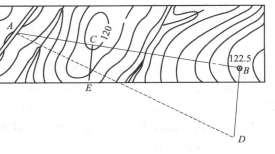

图9-10　用构成三角形法确定是否通视

析可能影响通视的障碍点，设有在 *AB* 线上的 *C* 点，标明其点位于图中；再自点 *B* 和 *C* 分别作 *AB* 的垂线，并按图求得 *B* 和 *C* 点对 *A* 点的高差 h_{AB} 和 h_{BC}，用同一比例缩小在两垂线上截取相应长的线段 *BD* 和 *CE*；最后，连接 *A* 和 *D* 两点，则直线 *AD* 相当于 *A* 和 *B* 两点实地上的倾斜线。由此可见：若 *AD* 与垂线 *CE* 相交，则 *A* 和 *B* 两点不通视；若不相交则通视。本例为不通视情况。

第五节　确定汇水面积的边界线

当在山谷或河流处修建大坝、架设桥梁或敷设涵洞时，需要知道有多大面积的雨水汇集在这里，这个面积称为汇水面积。

汇水面积的边界是根据等高线的分水线（山脊线）来确定的。如图 9-11 所示，在 *MN*

处要修建水库的水坝，就须确定该处的汇水面积，即由图中分水线（点画线）*AB*，*BC*，*CD*，*DE*，*EF* 与 *FA* 线段所围成的面积；再根据该地区的降雨量即可确定流经 *MN* 处的水流量。这是设计桥梁、涵洞或水坝容量的重要数据。

选取和连接这些分水线时应遵循以下几点。

① 边界线应是该区域的相对最高分水线。

② 通过分析判断确认边界线内侧的水都会流入该区域，边界线外侧的水都不会流入该区域。

③ 边界线与山脊线一致，并处处与等高线垂直。

④ 边界线是通过一系列山头与鞍部的曲线，并与山谷（河谷）指定的横断面线形成闭合曲线。

图 9-11　确定汇水面积边界

第六节　土方量的计算

在各种工程建设中，除对建筑物要做合理的平面布置外，往往还要对原地貌做必要的改造，以便适宜布置各类建筑物，排除地面水以满足交通运输和敷设地下管道等，这种地貌改造称为平整土地。

在平整土地工作中，常需要预算土、石方的工程量，即利用地形图进行填挖土（石）方量的概算。其方法有多种，其中方格网法、等高线法和断面法是应用最广泛的三种，下面分别对这三种情况予以介绍。

一、方格网法

1. 整理成水平面

如图 9-12 所示，要求将原地貌按挖填土方量平衡的原则改造成水平面，其步骤如下。

（1）在地形图上绘制方格网

在地形图上拟建场地内绘制方格网。方格网的大小取决于地形复杂程度、地形图比例尺大小以及土方概算的精度要求。例如在设计阶段采用 1∶500 的地形图时，根据地形复杂情况，一般边长为 10m 或 20m。方格网绘制完后，根据地形图上的等高线，用内插法求出每个方格顶点的地面高程，并注记在相应方格顶点的右上方，如图 9-12 所示。

（2）计算设计高程

先将每个方格顶点的高程加起来除以 4，得到各方格的平均高程，再把每个方格的平均

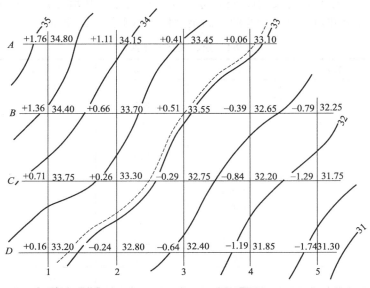

图 9-12　方格网法土方量计算

高程相加除以方格总数，就得到设计高程 H_0。

$$H_0 = (H_1 + H_2 + \cdots + H_n)/n \tag{9-15}$$

式中，H_i 为每个方格的平均高程；n 为方格总数。

从设计高程 H_0 的计算方法和图 9-12 可以看出：方格网的角点 $A1$，$A4$，$B5$，$D1$，$D5$ 的高程只用了一次，边点 $A2$，$A3$，$B1$，$C1$，$D2$，$D3$，$\cdots$ 的高程用了两次，拐点 $B4$ 的高程用了三次，而中间点 $B2$，$B3$，$C2$，$C3$，$\cdots$ 的高程都用了四次，因此，设计高程的计算公式也可写为

$$H_0 = (\sum H_{\text{角}} + 2\sum H_{\text{边}} + 3\sum H_{\text{拐}} + 4\sum H_{\text{中}})/4n \tag{9-16}$$

将方格顶点的高程代入式(9-16)，即可计算出设计高程为 33.04m。在图上内插出 33.04m 等高线（图 9-12 中虚线），称为填挖边界线（或称零线）。

（3）计算挖、填高度

根据设计高程和方格顶点的高程，可以计算出每个方格顶点的挖、填高度，即

$$\text{填、挖高度} = \text{地面高程} - \text{设计高程} \tag{9-17}$$

将图中各方格顶点的挖、填高度写于相应方格顶点的左上方。正号为挖深，负号为填高。

（4）计算挖、填土方量

挖、填土方量可按角点、边点、拐点和中点分别按下式计算。

角点：挖（填）高×1/4 方格面积
边点：挖（填）高×1/2 方格面积　　(9-18)
拐点：挖（填）高×3/4 方格面积
中点：挖（填）高×1 方格面积

如图 9-13 所示，设每个方格面积为 400m^2，计算的设计高程是 25.2m，每个方格的挖深或填高数据已分别按式(9-17)计算出，并已注记在

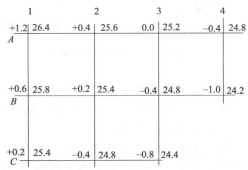

图 9-13　土方填、挖计算

方格顶点的左上方。于是，可按式(9-18)分别计算出挖方量和填方量（表 9-1）。从计算结果可以看出，挖方量和填方量是相等的，满足"挖、填平衡"的要求。

表 9-1　挖、填土方计算表

点　　号	挖深/m	填高/m	所占面积/m²	挖方量/m³	填方量/m³
A1	+1.2		100	120	
A2	+0.4		200	80	
A3	0.0		200	0	
A4		-0.4	100		40
B1	+0.6		200	120	
B2	+0.2		400	80	
B3		-0.4	300		120
B4		-1.0	100		100
C1	+0.2		100	20	
C2		-0.4	200		80
C3		-0.8	100		80
总和				420	420

2. 整理成倾斜面

将原地形改造成某一坡度的倾斜面，一般可根据填、挖平衡的原则，绘出设计倾斜面的等高线。但是有时要求所设计的倾斜面必须包含不能改动的某些高程点，称为设计斜面的控制高程点，例如，已有道路的中线高程点、永久性或大型建筑物的外墙地坪高程等。如图 9-14 所示，设 a，b，c 三点为控制高程点，其地面高程分别为 54.6m、51.3m 和 53.7m。要求将原地形改造成通过 a，b，c 三点的斜面，其步骤如下。

（1）确定设计等高线的平距

过 a 与 b 两点作直线，用比例内插法在 ab 曲线上求出高程为 54m、53m、52m 等各点的位置，也就是设计等高线应经过 ab 线上的相应位置，如 d，e，f，g 点。

（2）确定设计等高线的方向

在 ab 直线上求出一点 k，使其高程等于 c 点的高程（53.7m）。连接 k 与 c，则 kc 方向就是设计等高线的方向。

（3）插绘设计倾斜面的等高线

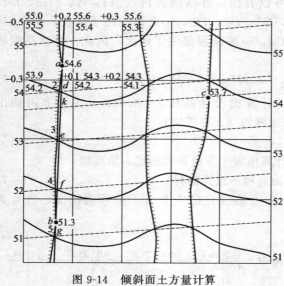

图 9-14　倾斜面土方量计算

过 d，e，f，g 各点作 kc 的平行线（图 9-14 中的虚线），即为设计倾斜面的等高线。过设计等高线和原同高程的等高线交点的连线，如图 9-14 中连接 1，2，3，4，5 各点，即得挖、填边界线。图中绘有短线的一侧为填土区，另一侧为挖土区。

（4）计算挖、填土方量

挖方量和填方量的计算与前一方法相同。首先在图上绘出方格网，并确定各方格顶点的挖深和填高量。不同之处是各方格顶点的设计高程是根据设计等高线内插求得的，并注记在方格顶点的右下方。其填高和挖深量仍记在各顶点的左上方。

二、等高线法

当场地地面起伏较大，且仅计算挖方时，可采用等高线法。这种方法是从场地设计高程的等高线开始，算出各等高线所包围的面积，分别将相邻两条等高线所围面积的平均值乘以等高距，就是该两条等高线平面间的土石方量，再求和即得总的挖方量。

如图 9-15 所示，地形图等高距为 2m，要求平整场地后的设计高程为 55m。先在图中内插设计高程为 55m 的等高线（图 9-15 中虚线），再分别求出 55m，56m，58m，60m，62m 五条等高线所围成的面积 A_{55}，A_{56}，A_{58}，A_{60}，A_{62}，即可算出每层土石方量为

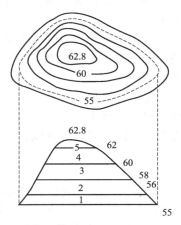

$$\begin{cases} V_1 = \dfrac{1}{2}(A_{55}+A_{56}) \times 1 \\ V_2 = \dfrac{1}{2}(A_{56}+A_{58}) \times 2 \\ \cdots \\ V_5 = \dfrac{1}{3}A_{62} \times 0.8 \end{cases} \qquad (9\text{-}19)$$

其中，V_5 是 62m 等高线以上山头顶部的土石方量。总挖方量为

$$\sum V_{挖} = V_1 + V_2 + V_3 + V_4 + V_5 \qquad (9\text{-}20)$$

图 9-15　等高线法算土石方

三、断面法

在道路和管线建设（或坡地的平整）中，沿中线（或挖、填边线）至两侧一定范围内线状地形的土石方计算常用断面法。这种方法是在施工场地范围内，利用地形图以一定间距绘出断面图，分别求出各断面由设计高程线与断面曲线（地面高程线）围成的填方面积和挖方面积，然后计算每两相邻断面间的填（挖）方量，分别求和即为总填（挖）方量。

如图 9-16 所示，若地形图比例尺为 1：1000，矩形范围内欲修建一段道路，其设计高程为 47m。为了获得土石方量，先在地形图上绘出相互平行、间隔为 d（一般实地距离为 20～40m）的断面方向线，如 11，22，…，55；按一定比例尺绘出各断面图（纵、横轴比例尺应一致，常用的比例尺为 1：100 或 1：200），并将设计高程线展绘在断面图上（见图 9-16 中 1—1 和 2—2 断面）；然后在断面图上分别求出各断面设计高程线与断面图所包围的填土面积 $A_{填i}$ 和挖土面积 $A_{挖i}$（i 表示断面编号），最后计算两断面间土石方量。

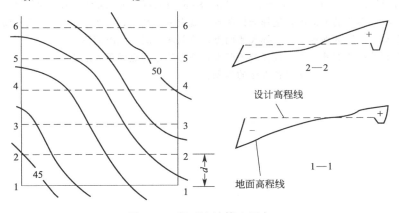

图 9-16　断面法计算土石方

例如，1—1 和 2—2 两断面间的土石方量为

$$\begin{cases} V_{填} = \dfrac{1}{2}(A_{填1} + A_{填2})d \\[2mm] V_{挖} = \dfrac{1}{2}(A_{挖1} + A_{挖2})d \end{cases} \tag{9-21}$$

　　同法依次计算出每两相邻断面间的土石方量，最后将填方量和挖方量分别累加，即得总的土石方量。

　　上述三种土石方估算方法各有特点，应根据场地地形条件和工程要求选择合适的方法。当实际工程土石方估算精度要求较高时，往往要到现场实测方格网图（方格点高程）、断面图或地形图。

　　随着计算机的普及，土石方量的计算可采用计算机编程完成，也可利用现有的专业软件，根据实地测定的地面点坐标和设计高程，快速、准确地计算出指定范围内的填、挖土石方量，并绘出填挖边界线。

思考题与习题

　　1. 请举例说明如何确定地形图上点的坐标。

　　2. 如图 9-17 所示，A 点位于等高线上，$mn = 5$cm，$Bn = 3$cm，A 与 B 两点水平距离为 112.07m，试求 B 点高程及 A 与 B 两点间坡度。

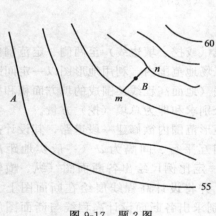

图 9-17　题 2 图

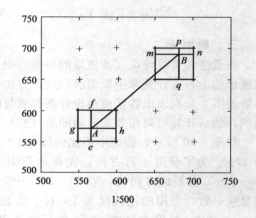

1:500

图 9-18　题 3 图

　　3. 如图 9-18 所示，$Af = 6$cm，$Ah = 7$cm，$Bq = 8$cm，$Bm = 6$cm，求直线 BA 的坐标方位角。

　　4. 取一张含有等高线的地形图，选择起始两点，规定一个坡度，在图上设计一条限制坡度的路线。

　　5. 取一张含有等高线的地形图，选择起始两点，绘制两点间的纵断面图。

　　6. 取一张含有等高线的地形图，选择起始两点，练习确定两点间是否通视。

　　7. 计算土方量有哪些方法？简述各方法的步骤。

第十章 测设的基本工作

测设工作（又称放样或放线）是根据工程设计图纸上建筑物、构筑物的轴线位置、尺寸及其高程，计算出待建的建筑物、构筑物各特征点（或轴线交点）与控制点（或已建成建筑物特征点）之间的距离、角度、高差等测设数据，然后以地面控制点为根据，将建筑物、构筑物的特征点在实地标定出来，以便于施工。

本章的主要内容包括已知水平距离、水平角度和高程的测设，点的平面位置测设，已知坡度直线的测设等。

第一节 水平距离、水平角度和高程的测设

一、已知水平距离的测设

已知水平距离的测设，是从地面上一个已知点出发，沿给定的方向，量出已知（设计）的水平距离，在地面上标定出这段距离另一端点的位置。

1. 钢尺测设

（1）一般方法

当测设精度要求不高时，从已知点开始，沿给定的方向，用钢尺直接丈量出已知水平距离，标定出这段距离的另一端点。为了校核，应再丈量一次，若两次丈量的相对误差在限差范围之内，取平均位置作为该端点的最后位置。

（2）精确方法

当测设精度要求较高时，应使用检定过的钢尺，用经纬仪定线，根据已知水平距离 D，经过尺长改正 Δl_d、温度改正 Δl_t 和倾斜改正 Δl_h 后，用式（10-1）计算出实地测设长度：

$$L = D - \Delta l_d - \Delta l_t - \Delta l_h \quad (10\text{-}1)$$

然后根据计算结果，用钢尺进行测设，现举例说明测设方法。

如图 10-1 所示，从 A 点沿 AC 方向测设 B 点，使水平距离 $D = 25.000\text{m}$，所用钢尺的尺长方程式为

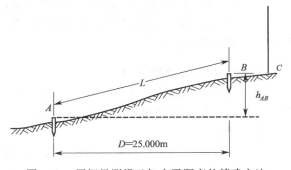

图 10-1 用钢尺测设已知水平距离的精确方法

$$l_t = 30\text{m} + 0.003\text{m} + 1.25 \times 10^{-5} \times 30\text{m} \times (t - 20℃)$$

测设时温度为 $t = 30℃$，测设时拉力与检定钢尺时拉力相同。

① 测量两点之间的高差：$h_{AB} = +1.000\text{m}$。

② 计算 L 的长度。

$$\Delta l_{AB} = \frac{\Delta l}{l_0} D = \frac{0.003}{30} \times 25 = +0.002 \text{（m）}$$

$$\Delta l_t = \alpha(t - t_0)D = 1.25 \times 10^{-5} \times (30 - 20) \times 25 = +0.003 \text{（m）}$$

$$\Delta l_h = -\frac{h^2}{2D} = -\frac{1}{2 \times 25} = -0.02 \ (\text{m})$$

$$L = D - \Delta l_d - \Delta l_t - \Delta l_h = 25.000 - 0.002 - 0.003 - (-0.02) = 25.015 \ (\text{m})$$

③ 在地面上从 A 点沿 AC 方向用钢尺实量 25.015m 定出 B 点，则 AB 两点间的水平距离为已知值 25.000m。

2. 光电测距仪测设法

由于光电测距仪的普及应用，当测设精度要求较高时，一般采用光电测距仪测设法。测设方法如下。

① 如图 10-2 所示，在 A 点安置光电测距仪，反光棱镜在已知方向上前后移动，使仪器示值略大于测设的距离，定出 C' 点。

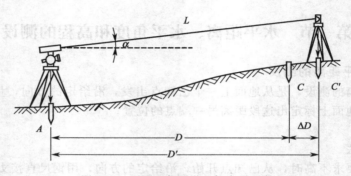

图 10-2 用测距仪测设已知水平距离

② 在 C' 点安置反光棱镜，测出垂直角 α 及斜距 L（必要时加测气象改正），计算水平距离 $D' = L\cos\alpha$，求出 D' 与应测设的水平距离 D 之差 $\Delta D = D - D'$。

③ 根据 ΔD 的数值在实地用钢尺沿测设方向将 C' 改正至 C 点，并用木桩标定其点位。

④ 将反光棱镜安置于 C 点，再实测 AC 距离，其不符值应在限差之内，否则应再次进行改正，直至符合限差为止。

二、已知水平角的测设

已知水平角的测设，是从地面上一个已知方向开始，通过测量按给定的水平角值把该角的另一个方向标定到地面上。测设方法如下。

1. 一般方法

当测设水平角的精度要求不高时，可采用盘左、盘右分中的方法测设，如图 10-3 所示。

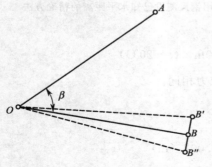

图 10-3 已知水平角测设的一般方法

设地面已知方向 OA，O 为角顶，β 为已知水平角角值，OB 为欲定的方向线。测设方法如下。

① 在 O 点安置经纬仪，盘左位置瞄准 A 点，使水平度盘读数略大于 $0°00'00''$。

② 转动照准部，使水平度盘读数恰好为 β 值，在此视线上定出 B' 点。

③ 盘右位置，重复上述步骤，再测设一次，定出 B'' 点。

④ 取 B' 和 B'' 的中点 B，则 $\angle AOB$ 就是要测设的 β 角。

2. 精确方法

当测设精度要求较高时，可按如下步骤进行测设，如图 10-4 所示。

① 先用一般方法测设出 B' 点。

② 用测回法对 $\angle AOB'$ 观测若干个测回（测回数根据要求的精度而定），求出各测回平均值 β_1，并计算出 $\Delta\beta = \beta - \beta_1$。

③ 量取 OB' 的水平距离。

④ 根据式（10-2）计算改正距离：

$$BB' = OB'\tan\Delta\beta \approx OB'\frac{\Delta\beta}{\rho} \qquad (10\text{-}2)$$

式中，$\rho = 206265''$。

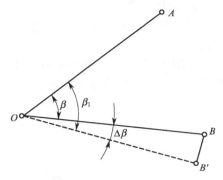

⑤ 自 B' 点沿 OB' 的垂直方向量出距离 BB'，确定出 B 点，则 $\angle AOB$ 就是要测设的角度。

图 10-4　已知水平角测设的精确方法

量取改正距离时，若 $\Delta\beta$ 为正，则沿 OB' 的垂直方向向外量取；若 $\Delta\beta$ 为负，则沿 OB' 的垂直方向向内量取。

【**例 10-1**】　设 $OB = 60.550\text{m}$，$\beta - \beta_1 = +30''$，则

$$BB' = 60.500 \times \frac{30}{206265} = +0.009 \text{（m）}$$

过 B' 点作 OB' 的垂线，再从 B' 点沿垂线方向向 $\angle AOB'$ 外量取垂距 0.009m，定出 B 点，则 $\angle AOB$ 即为要测设的 β 角。

三、已知高程的测设

已知高程的测设是利用水准测量的方法，根据已知水准点，将设计高程测设到现场作业面上的过程。

1. 在地面上测设已知高程

如图 10-5 所示，某建筑物的室内地坪设计高程为 45.000m，附近有一水准点 BM_3，其高程为 44.680m。现在要求把该建筑物的室内地坪高程测设到木桩 A 上，作为施工时控制高程的依据。测设方法如下。

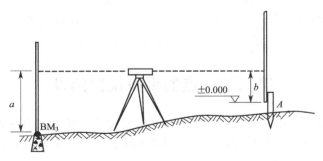

图 10-5　已知高程的测设

① 在水准点 BM_3 和木桩 A 之间安置水准仪，在水准点 BM_3 上立水准尺，用水准仪的水平视线测得后视读数为 1.556m，此时视线高程为

$$44.680 + 1.556 = 46.236 \text{（m）}$$

② 计算 A 点水准尺尺底为室内地坪高程时的前视读数：

$$b = 46.236 - 45.000 = 1.236 \text{（m）}$$

③ 上下移动竖立在木桩 A 侧面的水准尺，直至水准仪的水平视线在尺上截取的读数为 1.236m 时，紧靠尺底在木桩上画一水平线，其高程即为 45.000m。

2. 高程传递

当向较深的基坑或较高的建筑物上测设已知高程点时，如水准尺长度不够，可利用钢尺引测。

如图 10-6 所示，欲在深基坑内设置一点 B，使其高程为 $H_设$。地面附近有一水准点 R，其高程为 H_R。测设方法如下。

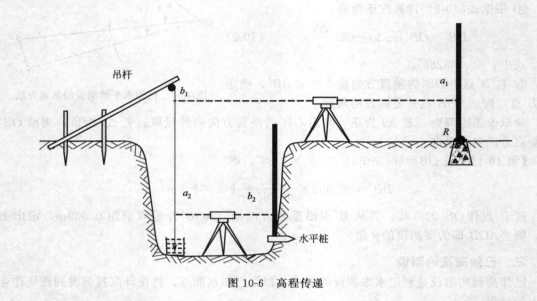

图 10-6　高程传递

① 在基坑一边架设吊杆，杆上吊一根零点向下的钢尺，尺的下端挂上 10kg 的重锤，放入油桶中。

② 在地面安置一台水准仪，设水准仪在 R 点所立水准尺上读数为 a_1，在钢尺上读数为 b_1。

③ 在坑底安置另一台水准仪，设水准仪在钢尺上读数为 a_2。

④ 计算 B 点水准尺底高程为 $H_设$ 时，B 点处水准尺的读数应为

$$b_2 = (H_R + a_1) - (b_1 - a_2) - H_设 \tag{10-3}$$

第二节　点的平面位置测设

点的平面位置测设常用方法有直角坐标法、极坐标法、角度交会法和距离交会法四种。至于选用哪种方法，应根据控制网的形式、现场情况、精度要求等因素来选择。

一、直角坐标法

直角坐标法是根据直角坐标原理，利用纵横坐标之差测设点的平面位置。直角坐标法适用于施工控制网为建筑方格网或建筑基线的形式，且量距方便的建筑施工场地。

如图 10-7 所示，设 O 点为坐标原点，M 点的坐标 $(x，y)$ 已知，先在 O 点安置经纬仪，瞄准 A 点，沿 OA 方向从 O 点向 A 测设距离 y 得 C 点；然后将经纬仪搬至 C 点，仍瞄准 A 点，向左测设 90°角，沿此方向从 C 点测设距离 x 即得 M 点，沿此方向测设 N 点。同

法测设出 Q 点和 P 点。最后应检查建筑物的四角是否等于 $90°$ 角，各边是否等于设计长度，误差是否在允许范围内。

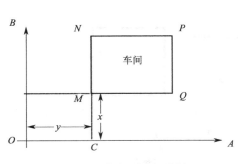

图 10-7　直角坐标法放样

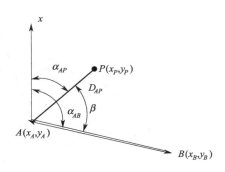

图 10-8　极坐标法放样

该方法计算简单，操作方便，应用广泛。

二、极坐标法

极坐标法是根据一个水平角和一段水平距离，测设点的平面位置。极坐标法适用于量距方便，且待测设点距控制点较近的建筑施工场地。

如图 10-8 所示，A、B 为已知测量控制点，P 为放样点，测设数据计算如下。

① 计算 AB、AP 边的坐标方位角：

$$\alpha_{AB}=\arctan\frac{\Delta y_{AB}}{\Delta x_{AB}} \quad \alpha_{AP}=\arctan\frac{\Delta y_{AP}}{\Delta x_{AP}}$$

② 计算 AP 与 AB 之间的夹角：

$$\beta=\alpha_{AB}-\alpha_{AP}$$

③ 计算 A、P 两点间的水平距离：

$$D_{AP}=\sqrt{(x_P-x_A)^2+(y_P-y_A)^2}=\sqrt{\Delta x_{AP}^2+\Delta y_{AP}^2}$$

测设过程如下。

① 将经纬仪安置在 A 点，按顺时针方向测设 $\angle BAP=\beta$，得到 AP 方向。

② 由 A 点沿 AP 方向测设距离 D_{AP} 即可得到 P 点的平面位置。

三、角度交会法

角度交会法是在两个或多个控制点上安置经纬仪，通过测设两个或多个已知水平角角度，交会出未知点的平面位置。此法适用于受地形限制或量距困难的地区测设点的平面位置测设。

如图 10-9 所示，A、B、C 为已知测量控制点，P 为放样点，测设过程如下。

① 按坐标反算公式，分别计算出 α_{AB}、α_{AP}、α_{BP}、α_{CB}、α_{CP}。

② 计算水平角 β_1、β_2、β_3 角值。

③ 将经纬仪安置在控制点 A 上，后视点 B，根据已知水平角 β_1 盘左盘右取平均值放样出 AP 方向线；同理在将仪器架在 B、C 点分别放样出方向线 BP 和 CP。

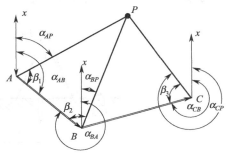

图 10-9　角度交会法放样

若误差三角形边长在限差以内，则取示误三角形重心作为待测设点 P 的最终位置，如图 10-10 所示。

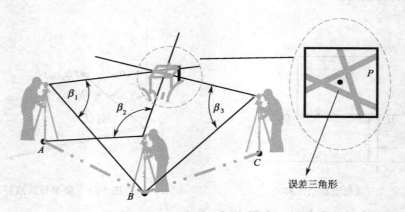

图 10-10　角度交会法放样误差三角形

四、距离交会法

距离交会法是由两个控制点测设两段已知水平距离，交会定出未知点的平面位置。距离

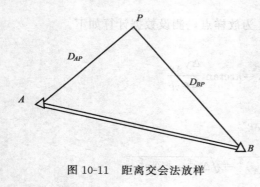

图 10-11　距离交会法放样

交会法适用于待测设点至控制点的距离不超过一尺段长，且地势平坦、量距方便的建筑施工场地。

如图 10-11 所示，A、B 为已知测量控制点，P 为放样点，测设过程如下。

① 根据 P 点的设计坐标和控制点 A、B 的坐标，先计算放样数据 D_{AP} 与 D_{BP}。

② 放样时，至少需要三人，甲、乙分别拉两根钢尺零端并对准 A 与 B，丙拉两根钢尺使 D_{AP} 与 D_{BP} 长度分划重叠，三人同时拉紧，在丙处插一测钎，即求得 P 点。

第三节　已知坡度直线的测设

在修筑道路、敷设排水管道等工程中，经常要测设设计时所指定的坡度线。若已知 A 点设计高程为 H_A，设计坡度 i_{AB}，则可求出 B 点的设计高程：

$$H_B = H_A + i_{AB}D_{AB}$$

如图 10-12 所示，测设过程如下。

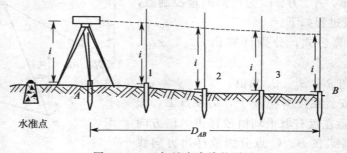

图 10-12　已知坡度直线的测设

① 先用高程放样的方法，将坡度线两端点 A、B 的设计高程标定在地面木桩上，则 AB 的连线已成为符合设计要求的坡度线。

② 细部测设坡度线上中间各点 1、2、3 等，先在 A 点安置经纬仪，使基座上一只脚螺旋位于 AB 方向线上，另两只脚螺旋的连线与 AB 方向垂直，量出仪器高 i，用望远镜瞄准立在 B 点上的水准尺，转动在 AB 方向上的那只脚螺旋，使十字丝横丝对准尺上读数为仪器高 i，此时，仪器的视线与设计坡度线平行。

③ 在 AB 的中间点 1、2、3 等的各桩上立尺，逐渐将木桩打入地下，直到桩上水准尺读数均为 i 时，各桩顶连线就是设计坡度线。

思考题与习题

1. 试绘图说明水平角精确测设的方法。

2. 点的平面测设有几种方法？各在什么条件下使用？试绘图说明。

3. 在地面上要设置一段 29.000m 的水平距离 AB，所使用的钢尺方程式为 $l_t = 30 + 0.004 + 0.000012 (t-20) \times 30$。测设时钢尺的温度为 15℃，所施于钢尺的拉力与检定时的拉力相同，试计算在地面需要量出的长度。

4. 在地面上要求测设一个直角，先用一般方法测设出角 $\angle AOB$，再测量该角若干测回取平均值为 $\angle AOB = 90°00'24''$，如图 10-13 所示。又知 OB 的长度为 100m，问在垂直于 OB 的方向上，B 点应该移动多少距离才能得到 90° 的角？

5. 利用高程为 7.530m 的水准点，测设高程为 7.831m 的室内 ±0.000 标高。设尺立在水准点上时，按水准仪的水平视线在尺上画上了一条线，问在该尺上的什么地方画上一条线，才能使视线对准此线时，尺底部就在 ±0.000 高程的位置？

6. 已知 $\alpha_{MN} = 290°06'$，点 M 的坐标为 $x_M = 15.00$m，$y_M = 85.00$m。若要测设坐标为 $x_A = 45.00$m，$y_A = 85.00$m 的 A 点，试计算仪器安置在 M 点用极坐标法测设 A 点所需的数据。

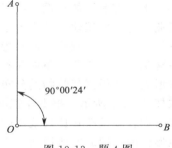

图 10-13　题 4 图

第十一章　建筑工程测量

第一节　建筑场地施工控制网概述

在工业与民用建筑勘测、设计阶段所建立的测图控制网，其控制点的选择是根据地形条件及测图比例尺而定的，它不可能考虑到工程的总体布置及施工要求。因此这些控制点不论是在密度上还是在精度上往往都不能满足施工放样的要求，所以在工程施工之前应在原有测图控制网的基础上，为建筑物、构筑物的测设而另行布设控制网，这种控制网称为施工控制网。施工控制网又分为平面控制网和高程控制网。

一、平面控制网

平面控制网的布设，应根据设计总平面图和建筑场地的地形条件来定。在一般情况下，工业厂房、民用建筑基本上是沿着相互平行或垂直的方向布置的，因此在新建的大中型建筑场地上，施工控制网一般布置成正方形或矩形的格网，称为建筑方格网；对于面积不大的居住建筑区，常布置一条或几条建筑轴线组成简单的图形作为施工放样的依据。建筑轴线的布置形式主要根据建筑物的分布、建筑场地的地形和原有测图控制点的分布情况而定，常见形式如图 11-1 所示。根据建筑轴线的设计坐标和原测图控制点便可将其测设于地面；而对于建筑物较多且布置比较规则的工业场地，可将控制网布置成与主要建筑物轴线平行或垂直的矩形格网，即通常所说的建筑方格网。

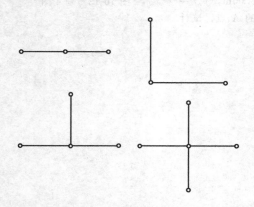

图 11-1　建筑轴线的布置形式

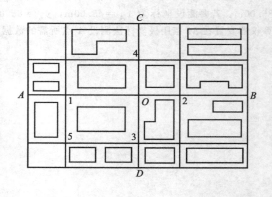

图 11-2　建筑方格网

建筑方格网是根据设计总平面图中建筑物布置情况来布设的，先选定方格网的主轴线，并使其尽可能通过建筑场地中央且与主要建筑物轴线平行，也可选在与主要机械设备中心线一致的位置上。主轴线选定后再全面布设成方格网。方格网是厂区建筑物放样的依据，其边长应根据测设对象而定。图 11-2 所示是根据建筑物的布置情况而设计的建筑方格网。图中，AOB 与 COD 为方格网主轴线。下面简要介绍其测设步骤。

1. 施工坐标系与测量坐标系的坐标换算

由于施工坐标系（设计的建筑坐标系）与原测量坐标系往往不一致，所以在测设工作中有时还需要进行坐标换算。换算时，先在设计总平面图上量取施工坐标系坐标原点在测量坐

标系中的坐标 x_0，y_0 及施工坐标系纵坐标轴与测量坐标系纵坐标轴间夹角 α，再根据 x_0，y_0，α 进行坐标换算。在图 11-3 中，设 x_P，y_P 为 P 点在测量坐标系 xOy 中的坐标，x_P'，y_P' 为 P 点在施工坐标系 $x'O'y'$ 中的坐标，若要将 P 点的施工坐标换算成相应的测量坐标，其计算公式为

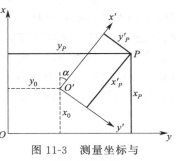

图 11-3　测量坐标与施工坐标换算

$$\begin{cases} x_P = x_0 + x_P'\cos\alpha - y_P'\sin\alpha \\ y_P = y_0 + x_P'\sin\alpha - y_P'\cos\alpha \end{cases} \qquad (11\text{-}1)$$

2. 主轴线测设

如图 11-4 所示，Ⅰ，Ⅱ，Ⅲ为原测图控制点，坐标已知。A，O，B 为设计的主轴线点，其设计坐标亦为已知。若要按Ⅰ，Ⅱ，Ⅲ点测设 A，O，B 点，需先根据它们的坐标算出放样数据 β_1，d_1，β_2，d_2，β_3，d_3，然后将仪器分别安置在Ⅰ，Ⅱ，Ⅲ点上按极坐标法将 A，O，B 测设于地面上，定点 A'，O'，B'，如图 11-5 所示。再安置仪器于 O' 点，精确测定 $\angle A'O'B'$ 的角值 β，若 β 与 $180°$ 之差超过容许范围，则对 A'，O'，B' 的点位进行改正。改正时，将 A'，O'，B' 点分别沿箭头方向移动改正值 δ 至 A，O，B 点，使 A，O，B 三点在同一条直线上。图 11-5 中 δ 值可按下式计算：

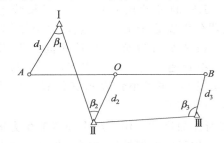

图 11-4　测设数据计算

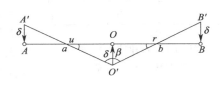

图 11-5　测设点位改正

$$u = \frac{\delta}{\dfrac{a}{2}}\rho = \frac{2\delta}{a}\rho$$

$$r = \frac{\delta}{\dfrac{b}{2}}\rho = \frac{2\delta}{b}\rho$$

$$u + r = 180° - \beta = \left(\frac{2\delta}{a} + \frac{2\delta}{b}\right)\rho = 2\delta \times \frac{a+b}{ab} \times \rho$$

故
$$\delta = \frac{ab}{a+b}\left(90° - \frac{\beta}{2}\right)\frac{1}{\rho} \qquad (11\text{-}2)$$

式中，a，b 分别为轴线 OA，OB 的设计长度；$\rho = 206265''$。

再安置仪器于 O 点。以 OA 或 OB 方向作为依据测设另一主轴线 COD（图 11-2），主轴线 AOB 与 COD 应垂直，其误差不得超过容许范围。

3. 矩形方格网的测设

矩形方格网测设是先在主轴线上精确地定出 1，2，3，4 点，如图 11-2 所示，再在这些点上安置仪器，采用适当的方法即可定出其余各方格网点的位置。最后检查方格网的边长和角度，如果误差超过容许范围，则应进行适当调整，直至方格网各点坐标满足设计要求为止。

二、高程控制网

建筑场地高程控制网是根据施工放样的要求重新建立的，一般是利用建筑方格网点兼作

高程控制点。高程控制测量可按四等水准测量的方法进行施测。对连续性生产车间、某些地下管道则需要布设较高精度的高程控制点。在这种情况下，可用三等水准测量的方法进行施测。此外，为施工放样方便，在建筑物内部还要测设出室内地坪设计高程线，其位置多选在较稳定的墙、柱侧面，以符号"▼"的上横线表示。室内地坪标高又称±0标高。对于某些特殊工程的放样或大型设备的安装测量，还须另设专门的控制网，这类控制网不仅精度较高，而且控制网的坐标系也应与原施工坐标系相一致。

第二节　民用建筑放样

一、建筑物放样

建筑物放样就是在实地标定出设计建筑物的平面位置和高程。对民用建筑来说，建筑物平面位置放样就是定出墙轴线交点。放样前应从设计总平面图中查得拟建建筑物与原有建筑物或与控制点间的关系尺寸及室内地坪标高的数据，以确定放样方案。如图 11-6 所示，图中 $ABCD$ 为已有建筑物，$EFGH$ 为拟建建筑物。放样时，先由 CA，DB 墙边延长 l 定 A'，B'，得 AB 的平行线 $A'B'$。再安置仪器于 A' 点，瞄准 B' 点，并依 BE，EF 的设计尺寸在 $A'B'$ 延长线上定 E'，F' 点。将仪器分别安置于 E'，F' 点，以 $A'B'$ 为起始方向测设 90°，按 l 加外墙面到墙轴线间距及 EG，FH 的设计长定出拟建建筑物轴线交点 E，F，G，H，打入木桩（称为角桩），并用小钉表示其位置。最后还应实地丈量 EF，GH 长度，进行检核。

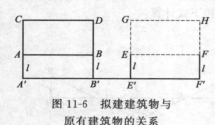

图 11-6　拟建建筑物与原有建筑物的关系

建筑物外墙轴线交点确定后，可根据基础平面图所注的尺寸，用钢尺沿外墙轴线丈量定出各隔墙轴线交点，并以木桩上的小钉表示。再根据基础宽度在墙轴线两侧用灰线表示出基槽开挖边线。

建筑物高程放样通常是用水准仪根据附近水准点将室内地坪标高（±0）测设在适当位置上，以作为控制该建筑物各部分高程的依据。

二、龙门板（或控制桩）设置

由于基础施工时，各角桩将被挖掉，这样就要在基槽开挖之前将各轴线引至基槽外的水平木板上，以作为挖槽后各阶段施工中恢复轴线的依据。水平木板称为龙门板，固定木板的木桩称为龙门桩，如图 11-7 所示。设置龙门板可按以下步骤进行。

① 在建筑物四角和中间隔墙两端基槽外 1.0～2.0m 处设置龙门桩，桩要竖直、牢固，桩面应与基槽平行。

② 根据附近水准点，用水准仪在每根龙门桩外侧测设该建筑的±0标高线。在地形受到限制时，可测设比±0标高线高或低整分米数的标高线。再沿标高线钉上龙门板，使龙门板的上表面恰在测设的标高线上。

③ 安置仪器于 E 点，如图 11-7 所示，后视 F 点，沿 EF 方向在 F 端龙门板上钉一小钉，再倒转望远镜沿 EF 方向在 E 端龙门板上钉一小钉。同法，将各轴线投测到相应的龙门板上。

除上述方法外，还可将轴线投到基槽两端的控制桩上，如图 11-7 中轴线②，③，④，⑤两端的桩点。控制桩亦称引桩，使用时常用混凝土固定，以防碰动。

在龙门板或控制桩设置后，就可根据基槽边界线开挖基槽，当基槽挖到一定深度时，应

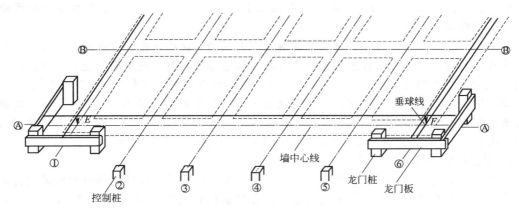

图 11-7　龙门板设置

按照基础剖面图上注明的尺寸用水准仪根据龙门板上表面的高程在槽壁设置一些水平小木桩，如图 11-8 所示，并使木桩上表面离槽底的设计高程为某一固定值。这些小木桩被用来作为清理槽底和浇灌混凝土垫层高度的依据。在垫层打好后，将龙门板（或控制桩）上轴线位置投到垫层上，作为砌筑基础的依据。

但就其放样工作来说，与民用建筑基本相同，只是高程位置可用水准仪按高程上、下传递的方法进行测设，或用钢尺逐层向上量取。

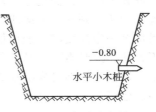

图 11-8　水平小木桩

三、高层建筑施工测量

随着城市建设发展的需要，多层或高层建筑越来越多。在高层建筑的施工测量中，由于地面施工部分测量精度要求较高，高层施工部分场地较小，测量工作条件受到限制，并且容易受到施工干扰，所以施工测量的方法和所用的仪器与一般建筑施工测量有所不同。

1. 平面控制网和高程控制网的布设

高层建筑的平面控制网布设于地坪层（底层），其形式一般为一个矩形或若干个矩形，且布设于建筑物内部，以便逐层向上投影，控制各层的细部（墙、柱、电梯井筒、楼梯等）的施工放样。图 11-9（a）所示为一个矩形的平面控制网，图 11-9（b）所示为主楼和裙房布设有一条轴线相连的两个矩形的平面控制网，控制点点位的选择应与建筑物的结构相适应，选择点位的条件如下。

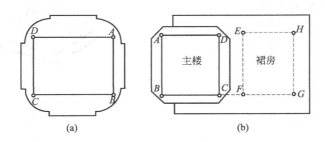

图 11-9　高层建筑平面矩形控制网

① 矩形控制网的各边应与建筑轴线平行。

② 建筑物内部的细部结构（主要是柱和承重墙）不妨碍控制点之间的通视。

③ 控制点向上层垂直投影时要在各层楼板上设置垂准孔，因此通过控制点的铅垂线方向，应避开横梁和楼板中的主钢筋。

平面控制点一般为埋设于地坪层地面混凝土上面的一块小铁板，上面画十字线，交点上冲一小孔，代表点位中心。控制点在结构外墙（包括幕墙）时，施工期间应妥善保护。平面控制点之间的距离测量精度不应低于 1/10000，矩形角度测设的误差不应大于 ±10″。

高层建筑施工的高程控制网，为建筑场地内的一组水准点（不少于 3 个）。待建筑物基础和地平层建造完成后，从水准点测设 1m 标高线（标高为 +1.000m）或 0.5m 标高线（标高为 +0.500m）标定于墙上或柱上，作为向上各层测设设计高程之用。

2. 平面控制点的垂直投影

在高层建筑施工中，平面控制点的垂直投影是将地坪层的平面控制网点沿铅垂线方向逐层向上测设，使在建造中的各层都有与地坪层在平面位置上完全相同的控制网，如图 11-10 所示。据此可以测设该层面上建筑物的细部（墙、柱等结构物）。

高层建筑平面控制点的垂直投影方法有多种，用哪一种方法较合适，要视建筑场地的情况、楼层的高度和仪器设备而定。用经纬仪进行平面控制点的垂直投影时，与工业厂房施工中柱的垂直校正相类似，将经纬仪安置于尽可能远离建筑物的点上，盘左瞄准地坪层的平面控制点后水平制动，抬高视准轴将方向线投影至上层楼板上；盘右同样操作盘左、盘右方向线取其中线（正倒镜分中）；然后在大致垂直的方向上安置经纬仪在上层楼板上同样用正倒镜分中法得到另一方向线。两方向线的交点即为垂直投影至上层的控制点点位。当建筑楼层增加至一定高度时，经纬仪视准轴向上投测的仰角增大，点位投影的精度降低，且操作也很不方便。此时需要在经纬仪上加装直角目镜以便于向上观测，或将经纬仪移置邻近建筑物上，以减小瞄准时视准轴的倾角。用经纬仪进行控制点的垂直投影，一般用于 10 层以下的高层建筑。

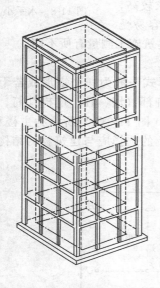

图 11-10　平面控制点的垂直投影

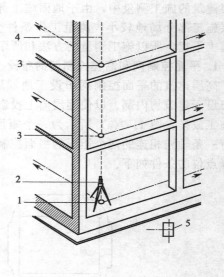

图 11-11　垂准仪进行垂直投影
1—底层平面控制点；2—垂准仪；3—垂准孔；
4—铅垂线；5—垂准孔边弹墨线

垂准仪可以用于各种层次的平面控制点的垂直投影。平面控制点的上方楼板上，应设有垂准孔（又称预留孔，尺寸为 30cm×30cm）。如图 11-11 所示，垂准仪安置于底层平面控制点上，精确置平仪器上的两个水准管气泡后，仪器的视准轴即处于铅垂线位置，在上层垂准孔上，用压铁拉两根细麻线，使其交点与垂准仪的十字丝交点相重合，然后在垂准孔旁楼板面上弹墨线标记（图11-11右下角）。在使用该平面控制点时，仍用细麻绳恢复其中心位置。

楼板上留有垂准孔的高层建筑，也可以用细钢丝吊大垂球的方法测设铅垂线投影平面控制点。此方法较为费时费力，只是在缺少仪器而不得已时才采用。

由于高层建筑较一般建筑高得多，所以在施工中，必须严格控制垂直方向的偏差，使之达到设计的要求。垂直方向的偏差可用传递轴线的方法加以控制，如图11-12所示。在基础工程结束后，可将经纬仪安置在轴线控制桩 A_1，A'_1，B_1，B'_1上。将轴线方向重新投到基础侧面定点 a_1，a'_1，b_1，b'_1，作为向上逐层传递轴线的依据。当建筑物第一层工程结束后，再安置经纬仪于控制桩 A_1，A'_1，B_1，B'_1点上，分别瞄准 a_1，a'_1，b_1，b'_1点，用正倒镜投点法在第二层定出 a_2，a'_2，b_2，b'，并依据 a_2，a'_2，b_2，b'_2精确定出中心点 o_2，此时轴线 $a_2o_2a'_2$ 及 $b_2o_2b'_2$ 即是第二层细部放样的依据。同法依次逐层升高。

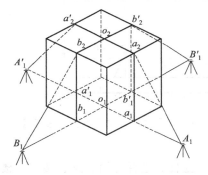

图11-12　垂直方向传递轴线

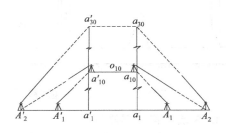

图11-13　延长轴线控制桩

当升到较高楼层（如第10层）时，由于控制桩离建筑物较近，投测时仰角太大，所以再用原控制桩投点极为不便，同时也影响精度。为此需要将原轴线控制桩再次延长至施工范围外约百米处的 A_2，A'_2，B_2，B'_2，如图11-13所示（图中只表示了 A 轴线的投测）。具体做法与上述方法类似逐层投点，直至工程结束。

为了保证投点的正确性，必须对所用仪器进行严格的检验校正；观测时采用正倒镜进行投点，同时还应特别注意照准部水准管气泡要严格居中。为保证各细部尺寸的准确性，在整个施工过程中应使用经过检定的钢尺并使用同一把钢尺。

3. 高程传递

高层建筑施工中，要从地坪层测设的1m标高线逐层向上传递高程（标高），使上层的楼板、窗台、梁、柱等在施工时符合设计标高。高程传递通常用以下两种方法。

（1）钢卷尺垂直丈量法

用水准仪将底层1m标高线连测至可向上层直接丈量的竖直墙面或柱面，用钢卷尺沿墙面或柱面直接向上至某一层，量取两层之间的设计标高差，得到该层的1m标高线（离该层地板的设计结构标高的高差为＋1.000m），如图11-14所示。然后再在该层上用水准仪测设1m标高线于需要设置之处，以便于该层各种建筑结构物的设计标高的测设。

（2）全站仪天顶测距法

高层建筑中的垂准孔（或电梯井等）为光电测距提供了一条从底层至顶层的垂直通道，利用此通道在底层架设全站仪，将望远镜指向天顶，在各层的垂直通道上安置反射棱镜，即可测得仪器横轴至棱镜横轴的垂直距离，加仪器高，减棱镜常数，即可算得高差，如图11-15所示。

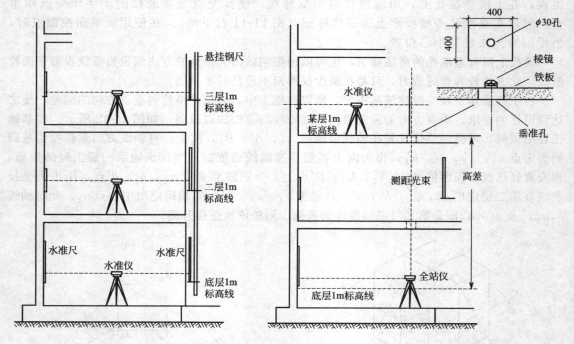

图 11-14　钢卷尺垂直丈量法传递高程　　　　图 11-15　全站仪天顶测距法传递高程

4. 建筑结构细部测设

高层建筑各层上的建筑结构细部有外墙、承重墙、立柱、电梯井筒、梁、楼板、楼梯等及各种预埋件，施工时均需按设计要求测设其平面位置和高程（标高）。根据各层的平面控制点，用经纬仪和钢卷尺按极坐标法、距离交会法、直角坐标法等测设其平面位置；根据1m标高线用水准仪测设其标高。

第三节　工业厂房放样

工业厂房的特点通常是规模较大，设备复杂，且厂房的构件多是预制而成的。因此在修建过程中，要进行较多的测量工作，才能保证厂房的各个组成部分严格达到设计要求。这里着重介绍一般中、小型独立厂房的放样工作。

一、厂房控制网的放样

厂房控制网是厂房进行施工的基本控制依据，厂房的位置和内部各构件的详细测设，均需以控制网作为依据。图11-16中Ⅰ，Ⅱ，Ⅲ为建筑方格网点，a，b，c，d是厂房外墙轮廓轴线交点，其设计坐标已知。A，B，C，D是根据a，b，c，d的位置而设计的厂房控制桩，该桩应布置在整个厂房施工范围以外，但要便于保存和使用。厂房控制桩的坐标可根据厂房外轮廓轴线交点的坐标和设计间距l_1，l_2求出。根据建筑方格网点Ⅰ，Ⅱ用直角坐标法精确测设A，B点。并根据A，B点测设C，D点的位置，最后检查$\angle DCA$，$\angle BDC$及CD长度，其精度分别不得低于$\pm 10''$和$1/10000$。厂房控制网测设后，还应沿控制网每隔若干柱间距测定一点，该点称为距离指标桩，它是测定各柱列轴线的基础。

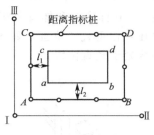

图 11-16　厂房控制网

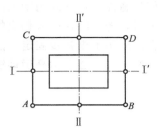

图 11-17　厂房控制网主轴线

对于小型厂房也可用民用建筑放样的方法直接测设厂房四个角点，再将轴线投测到龙门板或控制桩上。对于大型或设备基础复杂的中型厂房，则应先测设厂房控制网的主轴线，如图 11-17 中的 I I′及 II II′，再根据主轴线测设厂房控制网 ABCD。

二、厂房柱列轴线放样

在厂房控制网测设后，可根据柱列轴线间距及跨距的设计尺寸从靠近的距离指标桩量起将各柱列轴线测设于实地，如图 11-18 中所注明的Ⓐ Ⓐ，Ⓑ Ⓑ，① ①，② ②等柱列轴线。这些轴线是基坑放样和构件安装的依据。

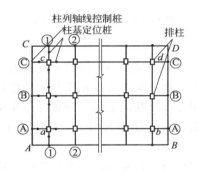

图 11-18　柱列轴线

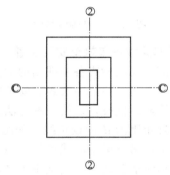

图 11-19　柱基位置

三、柱列基础放样

根据柱列轴线控制桩定出柱基定位桩，如图 11-18 所示，并用经纬仪将轴线投到木桩上，用小钉钉入固定点位。再根据定位木桩用接线方法定出柱基位置，如图 11-19 所示，放出基坑开挖线进行施工。厂房基础一般采用杯形基础。

当基坑挖到一定深度时，再用水准仪检查坑底标高，并在坑壁打入具有一定高度的水平木桩，作为检查坑底标高和打垫层的依据。若基坑很深，即可用高程上下传递的方法进行坑底高程测设。垫层打好后，根据柱基定位桩在垫层上弹出基础轴线作为支撑模板和布置钢筋的依据。

基础浇灌结束，必须认真检查，要在杯口内壁测设±0 标高线，并用"▼"表示，如图 11-20 所示，作为修平杯底及柱吊装时控制高程的依据。同时还要用经纬仪把柱轴线投到杯口顶面，并以"▶"表示，作为柱吊装的依据。

图 11-20　杯口内壁

四、厂房构件安装测量

1. 柱吊装测量

柱吊装前先在柱身三个侧面弹出柱轴线，并在轴线上画出标志

"▶"，再依牛腿面设计标高用钢尺由牛腿面起在柱身定出±0标高位置，并画出标志"▼"。

柱起吊后，随即将柱插入相应的基础杯口，使柱轴线与±0标高线和杯口上相应的位置对齐，并在四周用木楔初步固定。然后将两台经纬仪安置在互相垂直的位置，如图11-21所示。瞄准柱底轴线，逐渐抬高望远镜校正柱顶轴线至柱轴线处于竖直位置。

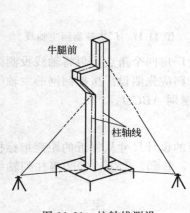

图 11-21　柱轴线测设

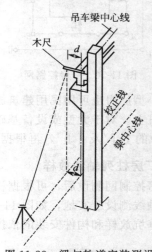

图 11-22　梁与轨道安装测设

2. 吊车梁和吊车轨道安装测量

安装前首先应检查各牛腿面的标高，再依柱列轴线将吊车梁中心线投到牛腿面上，并在吊车梁面和梁两端弹出中心线。安装时用此中心线与牛腿面上梁中心线相重合而使梁初步定位，然后用经纬仪校正。校正的方法是根据柱列轴线用经纬仪在地上放出一条与吊车梁中心线相平行且相距为 d 的校正线，如图11-22所示，安置经纬仪于校正线上，瞄准梁上木尺，移动吊车梁使吊车梁中心线离校正线距离为 d 即可。

在吊车轨道安装前，应该用水准仪检查吊车梁顶的标高。每隔3m在放置轨道垫块处测点，以测得结果与设计数据之差作为加垫块或抹灰的依据。轨道安装完毕后，应进行一次轨道中心线、跨距和轨顶标高的全面检查，以保证能安全架设和使用吊车。

第四节　建筑物的变形观测

随着城市化建设的加快，各种高层建筑物也越来越多。为了建筑物的施工与运营安全，建筑物的变形观测，受到了高度重视。建筑物产生变形的原因很多，如地质条件、地震、荷载及外力作用的变化等是其主要原因。在建筑物的设计及施工中，都应全面地考虑这些因素。如果设计不合理，材料选择不当，施工方法不当或施工质量低劣，就会使变形超出允许值而造成损失。建筑物变形的表现形式主要为产生水平位移、垂直位移和倾斜，有的建筑物也可能产生挠曲及扭转。当建筑物的整体性受到破坏时，则可产生裂缝。本节主要介绍针对建筑物的垂直位移和倾斜而进行的沉降观测与倾斜观测。

一、建筑物的沉降观测

1. 沉降观测的意义

在工业与民用建筑中，为了掌握建筑物的沉降情况，及时发现对建筑物不利的下沉现象，以便采取措施，保证建筑物安全使用，同时也为今后合理地设计提供资料，在建筑安装过程中和投入生产后，连续地进行沉降观测，是一项很重要的工作。

下列厂房和构筑物应进行系统的沉降观测：高层的建筑物，重要厂房的柱基及主要设备基础，连续性生产和受振动较大的设备基础，工业炉（如炼钢的高炉等），高大的构筑物（如电视塔、水塔、烟囱等），人工加固的地基，回填土，地下水位较高或大孔性土地基的建筑物等。

2. 观测点的布置

观测点的数目和位置应能全面正确反映建筑物沉降的情况，这与建筑物的大小、荷重、基础形式和地质条件等有关。一般来说，在民用建筑中，是沿着房屋的周围每隔 $10\sim20$m 设立一点，另外，在房屋转角及沉降缝两侧也要布设观测点。当房屋宽度大于 15m 时，还应在房屋内部纵轴线上和楼梯间布置观测点。在工业厂房中，除承重墙及厂房转角处设立观测点外，在最容易沉降变形的地方，如设备基础、柱基础、伸缩缝两旁、基础形式改变处、地质条件改变处等也应设立观测点。高大圆形的电视塔、烟囱、水塔或配罐等，可在其周围或轴线上布置观测点，如图 11-23 所示。

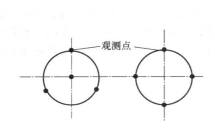

图 11-23　观测点布设

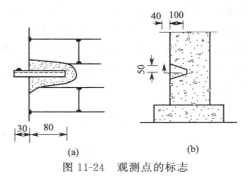

(a)　　　　　(b)

图 11-24　观测点的标志

观测点的标志形式，如图 11-24 和图 11-25 所示。图 11-24（a）所示为墙上观测点；图 11-24（b）所示为钢筋混凝土柱上的观测点；图 11-25 所示为基础上的观测点。

3. 观测方法

（1）水准点的布设

建筑物的沉降观测是根据埋设在建筑物附近的水准点进行的。为了相互校核并防止由于某个水准点的高程变动造成差错，一般至少埋设三个水准点。它们应埋设在建筑物、构筑物基础压力影响范围以外；锻锤、轧钢机等振动影响范围以外；离开铁路、公路和地

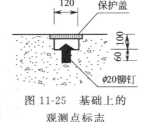

图 11-25　基础上的
观测点标志

下管道至少 5m；埋设深度至少要在冰冻线以下 0.5m；水准点离开观测点不要太远（不应大于 100m），以便提高沉降观测的精度。

（2）观测时间

一般在增加较大荷重之后（如浇灌基础、回填土、安装柱和厂房屋架、砌筑砖墙、设备安装、设备运转、烟囱高度每增加 15m 左右等）要进行沉降观测。施工中，如果中途停工时间较长，应在停工时和复工前进行观测。当基础附近地面荷重突然增加，周围大量积水及暴雨后，或周围大量挖土等，均应观测。竣工后要按沉降量的大小，定期进行观测。开始可隔 $1\sim2$ 个月观测一次，以每次沉降量在 $5\sim10$mm 以内为限度，否则要增加观测次数。以后，随着沉降量的减小，可逐渐延长观测周期，直至沉降稳定为止。

（3）沉降观测

沉降观测实质上是根据水准点用精密水准仪定期进行水准测量，测出建筑物上观测点的高程，从而计算其下沉量。

水准点是测量观测点沉降量的高程控制点，应经常检查有无变动。测定时应用 S_1 级以上的精密水准仪往返观测。对于连续生产的设备基础和动力设备基础，高层钢筋混凝土框架结构及地基地质不均匀区的重要建筑物，往返观测水准点间的高差，不应超过 $\pm\sqrt{n}$ mm（n 为测站数）。观测应在成像清晰，稳定的时间内进行，同时应尽量在不转站的情况下测出各观测点的高程，以便保证精度。前、后视观测最好用同一根水准尺，水准尺离仪器的距离不应超过 50m，并用皮尺丈量，使之大致相等。采用"后—前—前—后"的方法观测。先后两次后视读数之差不应超过 ±1mm。对一般厂房的基础和构筑物，往返观测水准点的高差较差不应超过 $\pm2\sqrt{n}$ mm，同一后视点先后两次后视读数之差不应超过 ±2mm。

4. 成果整理

沉降观测应有专用的外业手簿，并需将建筑物、构筑物施工情况详细注明，随时整理，其主要内容包括：建筑物平面图及观测点布置图，基础的长度、宽度与高度；挖槽或钻孔后发现的地质土壤及地下水情况；施工过程中荷重增加情况；建筑物观测点周围工程施工及环境变化的情况；建筑物观测点周围笨重材料及重型设备堆放的情况；施测时所引用的水准点号码、位置、高程及其有无变动的情况；暴雨日期及积水的情况；裂缝出现日期，裂缝开裂长度、深度、宽度的尺寸和位置示意图等。如中间停止施工，还应对停工日期及停工期间现场情况加以说明。

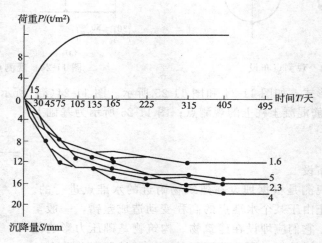

图 11-26 时间-荷重-沉降量关系曲线

为了预估下一次观测点沉降的大约数值和沉降过程是否渐趋稳定或已经稳定，可分别绘制时间和沉降量关系曲线和时间与荷重的关系曲线，如图 11-26 所示。时间与沉降量的关系曲线系以沉降量 S 为纵轴，时间 T 为横轴，根据每次观测日期和每次下沉量，按比例画出各点位置，然后将各点连接而成。时间与荷重的关系曲线以荷重 P 为纵轴，时间 T 为横轴，根据每次观测日期和每次荷载的重量画出各点，将各点连接而成。

5. 沉降观测的注意事项

① 在施工期间经常遇到的是沉降观测点被毁。为此一方面可以适当地加密沉降观测点，对重要的位置如建筑物的四角可布置双点；另一方面观测人员应经常注意观测点的变动情况，如有损坏应及时设置新的观测点。

② 建筑物沉降量一般应随着荷重的加大及时间的延长而增加，但有时却出现回升现象，

这时需要具体分析回升现象的原因。

③ 建筑物的沉降观测是一项较长期的系统的观测工作，为了保证获得资料的正确性，应尽可能地固定观测人员，固定所用的水准仪和水准尺，按规定日期、方式及路线从固定的水准点出发进行观测。

二、建筑物的倾斜观测

对圆形建筑物和构筑物（如烟囱、水塔等）的倾斜观测，是在两个垂直方向上测定其顶部中心 O' 点对底部中心 O 点的偏心距，这种偏心距称为倾斜量，如图 11-27 中的 OO'。其具体做法如下（图 11-28）。

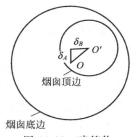

图 11-27　建筑物
中心偏心

① 在烟囱附近选择两个点 A 和 B，使 AO 与 BO 大致垂直，且 A，B 两点距烟囱的距离尽可能大于 $1.5H$，H 为烟囱高度。

② 将仪器安置在 A 点上，整平仪器后测出与烟囱底部断面相切的两个方向所夹的水平角 β，平分 β 角所得的方向即为 AO 方向，并在烟囱筒身上标出 A' 的位置。仰起望远镜，同法测出与顶部断面相切的两个方向所夹的水平角 β'，平分 β' 角所得的方向即为 AO' 方向，投影到下部标出 A'' 的位置。量出 $A'A''$ 的距离。令 $\delta'_A = A'A''$，则 O' 点的垂直偏差 δ_A 为

$$\delta_A = \frac{L_A + R}{L_A} \times \delta'_A \tag{11-3}$$

③ 同法得到 $B'B''$，令 $\delta'_B = B'B''$，则 O' 点 BO 方向的垂直偏差 δ_B 为

$$\delta_B = \frac{L_B + R}{L_B} \times \delta'_B \tag{11-4}$$

式中，R 为烟囱底部半径，可量出圆周计算半径 R 值；L_A 为 A 点至 A' 点的距离；L_B 为 B 点至 B' 的距离。

δ_A，BO 同向取 "+" 号，反之取 "-" 号；δ_B，AO 同向取 "+" 号，反之取 "-" 号。

烟囱的倾斜量为

$$OO' = \sqrt{\delta_A^2 + \delta_B^2}$$

烟囱的倾斜度为

$$i = \frac{OO'}{H}$$

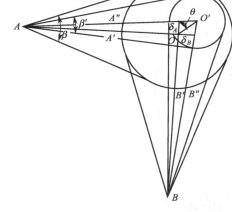

图 11-28　倾斜观测方法

根据 δ_A，δ_B 的正负号可计算出倾斜量 OO' 的假定方位角 θ：

$$\theta = \arctan \frac{\delta_B}{\delta_A} \tag{11-5}$$

若用罗盘仪测出 BO 方向的磁方位角 α_{BO}，则烟囱倾斜方向的磁方位角为 $\alpha_{BO} + \theta$。

三、挠度和裂缝观测

1. 挠度测量

在建筑物施工过程中，随着荷重的增加，基础会产生挠曲。测定建筑结构受力后产生弯曲变形的工作叫挠度测量。

挠度是通过测量观测点的沉降量来进行计算的。如图 11-29 所示，A、B、C 为基础同

轴线上的三个沉降点，由沉降观测得其沉降量分别为 S_A、S_B、S_C，A、B 和 B、C 的沉隆

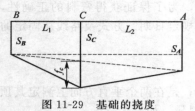

图 11-29　基础的挠度

差分别为 $\Delta S_{AB} = S_B - S_A$ 和 $\Delta S_{BC} = S_C - S_B$，则基础的挠度 f_c 按式（11-6）计算

$$f_c = \Delta S_{BC} - \frac{L_1}{L_1 + L_2} \Delta S_{AB} \qquad (11\text{-}6)$$

式中，f_c 为挠度；L_1 为 B、C 间的水平距离；L_2 为 A、C 间的水平距离。

2. 裂缝观测

当基础挠度过大，建筑物可能出现剪切破坏而产生裂缝。建筑物出现裂缝时，除了要增加沉降观测的次数外，还应立即进行裂缝观测，以掌握裂缝发展情况。

裂缝观测方法如图 11-30（a）所示。用两块白铁片，一片约 150mm×150mm，固定在裂缝一侧，另一片为 50mm×200mm。固定在裂缝另一侧，并使其中一部分紧贴在相邻的正方形白铁之上，然后在两块白铁片表面均涂上红色油漆。当裂缝继续发展时，两块白铁片将逐渐拉开，正方形白铁片上便露出原被上面一块白铁片覆盖着没有涂油漆的部分，其宽度即为裂缝增大的宽度，可用尺子直接量出。

观测装置也可沿裂缝布置成图 11-30（b）所示的测标，随时检查裂缝发展的程度。有时也可采用直接在裂缝两侧墙面分别作标志（画细"十"字线），然后用尺子量测两侧"十"字标志的距离变化，得到裂缝的变化。

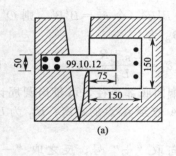

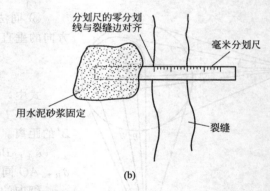

图 11-30　裂缝观测

第五节　竣工总平面图的编绘

竣工总平面图是设计总平面图在施工后实际情况的全面反映，所以设计总平面图不能完全代替竣工总平面图。编绘竣工总平面图的目的在于：在施工过程中可能由于设计时没有考虑到的问题而使设计有所变更，这种临时变更设计的情况必须通过测量反映到竣工总平面图上；它将便于进行各种设施的维修工作，特别是地下管道等隐蔽工程的检查与维修工作；为企业的改建、扩建提供原有各项建筑物、构筑物、地上和地下各种管线及交通线路的坐标、高程等资料。

新建的工程竣工总平面图的编绘，最好是随着工程的陆续竣工相继进行编绘。一面竣工、一面利用竣工测量成果编绘竣工总平面图。如果发现地下管线的位置有问题，可及时到现场查对，使竣工图能真实反映实际情况。边竣工边编绘的优点是：当工程全部竣工时，竣工总平面图也大部分编制完成，既可作为交工验收的资料，又可大大减少实测的工作量，从

而节约了人力和物力。

　　竣工总平面图的编绘，包括室外实测和室内资料编绘两方面的内容。

　　首先是竣工测量。在每个单项工程完成后，必须由施工单位进行竣工测量，提出工程的竣工测量成果。其内容包括以下各方面：工业厂房及一般建筑物，包括房角坐标，各种管线进出口的位置和高程，以及房屋编号、结构层数、面积和竣工时间等资料；铁路和公路，包括起止点、转折点、交叉点的坐标，曲线元素，桥涵等构筑物的位置和高程；地下管网，窨井、转折点的坐标，井盖、井底、沟槽和管顶等的高程，并附注管道及窨井的编号、名称、管径、管材、间距、坡度和流向；架空管网，包括转折点、结点、交叉点的坐标，支架间距、基础面高程。竣工测量完成后，应提交完整的资料，包括工程的名称，施工依据，施工成果，作为编绘竣工总平面图的依据。

　　其次是竣工总平面图的编绘。竣工总平面图上应包括建筑方格网点、水准点、厂房、辅助设施、生活福利设施、架空与地下管线、铁路等建筑物或构筑物的坐标和高程，以及厂区内空地和未建区的地形。

　　厂区地上和地下所有建筑物、构筑物绘在一张竣工总平面图上时，如果线条过于密集而不醒目，则可采用分类编图，如综合竣工总平面图、交通运输竣工总平面图和管线竣工总平面图等。比例尺一般采用1：1000，如不能清楚地表示某些特别密集的地区，也可局部采用1：500的比例尺。

思考题与习题

　　1. 图 11-31 中已绘出新建筑物与原建筑物的相对位置关系，试述测设新建筑物的方法和步骤。

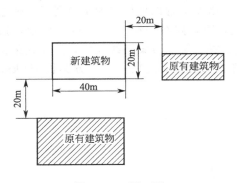

图 11-31　题 1 图

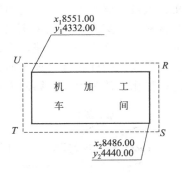

图 11-32　题 2 图

　　2. 已知某厂加工车间两个相对房角点的坐标为

$$x_1 = 8551.00\text{m}, \quad x_2 = 8486.00\text{m}$$

$$y_1 = 4332.00\text{m}, \quad y_2 = 4440.00\text{m}$$

放样时考虑基坑开挖范围，拟将矩形控制网设置在厂房角点以外 6m 处，如图 11-32 所示，求出厂房控制网四角点 T, U, R, S 的坐标值。

　　3. 试述工业厂房控制网的测设方法。

　　4. 试述柱基的放样方法。

　　5. 在房屋放样中，设置轴线控制桩的作用是什么？如何测设？

　　6. 如何进行柱的竖直校正工作？应注意哪些问题？

　　7. 建筑物为什么要进行沉降观测？它的特点是什么？

　　8. 编绘竣工总平面图的意义是什么？

第十二章 道路工程测量

第一节 道路工程测量概述

道路工程测量是指在道路的勘察设计、工程施工、道路竣工各阶段所涉及的各种测量工作。其主要内容有初测、定测、中线测量、纵横断面测量、施工测量及竣工测量等。

道路在勘测设计阶段的测量工作比重非常大且起着至关重要的作用。测量与设计紧密相连，道路工程属线型工程，它的测量与设计的关系，比其他工程更为密切。

道路的设计一般分阶段进行，由粗到细逐步完成，与此相应测量工作的范围由大到小，工作的内容由粗略到详细，逐渐变化。当决定要修建一条道路，首先要做经济调查和踏勘设计。这包括了解待建路线地区居民点、资源、已有交通用地、工农业的分布及发展水平；了解该地区的地形、地质、水文等条件。在此基础上决定待建路线要承担的运输量，中间应通过的城镇居民点，以及路线的等级。路线等级将决定路线的一系列技术标准，如路线的最大允许坡度、最小曲率半径等。路线的等级也将决定路线的造价。设计的这一阶段必须利用1：50000或1：100000比例尺地形图。

利用地形图可以快速、全面、宏观地了解该地区的地形条件，地形图也提供一部分地质、水文、植被、居民点分布、交通网分布等信息。因此通常以地形图为主要资料，辅之以其他调查材料。在室内利用地形图可选择路线方案，决定路线等级。如图12-1所示，预定从大源市到长丰市修建一条公路，有四个方案可供选择。第二方案路线较短，但与铁路相干扰；第三方案线性指标较低（过于曲折），将来难于改造提高，且较一、二方案长150km左右；经过初步比较认为第一、第四方案基本可取。

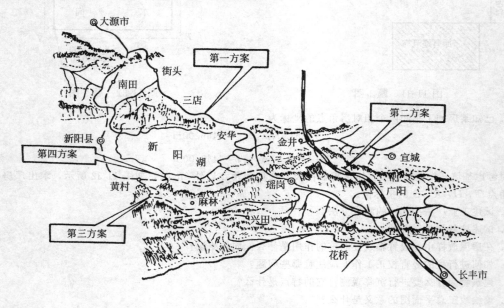

图 12-1 路线方案

在这一设计阶段有时需进行实地考察，以收集资料，比较不同方案之优劣，分析方案技术上的先进性和经济上的合理性等。实地考察时进行草测。常采用一些简单的器具和方法，例如用罗盘仪定向，步测或车测距离，气压计测高等收集一些地形数据。

选定方案后进行初测。初测的主要工作是沿小比例尺地形图上选定的路线，实地测绘大比例尺带状的地形图，以便在该带状地形图上进行较精密的纸上定线，即在图上确定路线具体走向。

纸上定线后的测量工作主要有两个内容：一是把设计在图上的中线在实地标定出来，即实地放样；二是沿实地标出的中线测绘纵横断面图。这一阶段测量工作称为定测。显然实测的纵断面图比纸上定线时利用地形图绘出的纵断面图精确得多。设计人员利用实测纵断面图设计路线的坡度，同时进一步确定桥梁的高度和涵洞、隧道等工程设施的一些参数，并精确计算工程量。定测时实地测设的标桩为日后施工及测量提供依据。

路线设计的基础是对地形、地质、水文等客观条件有正确、充分的了解。但这样的了解必然是一个由粗到细逐步深化的过程。如前所述，路线勘测设计先在面上进行，然后到带，最后到线。与此相应测量人员提供的资料越来越多，图的比例尺越来越大，数据越来越精确。

路线设计和测量的关系如图 12-2 所示。

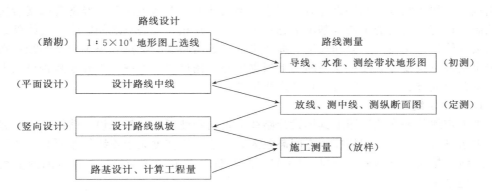

图 12-2 路线设计和测量的关系

上述介绍表明：道路工程的测量工作与设计工作确实是相互穿插，密切配合，一环扣一环地进行的。通常测量人员懂设计，设计人员能测量，这样才能做好道路的勘测设计工作。

道路施工是在勘测设计的基础上进行的。设计说明书、线路平面图、纵断面图及路基横断面图，是道路施工的基础资料，由设计单位通过勘测设计提出来。

道路施工测量是保证道路的平面位置和高程以及形状、规格按设计文件的要求正确地进行施工而进行的测量工作。为此，施工测量工作贯穿于全部施工过程的始终。

在道路施工结束后，要进行竣工测量。竣工测量是检验施工质量与测设是否符合技术要求。竣工测量要进行路线中线测量、纵断面和横断面测量。

第二节　初测与定线

一、初测

初测是根据踏勘提出的方案进行控制测量、地形测量和进行工程地质、水文资料等调查。为确定最合理的路线方案提供可靠的依据，以便进行纸上定线。

　　控制测量就是要建立平面与高程控制点，这些控制点不仅供测绘带状地形图使用，也是定测时放样的依据。

　　线状工程平面控制的最佳形式是导线。导线点应在小比例尺图上选定的中线附近。由于初测导线延伸很长，为了检核，必须设法与国家平面控制点或其他单位不低于四等的平面控制点进行连测。一般要求在导线的起、终点以及在中间每隔一定距离连测一次。当缺乏平面控制点或连测有困难时，应进行真北观测或用陀螺经纬仪定向和检核导线角度。

　　高程控制点是水准点，一般每隔2km设置一个水准点。用等外水准的精度连测其高程。为了防止出错，必须校核，要尽可能与多个国家水准点连测或往返或两独立作业组同时进行水准测量。

　　地形测量就是测绘带状地形图，它是初测的主要任务。带状地形图比例尺通常为1：2000，有时也可以选1：5000。带状地形图的宽度在山区一般为100m，在平坦地区一般为250m。在有争议的地段，带状地形图应加宽以包括几个方案，或为每个方案单独测绘一段带状地形图。

二、定线

　　一条路线从起点到终点，中间有一系列必须经过的地点，如城镇，大河上适宜建桥的地点，翻越山岭时合适的鞍部或隧道，穿过不良地质地段的适合地方等。这些地点称为路线的控制点。路线控制点在踏勘设计阶段在小比例尺地形图上考虑地质、经济等因素后选定。这些控制点选定后路线的走向也基本上选定了。然后在相邻控制点之间定线。定线就是工程技术人员具体设计路线的走向和坡度。即在平面上定出路线的交点和决定曲线半径；在纵断面上定出变坡点及设计坡度；在横断面上根据中心填挖尺寸，考虑边坡开挖是否设挡土墙等。

　　道路定线方法有纸上定线和现场定线两种。

1. 纸上定线

　　纸上定线就是在地形图上具体设计路线的走向和坡度。一般来说，路线在两相邻控制点之间力求平直。如果两相邻控制点间高差太大，使平均坡度大于路线等级所规定的限制坡度时应展线。按照地形图的比例尺（1：M）及等高距h先计算与坡度i相应的图上相邻等高线间最短平距d：

$$d = \frac{h}{iM} \tag{12-1}$$

　　通常选用的坡度i要比规范上的限制坡度略小一些。这由路线工程设计者考虑多种因素按照规范计算而得。由式(12-1)算得d值后用分规按d值从路线控制点附近的一条等高线出发直到另一个路线控制点为止，展绘一条同坡度线。此线为一条折线，称为不填不挖的路线。然后经截弯取直以后，把同段长为d的折线用一些长直线代替，长直线就作为图上设计的路线直线段的中线，相邻长直线的转折点称为交点。相邻长直线之间各点用曲线连接。这样路线的中线就是由相间的直线段与曲线段组成（路线的中线不经过交点）的。沿中线计算路线上各种特征点的里程。利用等高线经内插路线中线上一系列点的高程后绘制纵断面图。在纵断面图上设计路线坡度，并计算线路的工程量和费用。这样利用地形图即可把一个路线方案选出来。

2. 现场定线

　　我国道路定线中，常采用现场定线的方法，即根据技术标准，结合实地地形、地质等条件，由有经验的路线工程师利用简单的仪器和工具，直接选定路线中线的交点以确定路线中线位置。这种方法虽然简单直观，但需具有实践经验的专门工程技术人员才能做好。如遇有复杂地形、现场定线困难时，还应采用纸上定线方法。

第三节　中线测量

中线测量就是将路线中心线的平面位置测设到实地，并实测其里程。中线测量的主要工作有交点测设、转点测设、转角测定、曲线测设和里程桩设置。关于曲线测设将在后面几节中详细介绍。

一、交点测设

路线的转折点称为交点，它是布设路线、详细测设直线和曲线的控制点。下面具体介绍两种测设方法。

1. 穿线放线法

这是一种常用的方法，具体做法如下。

（1）准备测设数据

如图 12-3 所示，在带状地形图上，从初测的导线点 D_{14}，D_{15}，D_{16}，D_{17} 出发作导线边的垂线，它们与设计中线交于 P_{14}，P_{15}，P_{16}，P_{17} 点。图上量取垂线的长度，直角和垂线长度即为测设数据。

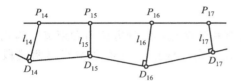

图 12-3　图上量取测设数据

图 12-4　穿线放线

（2）实地测设

实地在相应的导线点上测设直角得到方向，再沿此方向测设距离定出 P_{14}，P_{15}，P_{16}，P_{17} 点。如果垂距较长，宜用全站仪测设。

（3）穿线

由于量测仪器、测设数据和放点操作存在误差，在图中同一直线上的各点放于实地后，一般都不在同一直线上。为了检查和比较，一条直线通常要放出三个以上的临时点。经过比较和选择，最后应定出一条尽可能多地穿过或靠近临时点的直线，这项工作称为穿线。穿线可用目测或经纬仪法进行。如图 12-4 所示，采用目估法，先在适中的位置选定 A，B 点竖立花杆，一人在 AB 延线上观测，考察直线 AB 是否穿过多数临时点或它们之间的平均位置。若未穿过，移动 A 或 B，直到达到要求为止。最后在 A，B 或其方向线上打下两个以上的控制桩，称为直线转点桩 ZD，随即取消临时桩。采用经纬仪穿线时，仪器可置于 A点，然后照准多点靠近的方向定出 B 点，也可将仪器置于直线中部较高的位置。正镜照准多数临时点靠近的方向，倒镜后，如视线不能穿过多数临时点的平均位置，偏离多数点靠近的方向，则应左右移动仪器，重新观测，直到达到要求钉上转点桩为止。

（4）交会定点

相邻两直线在地面上确定后，当通视良好时，即可直接延长直线进行交会定点。如图 12-5 所示，当 ZD$_1$，ZD$_2$，JD 通视时，则应置经纬仪于 ZD$_2$，盘左照准后视点 ZD$_1$，倒转望远镜，在视线方向于交点 JD 的大概位置前后，打下两桩（称为骑马桩），并沿视线方向用铅笔在桩顶上分别标出 a_1，b_1 点。盘右仍照准 ZD$_1$，倒转望远镜，在 a，b 两点的桩上又定出 a_2，b_2 点。分别取 a_1 与 b_1 和 a_2 与 b_2 的中点，钉上小钉，定出直线 I 通过的位置，并在小钉点上挂上细线。这种延长直线的方法为正倒镜分中法。用同样方法，再将仪器置于 ZD_3，延长直线Ⅱ，于 ab 弦线相交处打下木桩，钉上小钉，即得出交点 JD 位置。

以上这种穿线放线方法中用的是支距法，准备数据简单，外业工作也不复杂，方法简单、直观、不易出错，即使出错也容易及时发现与更正。

在穿线放线方法中也可采用极坐标法测设。如图 12-6 所示，P_4，P_5，P_6，P_7 为选定的临时点。D_4，D_5 是作为极点使用的导线点。测设时，先在图上用量角器和比例尺图解出角度 β_i 和距离 l_i，然后在地面相应导线点上，拨角定方向，测距离，即可在地面上定出各临时点的相应点位。经过穿线后即可定出交点位置。

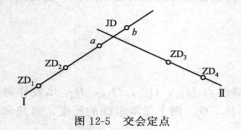

图 12-5 交会定点

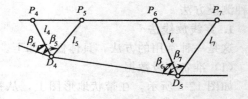

图 12-6 极坐标法

2. 拨角放线法

(1) 准备测设数据

在带状地形图上量取各交点的纵横坐标，并计算相邻两点连线的方位角和距离。隔几个交点计算交点与其近旁导线点间的距离和连线的方位角。根据方位角之差算得两线段的夹角。

(2) 实地放点

从导线点出发，按夹角和距离定出第一个交点，再从它出发按夹角和距离定出下一个交点，依次类推测设出各交点。

这种方法外业工作迅速，但拨角越多误差积累也越大，故每隔几个交点后要与导线连测一次。连测是为了校核，闭合差在限差之内可继续进行工作，一般不做闭合差调整。连测的那一交点以实际连测坐标为准，计算它至下一个交点间的长度及方位角，然后从它出发放出其余交点。

二、转点测设

定线测量中，当相邻两交点互不通视时，需要在其连线或延长线上，测定一点或数点，以供交点、测角、量距或延长直线时瞄准之用，这样的点称为转点。转点的测设可设在两交点中间，也可设在两交点的延长线上，其测设方法是相似的。下面具体介绍转点设在两交点中间的测设方法。

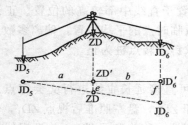

图 12-7 正镜分中法

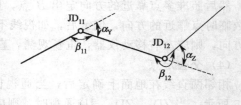

图 12-8 路线转角

如图 12-7 所示，JD_5，JD_6 为相邻不通视的交点，ZD' 为初定转点。现欲检查 ZD' 是否在两交点的连线上，可置经纬仪于 ZD'，用正镜分中法延长 JD_5-ZD' 于 JD_6'。若 JD_6' 与 JD_6 重合或偏差 f 在路线允许移动范围内，则转点位置可以确定在 ZD'。

当偏差 f 超过允许范围时，则需重新设置转点。设 e 为 ZD' 应横移的距离，a，b 分别为视距 JD_5 与 ZD'，ZD' 与 JD_6 的距离，则

$$e = \frac{a}{a+b}f \tag{12-2}$$

将 ZD' 沿偏差 f 相反方向移动 e 至 ZD。将仪器移至 ZD，延长直线 JD_5-ZD 看是否通过 JD_6 或偏差值是否允许。若不通过或偏差值不允许应重设转点，直到符合要求为止。

三、转角测定

转角又称偏角，是线路由一个方向偏转另一方向时，偏转后的方向与原方向间的夹角，常用 α 表示，如图 12-8 所示。转角有左右之分，偏转后的方向位于原方向左侧的，称左转角 α_Z，位于原方向右侧的称为右转角 α_Y。在路线测量中，转角通常是观测路线的右角 β，按下式计算：

$$\begin{cases} \beta < 180° 时 & \alpha_Y = 180° - \beta \\ \beta > 180° 时 & \alpha_Z = \beta - 180° \end{cases} \tag{12-3}$$

根据曲线测设的需要，在右角测定后，要求在不变动水平度盘位置的情况下，定出 β 角的角分线如图 12-9 所示，测设角时，后视方向的水平度盘读数为 b，则角分线方向的水平角读数 c 的计算如下。

因 $\beta = a - b$，则 $c = b + \dfrac{\beta}{2}$，故

$$c = \frac{a+b}{2} \tag{12-4}$$

在实践中，无论设置右角或左角的平分线，均可按上式计算 c 值。为了保证角度观测精度，还应进行路线角度闭合差的检核，以便及时发现错误，及时纠正。

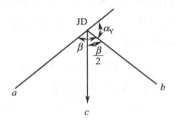

图 12-9　转角测设

四、里程桩设置

在路线交点、转点及转角测定后，即可进行实地量距、设置里程桩、标定中线位置。桩上写有桩号，表达该桩至路线起点的水平距离。如某桩距起点的距离为 1234.56m，则桩号记为 $Ki+234.56$。

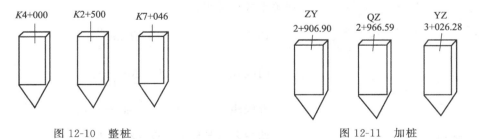

图 12-10　整桩　　　　　　　　　图 12-11　加桩

里程桩分整桩和加桩两种。整桩是按规定每隔 20m、50m，桩号为整数设置的里程桩。百米桩、千米桩均属于整桩（图 12-10）。加桩分地形加桩，即于中线地形变化点设置的桩；曲线加桩，即于曲线起点、中点、终点等设置的桩；关系加桩，即于转点和交点设置的桩。如图 12-11 所示，在书写曲线加桩和关系加桩时，应先写其缩写名称。目前，我国公路采用

汉语拼音的缩写名称见表 12-1。

表 12-1　里程桩名称、简称及缩写

标志名称	简称	汉语拼音缩写	标志名称	简称	汉语拼音缩写
交点		JD	公切点		GQ
转点		ZD	第一缓和曲线起点	直缓点	ZH
圆曲线起点	直圆点	ZY	第一缓和曲线终点	缓圆点	HY
圆曲线中点	曲中点	QZ	第二缓和曲线起点	圆缓点	YH
圆曲线终点	圆直点	YZ	第二缓和曲线终点	缓直点	HZ

钉桩时，对起控制作用的交点、转点、曲线主点桩，桥位桩，以及隧道定位桩等均应钉设正桩（方木桩）和标志桩（板桩）；正桩桩顶与地面齐平，其上钉一小钉表示点位。直线地段的标志桩打在路线前进方向的一侧；曲线地段标志桩打在曲线外侧。标志桩与正桩的距离一般为 20～30cm，在其上应写清桩名和里程。除正桩外，其余各桩钉设时不要求平于地面，以露出桩号为宜。桩号要面向路线起点方向。里程桩的设置是在中线丈量的基础上进行的，一般是边丈量边设置。

<h2 style="text-align:center">第四节　圆曲线测设</h2>

道路中线是由直线及曲线所组成的，因此曲线测设是中线测量的主要工作之一。就公路线路而言，由于受地形、地物或其他工程的限制，以及社会经济的要求，线路总是不断地从一个方向转到另一个方向。因此必须用曲线连接，才能使车辆平稳，安全地行驶。在连接不同方向路线的曲线中圆曲线是一种非常简单、实用的线型。圆曲线又称单曲线，是由一定半径的圆弧线构成的。圆曲线的测设一般分两步进行，先测设曲线的主点，即曲线的起点、中点和终点，然后在主点间进行加密。按规定桩距测设曲线的其他各点。这项工作称为曲线的详细测设。

一、圆曲线主点测设

1. 主点测设元素

如图 12-12 所示，圆曲线的半径 R、转角 α、切线长 T、曲线长 L、外矢距 E 及切曲差（又称校正数或超距）D 称为圆曲线要素。其中，R 及 α 均为已知数据。R 是在设计中按线路等级及地形条件等因素选定的；α 是路线定测时测出的。其余要素可按下列关系式计算得出：

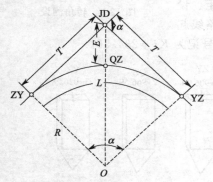

图 12-12　圆曲线要素

切线长 $\qquad T = R\tan\dfrac{\alpha}{2}$ $\qquad$ (12-5)

曲线长 $\qquad L = R\alpha\,\dfrac{\pi}{180°}$ $\qquad$ (12-6)

外矢距 $\qquad E = R\left(\sec\dfrac{\alpha}{2}-1\right)$ $\qquad$ (12-7)

切曲差（超距）$\quad D = 2T - L$ $\qquad$ (12-8)

其中，T，E 用于主点设置；T，L，D 用于里程计算。在测设中，T，L，E，D 一般以 R 和 α 为引数，直接从曲线测设用表中查得。

2. 主点里程的计算

圆曲线主点的里程是根据交点 JD 的里程推算的。若已知交点 JD 的里程，便可计算出各主点的里程。由图 12-12 可知：

$$ZY \text{ 里程} = JD \text{ 里程} - T$$

$$YZ \text{ 里程} = ZY \text{ 里程} + L$$

$$QZ \text{ 里程} = YZ \text{ 里程} - \frac{L}{2}$$

$$JD \text{ 里程} = QZ \text{ 里程} + \frac{D}{2} \qquad \text{（校核）}$$

【例 12-1】　设交点 JD 里程为 $K14 + 982.40$，圆曲线元素为：$T = 32.55\text{m}$，$L = 62.47\text{m}$，$E = 5.71\text{m}$，$D = 2.63\text{m}$，试求曲线主点桩里程。

JD	$K14+982.40$
$-T$	32.55
ZY	$K14+949.85$
$+L$	62.47
YZ	$K15+012.32$
$-L/2$	31.23
QZ	$K14+981.09$
$+D/2$	1.31
JD	$K14+982.40$ （计算无误）

3. 主点测设

如图 12-13 所示，主点测设步骤如下。

① 将仪器置于交点 JD 上，以线路方向定向。自 JD 起沿两边切线方向分别量出切线长 T，即得曲线起点 ZY 及曲线终点 YZ。

② 在交点 JD 上后视 ZY，拨角 $\dfrac{180° - \alpha}{2}$，得角分线方向，沿此方向自 JD 量出外矢距 E，即得曲线中点 QZ。

圆曲线主点对整条曲线起着控制作用。其测设的正确与否，直接影响曲线的详细测设，所以，在进行作业时应仔细检查。在主点设置后，还可以用偏角进行检核所测设的主点有无错误。如图 12-13 所示曲线的一端对另一端的偏角应为转向角 α 的一半；曲线的一端对曲线的中点 QZ 的偏角应为转向角 α 的 1/4。

二、圆曲线的详细测设

在测设中，当地形变化不大，曲线长度小于 40m 时，测定曲线的三个主点已能满足线型的需要。但当地形变化大，曲线较长时，就需要沿着曲线以一定桩距打加密曲线桩，才能在地面上比较确切地反映圆曲线的形状。对于曲线桩距一般规定如下：

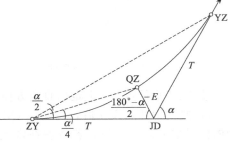

图 12-13　主点测设

$$R \geqslant 100\text{m} \text{ 时} \qquad\qquad l = 20\text{m}$$

$$25\text{m} < R < 100\text{m} \text{ 时} \qquad l = 10\text{m}$$

$$R \leqslant 25\text{m} \text{ 时} \qquad\qquad l = 5\text{m}$$

圆曲线详细测设的方法很多。归纳起来有两种，即直角坐标法和极坐标法，有时也在一定场合用距离交会法。下面介绍几种常用的方法。

1. 切线支距法

切线支距法亦称直角坐标法。它是以曲线起点（ZY）或曲线终点（YZ）为原点，以两

端切线为 x 轴，过原点的曲线半径为 y 轴，利用曲线上各点坐标 x，y 设置曲线。一般采用整桩距法设桩，即按规定的弧长（20m、10m 或 5m），桩距为整数，桩号多为非整数设桩。设 l_i 为待测点至原点间的弧长，φ_i 为 l_i 所对的圆心角，R 为曲线半径。由图 12-14 可知，待定点的坐标应按下式计算：

$$\begin{cases} x_i = R\sin\varphi_i \\ y_i = R(1-\cos\varphi_i) \end{cases} \tag{12-9}$$

$$\varphi_i = \frac{l_i}{R} \times \frac{180°}{\pi} \quad (i=1,2,3\cdots)$$

曲线测设时 x，y 可根据 R 和 l 为引数，从曲线测设用表中查得，必要时也可按上式计算。

为了避免支距过长，一般采用由 ZY 和 YZ 点向 QZ 点施测。如图 12-14 所示，施测步骤如下。

① 从 ZY（或 YZ）点开始沿切线方向量取 P_i 的横坐标 x_i，得垂足 N_i。

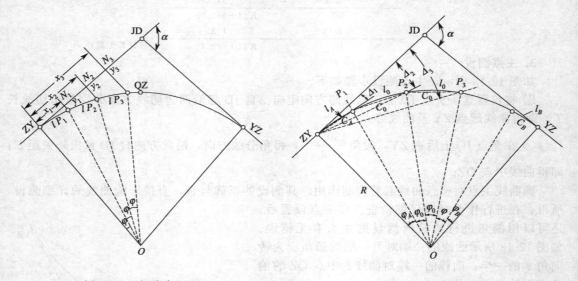

图 12-14　切线支距法　　　　　　　　　　图 12-15　偏角法

② 在各垂足点 N_i 上定出直角方向，量出纵坐标值 y_i，即可定出曲线点 P_i。

③ 曲线细部点设完后，要量取 QZ 点至其最近的一个曲线桩的距离，并将该距离与它们的桩号之差进行比较，若较差在限差之内，则曲线测设合格；否则，应查明原因，予以纠正。

这种方法适用于开阔的平坦地区，而且有测点误差不积累的优点。

2. 偏角法

偏角法是一种极坐标的定点方法。如图 12-15 所示，它是以曲线起点或终点至曲线任一待定点 P_i 的弦线与切线之间的弦切角（偏角）和弦长 C_i 来确定 P_i 点的位置。

偏角法测设曲线，一般为整桩号法，按规定的弧长 l_0（20m、10m 或 5m）设桩。由于曲线起、终点多为非整桩号，除首、尾段的弧长 l_A，l_B 小于 l_0 外，其余桩距均为 l_0。设 φ_A，φ_B 和 Δ_A，Δ_B 分别为曲线首、尾段弧长 l_A，l_B 的圆心角和偏角，φ_0 和 Δ_0 分别为整弧 l_0 所对的圆心角和偏角。若将曲线分为 n 个整弧段，各桩点相应的偏角 Δ 应等于相应弧长所对的圆心角 φ 之半，即

$$\begin{cases} P_1 \text{ 点} & \Delta_1 = \varphi_A/2 = l_A \rho/(2R) = \Delta_A \\ P_2 \text{ 点} & \Delta_2 = (\varphi_A + \varphi_0)/2 = \Delta_A + \Delta_0 \\ P_3 \text{ 点} & \Delta_3 = (\varphi_A + 2\varphi_0)/2 = \Delta_A + 2\Delta_0 \\ \cdots \\ P_{n+1} \text{ 点} & \Delta_{n+1} = (\varphi_A + n\varphi_0)/2 = \Delta_A + n\Delta_0 \end{cases} \quad (12\text{-}10)$$

$$\text{终点} \quad \Delta_{YZ} = (\varphi_A + n\varphi_0 + \varphi_B)/2 = \Delta_A + n\Delta_0 + \Delta_B$$

或

$$\Delta_{YZ} = \Delta_A + n\Delta_0 + \Delta_B = \frac{\alpha}{2} \quad \text{（用于校核）} \quad (12\text{-}11)$$

$$\text{弦长} \quad C_i = 2R\sin\frac{\varphi_i}{2} = 2R\sin\Delta_i \quad (12\text{-}12)$$

$$\text{弧弦差} \quad \delta_i = l_i - C_i = l_i^3/(24R^2) \quad (12\text{-}13)$$

测设时，偏角 Δ_i、弦长 C_i、弧弦差 δ_i 均可根据选定的半径 R 和弧长 l，从曲线测设用表中查得，必要时也可按公式计算得出。

偏角法的测设程序如下。

(1) 计算测设数据

设某曲线 $\alpha_Y = 10°49'00''$，$R = 1200\text{m}$，主点桩号：ZYK4＋408.70，QZK4＋521.98，YZK4＋635.25，$l_0 = 20\text{m}$，则桩号、弧长和偏角按表 12-2 计算。

为了简化计算，将各点偏角值减去 Δ_A，变成度盘正拨的偏角读数。这样，除曲线起点方向（即切线方向）的度盘读数为"$360 - \Delta_A$"外，其余整桩点的读数均可直接从曲线表中查取。

表 12-2　偏角法测设数据计算

桩名	桩号	弧长	偏角	正拨偏角读数
ZY	K4＋408.70	11.30	$\Delta_{ZY} = 0°00'00''$	$\alpha_{ZY} = 360° - \Delta_A$
P_1	K4＋420		$\Delta_1 = \Delta_A = 0°16'11''$	$\alpha_1 = 0°00'00''$
P_2	K4＋440	20.00	$\Delta_2 = \Delta_A + \Delta_0 = 0°44'50''$	$\alpha_2 = \Delta_0 = 0°28'39''$
P_3	K4＋460	20.00	$\Delta_3 = \Delta_A + 2\Delta_0 = 1°13'29''$	$\alpha_3 = 2\Delta_0 = 0°57'18''$
...	...		...	...

(2) 点位测设

将仪器置于曲线起点 ZY（A），使水平度盘读数为 α_{ZY}，瞄准交点 JD，拨读数 α_1，定 AP_1 方向。沿此方向，从 A 量出首段弦长 C_A，得出整桩点 P_1。同理依次拨 α_i，量 C_0，交会定出 P_i 各点，直至整桩点 P_{n+1}。最后由 P_{n+1} 点量出 C_B 与 ZY 至 YZ 方向相交，其交点应闭合在曲线终点 YZ 上。

(3) 检查曲线测至终点的闭合差

一般不应超过如下规定：纵向（切线方向）为 $\pm L/1000$（L 为曲线长）；横向（法线方向）为 $\pm 10\text{cm}$。否则，应查明原因，予以纠正。

用偏角法测设圆曲线的计算和操作方法都比较简单、灵活，且可以自行闭合，自行检核，精度较高，受地形影响较少，在曲线测设中广泛应用。但其缺点是误差积累，通视不良地区工作困难。

3. 弦线支距法

弦线支距法亦称长弦纵距法。如图 12-16 所示，曲线三主点测定后，以 ZY 或 YZ 点为坐标原点，以弦 AB 为 x 轴，弦的垂线为 y 轴。

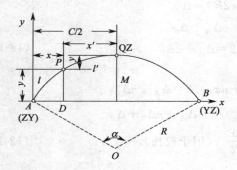
图 12-16　弦线支距法

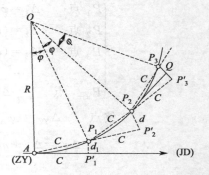
图 12-17　弦线偏距法

设曲线上任一点 P 的坐标为 (x,y)，弧长 $AP=l$，QZ 至弦 AB 的垂距 M 称为中央纵距。当已知曲线半径 R 和圆心角 α 时，则

$$M=R(1-\cos\alpha/2) \tag{12-14}$$

$$\begin{cases} x=\dfrac{C}{2}-x' \\ y=M-y' \end{cases} \tag{12-15}$$

式中，C 为弦 AB 的长度，可按式(12-12)计算或查表求得；x'，y' 分别为以 QZ 为原点的横距和纵距，可以弧长 l' 和 R 为引数查切线支距表求得，或按式(12-9)计算求得。

此法施测简便，在使用切线支距法有困难时，用它从曲线内侧测设较为方便。

4. 弦线偏距法

弦线偏距法亦称延弦法，是一种以距离交会测定曲线桩点的方法。如图 12-17 所示，测设时把连接两点所得弦长延长一倍，以偏支距 d 和弦相交会确定曲线桩点位置。

弦线偏距法量测工具简单，测算方便，更适用于横向受限制的地段测设曲线。如隧道施工测量，半成路基上恢复中线和林区曲线测设等。此方法缺点是测设精度低，误差积累快，不宜连续测设多点。为减少连续测点次数通常分别由曲线的起点 ZY 和终点 YZ 向曲线中点 QZ 测设。

总的来说，切线支距法及偏角法是曲线测设中两种主要的方法，其他的方法不是精度较低就是工作较烦琐，故属于辅助方法。当采用上述两种主要方法有一定困难时，可使用辅助方法。

第五节　困难地段圆曲线测设

在困难地段，往往因地形复杂、地物障碍等，不能按一般方法进行曲线测设。这时就必须根据具体情况采用相应的方法和措施，将曲线的主点测设出来，再用本章第四节所介绍的圆曲线测设方法进行测设。下面介绍常见情况及其测设曲线主点的方法。

一、虚交

虚交是指路线交点 JD 处不能设桩或安置仪器（如 JD 落入水中或深谷处），有时转角太大，JD 远离曲线或遇地形地物障碍不易到达 JD 处时，也可按下述方法处理。

利用圆外基线法时，如图 12-18 所示，曲线交点落在河里，不能设桩或安置仪器。在位于曲线外侧，在其两切线上分别选择转点 A 与 B，构成圆外基线 AB。用仪器可测出角 α_A，α_B，量得 AB 长，并要进行检校，所测角度和距离均不得超过限差规定。由图可知

$$\alpha = \alpha_A + \alpha_B$$

$$
\begin{cases}
AC = \dfrac{AB \sin\alpha_B}{\sin(180° - \alpha)} = \dfrac{AB \sin\alpha_B}{\sin\alpha} \\[2mm]
BC = \dfrac{AB \sin\alpha_A}{\sin(180° - \alpha)} = \dfrac{AB \sin\alpha_A}{\sin\alpha}
\end{cases}
\tag{12-16}
$$

根据 α 和选定的半径 R，从测设用表中查得 T，L 和 E，故辅点 A，B 至 ZY 与 YZ 点的距离分别为

$$
\begin{cases}
AE = T - AC \\
BF = T - BC
\end{cases}
\tag{12-17}
$$

于是由 A，B 两点分别量出 AE，BF 即可定出曲线的 ZY，YZ 点。但是，当式(12-17)中 AE，BF 或其中之一出现负值时，表示曲线起点、终点或其中之一位于辅点与虚交点之间，说明所选半径小了，应加大半径，使设置的曲线能位于基线内侧。实际工作中为了利用基线控制曲线起点与终点通过有利地形，可先确定 AE 或 BF 的大小再反求出应采用的半径 $R_采$，将 $T = R_采 \tan\dfrac{\alpha}{2}$ 代入式(12-17) 可得

$$R_采 = \dfrac{AE + AC}{\tan\dfrac{\alpha}{2}}$$

或

$$R_采 = \dfrac{BF + BC}{\tan\dfrac{\alpha}{2}}$$

然后，根据 $R_采$ 和 α 求得 L，E，再继续测设。

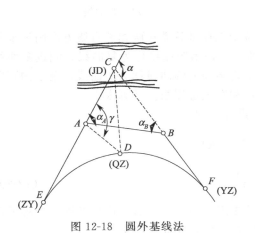

图 12-18　圆外基线法　　　　　　　　图 12-19　曲线中点测设

曲线中点 QZ 的测设，可根据 $\triangle AGD$ 中 AD 边和 γ 角进行。根据余弦定律有

$$AD = \sqrt{AC^2 + CD^2 - 2AC \times CD \times \cos\theta} \tag{12-18}$$

根据正弦定律有

$$\gamma = \arcsin\left(\dfrac{CD}{AD} \times \sin\theta\right) \tag{12-19}$$

式中，AC 已求出；$CD = E$；$\theta = (180° - \alpha)/2$。

施测时将仪器置于 A 点，后视 ZY 点，拨角 $180° + \gamma$，在视线方向量长度 AD，定出 QZ 点。

曲线中点 QZ 的测设采用中点切线法比较简单。设 MN 为中点切线，由图 12-19 可知：

$$\angle CMD = \angle CND = \frac{\alpha}{2}$$

$$EM = MD = DN = NF = T'$$

T' 是当转角为 $\alpha/2$ 时的切线长，即

$$T' = R\tan\frac{\alpha}{4}$$

根据半径 R 和转角 $\alpha/2$ 计算或查表可求得 T'，然后由曲线的起点 E 和终点 F 分别向交点方向量切线长 T' 定出 M，N 两点，取 MN 的中点即为曲线的中点 QZ。

二、偏角法视线受阻

用偏角法测设圆曲线，遇有障碍视线受阻时，可将仪器搬到能与待测点相通视的已测桩点上，运用同一圆弧段两端的弦切角（即偏角）相等的原理，找出新测站点的切线方向，就可以继续施测。如图 12-20 所示，仪器在 ZY 点与 P_4 不通视。于是将仪器移至已测定的 P_3 点上，后视 ZY 点，继续采用偏角法测设其余各点。

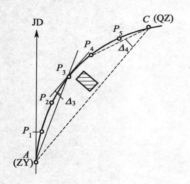

图 12-20　偏角法测设

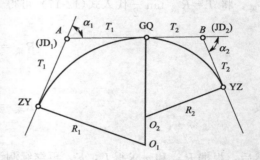

图 12-21　复曲线

有时设计单曲线不能与地形很好吻合，为了减少工程量就需在两相邻直线方向间设置两个或两个以上半径不等的同向圆曲线如图 12-21 所示，该组圆曲线称为复曲线。测设复曲线时，必须先选定其中一个圆曲线的半径，则该被选定半径的圆曲线称为主曲线，余下的圆曲线称为副曲线。副曲线的半径可以根据主曲线半径和有关量测数据计算求出。

在图 12-21 中，测出转角 α_1，α_2 及 AB 长，设计出 R_1，则

$$T_1 = R_1\tan\frac{\alpha_1}{2} \qquad\qquad T_2 = AB - T_1$$

$$R_2 = T_2/\tan\frac{\alpha_2}{2} \tag{12-20}$$

复曲线的测设同样分两步进行，先测设曲线的主点，然后在主点间进行加密。按规定桩距测设曲线的其他各点。其具体测设方法与单圆曲线类似，在此不再赘述。

第六节　回 头 曲 线

回头曲线是一种半径小、转弯急、线型标准低的曲线形式。当公路在山坡上展线以降低线路的坡度时常要按"之"字形前进，如图 12-22 所示，这时线路的转向角接近 180°。如果按常规方法安排曲线，则会带来两方面问题：一方面曲线离交点很远，可能由此使曲线位于地形不佳的地段上；另一方面设置曲线后线路长度明显减少，这对克服高差不利。为了使沿曲线

计算的路线长度大于沿折线计算的长度以减少路线坡度，通常设置回头曲线，如图 12-23 所示。回头曲线一般由主曲线和两段副曲线组成，主曲线为一转角大于或等于 180°（或略小于 180°）的圆曲线，半径为 R，连接主曲线和路线上、下线的两段副曲线也是圆曲线，其半径分别为 r_1 和 r_2，主、副曲线间为两段插入直线（或缓和曲线，见本章第七节）。

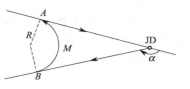

图 12-22　转向角近 180°曲线

　　回头曲线的起点、终点和圆心是关键的三点。一般在选线时，三点中的一点为定点，其余两点为稍有移动余地的初定点。由于定点不同，测设方法也不完全相同。下面介绍两种回头曲线的测设方法。

一、推磨法

　　推磨法主要适用于山坡比较平缓，曲线内侧障碍较少的地段。该法是在现场确定主曲线的圆心 O。选定主曲线的半径 R，以 O 为圆心、R 为半径画圆弧，在圆弧上定出曲线各点。如图 12-23 所示，测设步骤如下。

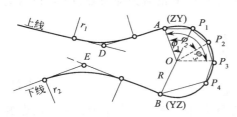

图 12-23　回头曲线

　　① 在选线插点时，首先确定副曲线的交点 D，E，然后初定主曲线起终点 A，B 的位置和半径 R。

　　② 过 A 点作 AD 的垂线，并沿垂线量取曲线半径 R，定出圆心 O。

　　③ 从圆心 O 和曲线起点 A 起，分别用半径 R 和分段弦长 C，以距离交会法定出点 P_1；再从圆心 O 与 P_1 起，仍用 R 与 C 交会定出点 P_2。按以上方法，可陆续标定出曲线上其余各点。若曲线内侧有障碍，交会定点有困难时，则可采用辐射法定点。即将仪器置于圆心 O，后视 A（ZY），拨 AP_1 所对的圆心角 φ_1，由 O 点沿视线方向量出 R 定出点 P_1；再拨 AP_2 所对的圆心角 φ_2，由 O 点沿视线方向量出 R 定出点 P_2；同法可定出其余各点。最后，还应检查设置的曲线是否符合设计要求，若不符合则可调整 A 点或 O 点的位置以及半径 R 的大小，重新推磨直至曲线位置合适为止。

　　④ 在终点 B 处置仪器（或方向架）照准圆心 O，然后拨 90°角，查看视线是否对准 E 点，若未对准，则可沿圆弧前后移动 B 点，直至视线通过 E 点为止。

　　⑤ 根据仪器在圆心 O 测出的 AB 弧长所对的圆心角和半径 R 按式（12-6）计算曲线长。并与实测曲线长进行核对，符合要求后，即可进行里程计算。

二、顶点切基线法

　　如图 12-24 所示，DF，EG 为曲线上、下线。D，E 分别为副曲线的交点，F，G 为定向点，以上四点均在选线时确定。AB 为顶点切基线。该法测设步骤如下。

　　① 在 DF，EG 上选择切线 AB 的初定位置 AB'，其中 A 为定点，B' 为初定点。

　　② 将仪器置于 B'，观测角 α_2，并在 EG 线上 B 点的概略位置前后标定 a，b 两点。

　　③ 将仪器置于 A，观测 α_1，则 $\alpha = \alpha_1 + \alpha_2$。后视 F 点，拨角度 $\alpha/2$，则视线与 a，b 连线的交点，即是欲定的 B 点。

　　④ 丈量 AB 长度，令 $T = AB/2$。从 A 点向后、向前各量出 T，定 ZY 及 QZ 点；从 B 点向前量 T，

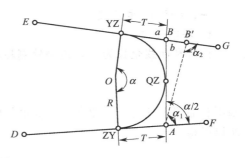

图 12-24　顶点切基线

定出 YZ 点。

⑤ 主曲线半径 $R = T/\tan(\alpha/4)$，由 R 及 α 查曲线测设用表求出主曲线长度 L，并根据 A 点里程，求曲线主点里程。

曲线的详细测设可采用切线支距法或偏角法。

第七节　缓　和　曲　线

车辆从直线驶入圆曲线后，会突然产生离心力，影响车辆行驶的安全和舒适。为了减小离心力的影响，使车辆在曲线上行驶时有向心力作用于车辆上。一般是将路面做成外侧高、内侧低呈单向横坡的形式，即弯道超高。如图 12-25 所示，这样路面反力与重力成一角度，使两力的合力指向曲线曲率半径的方向，此合力即向心力。

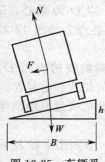

图 12-25　车辆受力方向

图 12-25 中 N 为路面反力，它与重力 W 的合力即向心力 F，设路宽为 B，h 为路外侧升高。则

$$\frac{h}{B} = \frac{F}{W} = \frac{v^2}{g\rho}$$

$$h = \frac{v^2}{g} \times \frac{B}{\rho} \tag{12-21}$$

式中，W 为车辆的重量；g 为重力加速度；v 为车速；ρ 为该点的曲率半径。

由此可见外侧升高与车速、路宽及曲率半径有关，而与车重无关。如果道路外侧升高不够或者车速超过了预计的值会加剧车轮的磨损，甚至会引起事故。

当 v 与 B 为定值时，h 与 ρ 成反比。在直线段上 $\rho = \infty$，所以 $h = 0$。在圆曲线上曲率半径不变设为 R，相应地超高 h 也不变。车辆从直线进入圆曲线（或圆曲线进入直线）外车轮要升高（或降低）。为了使超高由零逐渐增加到一定值，在直线与曲线间插入一段半径由无穷大逐渐变化到 R 的曲线，这种曲线称为缓和曲线。

缓和曲线的线型有回旋曲线（亦称辐射螺旋线）、三次抛物线、双扭线等。目前国内外公路和铁路部门中，多采用回旋曲线作为缓和曲线。我国交通部颁发的《公路工程技术标准》(JTG B01—2003) 中规定：缓和曲线采用回旋曲线，缓和曲线的长度应等于或大于表 12-3 的规定。

表 12-3　缓和曲线长度

公路等级	高速公路		一		二		三		四	
地形	平原微丘	山岭重丘	平原微丘	山岭重丘	平原微丘	山岭重丘	平原微丘	山岭重丘	平原微丘	山岭重丘
缓和曲线长度/m	100	70	85	50	70	35	50	25	35	20

一、缓和曲线公式

1. 基本公式

设缓和曲线全长为 l_s，道路外侧超高与所在点离起点的距离 l 成正比：

$$h = \frac{h_s}{l_s}l$$

则缓和曲线上任意一点曲率半径 ρ 也将随 l 而变化，考虑到 h 与 ρ 成反比，h 与 l 成正比，所以可得

$$\rho = \frac{c}{l} \quad 或 \quad \rho l = c \tag{12-22}$$

式中，c 为待定参数。

上式就是回旋曲线的基本公式。

在缓和曲线与圆曲线的连接点处，其半径为 ρ_0 应等于圆曲线半径 R，即 $\rho_0 = R$，缓和曲线全长 $l = l_s$，按式（12-22）得

$$c = Rl_s \tag{12-23}$$

基本公式可写为

$$\rho = \frac{Rl_s}{l} \tag{12-24}$$

2. 切线角公式

如图 12-26 所示，回旋曲线上任意一点 P 处的切线与起点切线的交角为 β，称为切线角。β 值与曲线长 l 所对的中心角相等。在 P 处取一微分弧段 dl，所对的中心角为 $d\beta$，则

$$d\beta = \frac{dl}{\rho} = \frac{l\,dl}{c}$$

积分得

$$\beta = \frac{l^2}{2c} = \frac{l^2}{2Rl_s} \quad (\text{rad})$$

或　　$$\beta = \frac{l^2}{2Rl_s} \times \frac{180°}{\pi} = 28.6479\,\frac{l^2}{Rl_s} \quad (°) \tag{12-25}$$

当 $l = l_s$ 时，回旋曲线全长 l_s 所对的圆心角即切线角 β_0 为

$$\beta_0 = \frac{l_s^2}{2Rl_s} = \frac{l_s}{2R} \quad (\text{rad})$$

或　　$$\beta_0 = 28.6479\,\frac{l_s}{R} \quad (°) \tag{12-26}$$

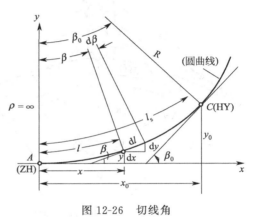

图 12-26　切线角

3. 参数方程

如图 12-26 所示，设 ZH 点为坐标原点，过 ZH 点的切线为 x 轴，过 ZH 点的半径为 y 轴，任意一点 P 的坐标为 (x, y)，则微分弧段 dl 在坐标轴上的投影为

$$dx = dl\cos\beta$$
$$dy = dl\sin\beta$$

将 $\cos\beta$ 与 $\sin\beta$ 分别展开为级数得

$$\cos\beta = 1 - \frac{\beta^2}{2!} + \frac{\beta^4}{4!} - \frac{\beta^6}{6!} + \cdots$$

$$\sin\beta = \beta - \frac{\beta^3}{3!} + \frac{\beta^5}{5!} - \frac{\beta^7}{7!} + \cdots$$

将式（12-25）代入展开式，则 dx，dy 可写成

$$dx = \left[1 - \frac{1}{2}\left(\frac{l^2}{2Rl_s}\right)^2 + \frac{1}{24}\left(\frac{l^2}{2Rl_s}\right)^4 - \frac{1}{720}\left(\frac{l^2}{2Rl_s}\right)^6 + \cdots\right]dl$$

$$dy = \left[\frac{l^2}{2Rl_s} - \frac{1}{6}\left(\frac{l^2}{2Rl_s}\right)^3 + \frac{1}{120}\left(\frac{l^2}{2Rl_s}\right)^5 - \frac{1}{5040}\left(\frac{l^2}{2Rl_s}\right)^7 + \cdots\right]dl$$

积分，略去高次项得

$$\begin{cases} x = l - \dfrac{l^5}{40R^2 l_s^2} \\ y = \dfrac{l^3}{6Rl_s} \end{cases} \qquad (12\text{-}27)$$

当 $l \approx l_s$ 时，回旋曲线终点（HY）的直角坐标为

$$\begin{cases} x_0 = l_s - \dfrac{l_s^3}{40R^2} \\ y_0 = l_s^2/6R \end{cases} \qquad (12\text{-}28)$$

二、圆曲线带有缓和曲线段的主点测设

1. 内移植 p、切线增值 g 的计算

如图 12-27 所示，在直线和圆曲线间插入缓和曲线段时，必须将原有的圆曲线向内移动

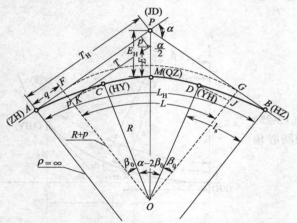

图 12-27　内移植与切线增值

距离 p，才能使缓和曲线起点位于直线方向上，这时切线增长 q 值。公路勘测一般采用圆心不动的平行移动方法，即未设缓和曲线时的圆曲线为 FG，其半径为 $R+p$，插入两段缓和曲线 AC，BD 时，圆曲线向内移，其保留部分为 CMD，半径为 R，所对的中心角为 $\alpha - 2\beta_0$。测设时必须满足的条件为 $2\beta_0 \leqslant \alpha$，否则，应缩短缓和曲线长度或加大圆曲线半径，使之满足条件。

由图 12-27 可知

$$p + R = y_0 + R\cos\beta_0$$
$$p = y_0 - R(1 - \cos\beta_0)$$

将 $\cos\beta_0$ 展开为级数，略去高次项，并将式(12-26)、式(12-28) 代入上式，则

$$p = \frac{l_s^2}{6R} - \frac{l_s^2}{8R} = \frac{l_s^2}{24R} \qquad (12\text{-}29)$$

又 $q = AF = BG$，且有如下关系式：

$$q = x_0 - R\sin\beta_0$$

将 $\sin\beta_0$ 展开成级数，略去高次项，再将式(12-26)、式(12-28) 代入上式，得

$$q = l_s - \frac{l_s^3}{40R^2} - \frac{l_s}{2} + \frac{l_s^3}{48R^2} = \frac{l_s}{2} - \frac{l_s^3}{240R^2} \approx \frac{l_s}{2} \qquad (12\text{-}30)$$

2. 测设元素的计算

在圆曲线上设置缓和曲线后，将圆曲线和缓和曲线作为一个整体考虑。如图 12-27 所示，具体的测设元素如下：

切线长　　　　$T_H = (R + p)\tan\dfrac{\alpha}{2} + q$ 　　　　　　　　(12-31)

曲线长　　　　$L_H = R(\alpha - 2\beta_0) \times \dfrac{\pi}{180°} + 2l_s$ 　　　　　(12-32)

外矢距　　　　$E_H = (R + p)\sec\dfrac{\alpha}{2} - R$ 　　　　　　　(12-33)

$$切曲差（超距） \qquad D_H = 2T_H - L_H \qquad (12-34)$$

当 α，R 和 l_s 确定后，即可按式(12-29)、式(12-30) 求出 p 和 q，再按上列诸式求出曲线元素值。

3. 主点测设

根据变点已知里程和曲线的元素值，即可按下列各式计算各主点里程：

$$直缓点 \qquad ZH = JD - T_H$$
$$缓圆点 \qquad HY = ZH - l_s$$
$$圆缓点 \qquad YH = HY + L_H$$
$$缓直点 \qquad HZ = YH + l_s$$
$$曲中点 \qquad QZ = HZ - \frac{L_H}{2}$$
$$JD = QZ + \frac{D_H}{2} （检核）$$

主点 ZH，HZ 及 QZ 的测设方法，同本章第四节圆曲线主点的测设。HY 和 YH 点一般根据缓和曲线终点坐标值 x_0，y_0 用切线支距法设置。

三、带有缓和曲线的曲线详细测设

1. 切线支距法

切线支距法是以缓和曲线起点（ZH）或终点（HZ）为坐标原点，以过原点的切线为 x 轴，过原点的半径为 y 轴，利用缓和曲线段和圆曲线段上各点的 x，y 坐标设置曲线的。如图 12-28 所示。

在缓和曲线段上各点坐标可按式(12-27) 求得。即

$$\begin{cases} x = l - \dfrac{l^5}{40R^2 l_s^2} \\ y = \dfrac{l^3}{6R^2 l_s} \end{cases}$$

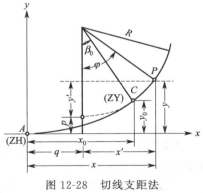

图 12-28 切线支距法

至于圆曲线部分各点坐标的计算，因坐标原点是缓和曲线起点，故可先按式(12-9) 计算出坐标 x'，y' 后，再分别加上 q，p 值，即可得到圆曲线上任意一点的 x，y 坐标：

$$\begin{cases} x = x' + q = R\sin\varphi + q \\ y = y' + p = R(1 - \cos\varphi) + p \end{cases} \qquad (12-35)$$

在道路勘测中，缓和曲线段和圆曲线段上各点的坐标值，均可在曲线测设用表中查取。其测设方法和本章第四节圆曲线切线支距法相同。

2. 偏角法

如图 12-29 所示，设缓和曲线上任意一点 P，至起点 A 的弧长为 l，偏角为 δ，以弧代弦，则

$$\sin\delta = \frac{y}{l} 或 \delta = \frac{y}{l}（因为 \delta 很小，\sin\delta \approx \delta）$$

将式(12-28) 代入上式，有

$$\delta = \frac{l^2}{6Rl_s} \qquad (12-36)$$

以 l_s 代替 l，总偏角为

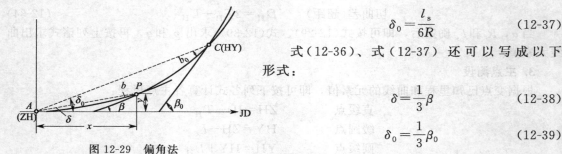

$$\delta_0 = \frac{l_s}{6R} \tag{12-37}$$

式（12-36）、式（12-37）还可以写成以下形式：

$$\delta = \frac{1}{3}\beta \tag{12-38}$$

$$\delta_0 = \frac{1}{3}\beta_0 \tag{12-39}$$

图 12-29   偏角法

由图 12-29 可知

$$b = \beta - \delta = 2\delta \tag{12-40}$$

$$b_0 = \beta_0 - \delta_0 = 2\delta_0 \tag{12-41}$$

将式（12-36）除以式（12-37），得

$$\delta = \frac{l^2}{l_s^2}\delta_0 \tag{12-42}$$

式中，当 R，l 确定后 δ_0 为定值，由此得出结论：缓和曲线上任意一点的偏角，与该点至曲线起点的曲线长的平方成正比。

当用整桩距法测设时，即 $l_2 = 2l_1$，$l_3 = 3l_1$，$l_4 = 4l_1$ 等，根据式（12-42）可得相应各点的偏角值为

$$\begin{cases} \delta_1 = \left(\dfrac{l_1}{l_s}\right)^2 \delta_0 \\ \delta_2 = 2^2\delta_1 \\ \delta_3 = 3^2\delta_1 \\ \delta_4 = 4^2\delta_1 \\ \cdots \\ \delta_n = n^2\delta_1 = \delta_0 \end{cases} \tag{12-43}$$

根据给定的已知条件，可分别选用式（12-36）～式（12-43）计算或从曲线测设用表中查取相应不同 l 的偏角值 δ。

测设方法如图 12-29 所示，置仪器于 ZH（或 HZ）点，后视交点 JD 或转点 ZD，得切线方向。以切线为零方向，具体测设步骤与本章第四节偏角法测设圆曲线一样，在此不再赘述。

第八节   道路纵、横断面测量

路线中线放样之后，道路的基本走向已经在实地形成。路线设计还缺乏路线中线的地形高低、平斜等情况。为及时有效反应路线中线地貌情况，提供符合路线工程设计规格要求的参数，在中线测量之后，必须及时对中线沿线地貌状况进行直接详细的测量，这就是断面测量的任务。道路的断面测量包括纵断面测量和横断面测量。本节就断面测量的具体实测方法进行详细叙述。

一、道路纵断面测量

1. 基平测量

在道路工程建设行业将路线的高程控制测量工作称为基平测量。因此，基平测量就是路

线的高程控制测量。

（1）水准点的设置

纵断面测量包括路线水准测量和纵断面图绘制两项内容。水准测量的第一步是基平测量。即沿线建立水准点，供下阶段测量、设计、施工和管理使用。水准点的布置，应根据其需要和用途，可设置永久性水准点和临时性水准点。路线起点、终点和需长期观测的重点工程附近，宜设置永久性水准点。永久性水准点要埋设标石，也可设置在永久性建筑物上或用金属标志嵌在基岩上。

水准点的密度，应根据地形和工程需要而定。一般在重丘区和山区每隔 0.5～1km 设置一个，在平原和微丘区每隔 1～2km 设置一个，在大桥两岸、隧道进出口和工程集中的地段均应增设水准点。水准点的位置应选择在稳固、醒目、便于引测，以及施工界线外不易遭受破坏的安全地段。

（2）水准点的高程测量

水准点的高程测量，凡能与附近国家水准点连测的应尽可能连测，以获得绝对高程和测量检核。当路线附近没有国家水准点或引测有困难时，也可参考地形图选定一个与实地高程接近的作为起始水准点的假定高程。水准点高程的具体观测方法可参见第二章。

2. 中平测量

（1）施测方法

路线水准测量的第二步，就是中平测量，即中桩水准测量。中平测量，一般是以相邻两水准点为一测段，从一水准点开始，逐点施测中桩的地面高程，闭合于下一个水准点上。在每个测站上，除了传递高程，观测转点外，应尽可能多地观测中桩。相邻两转点间所观测的中桩，称为中间点。为了消除高程传递的不利因素，观测时应先观测转点，后观测中间点。转点的读数至毫米，视线长不应大于 150m，标尺应立于尺垫、稳固的桩顶或坚石上。中间点读数可至厘米，视线也可适当放长，立尺应紧靠桩边的地面上。中平测量的测量方法如图 12-30 所示。

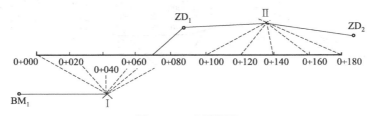

图 12-30　中平测量

（2）跨沟谷测量

当路线经过沟谷时，为了减少测站数，以提高施测速度和保证测量精度，一般采用图 12-31 所示方法施测。即当测到沟谷边沿时，同时前视沟谷两边的转点 ZD_A，ZD_{16}；然后将沟内、外分开施测。施测沟内中桩时，转站下沟，于测站 Ⅱ 后视 ZD_A，观测沟谷内两边的中桩及转点 ZD_B；再转站于测点 Ⅲ 后视 ZD_B，观测沟底中桩。最后转站过沟，于测站 Ⅳ 后视 ZD_{16}，继续向前施测。这样沟内、沟外高程传递各自独立互不影响。但由于沟内各桩测量，实际上是以 ZD_A 开始另走一单程水准支线，缺少检核条件，故施测时应加倍注意，并在记录簿上另辟一页记录。为了减小 Ⅰ 站前后视距不等所引起的误差，仪器置于 Ⅳ 站时，尽可能使视距满足下式：

$$l_3 = l_2, l_4 = l_1 \text{ 或 } (l_1 - l_2) + (l_3 - l_4) = 0$$

（3）纵断面图的绘制

道路纵断面图是沿中线方向绘制地面起伏和设计纵坡变化的线状图，它反映各路段的纵

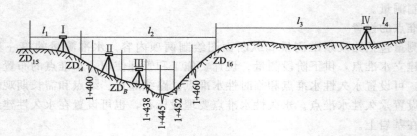

图 12-31　跨沟谷测量

坡大小和中线上的填挖尺寸，是道路设计和施工中的重要资料。

在图 12-32 的上半部，从左至右绘有两条贯穿全图的线：一条是细的折线，表示中线方向的实际地面线，是根据桩间的距离和中桩高程按比例绘制的；另一条是粗线，表示带有竖曲线在内的经纵坡设计后的中线，是纵坡设计时绘制的。此外，在图上还注有水准点位置、编号和高程，桥涵的类型、孔径、跨数、长度、里程桩号和设计水位，竖曲线示意图及其曲线元素，同某公路、铁路交叉点的位置、里程和有关说明等。图的下部绘有几栏表格，注记有关测量和纵坡设计的资料，其中有以下几项内容。

① 直线与曲线系中线示意图，曲线部分用直角的折线表示，上凸的表示右弯，下凸的表示左弯，并注明交点编号和曲线半径；在不设曲线的交点位置，用锐角折线表示。

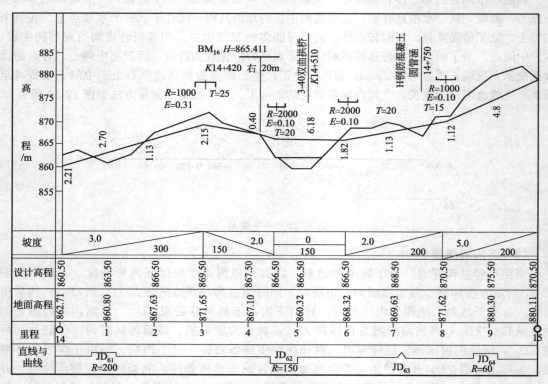

图 12-32　纵断面图

② 里程一般按比例标注百米桩和千米桩。

③ 地面高程按中平测量成果填定相应里程桩的地面高程。

④ 设计高程按中线设计纵坡计算的路基高程。

⑤ 坡度从左至右向上斜的线表示升坡（正坡），下斜的表示降坡（负坡）；斜线上以百分数注记坡度的大小，斜线下注记坡长。水平路段坡度为零。

纵断面图是以里程为横坐标，高程为纵坐标绘制的。常用的里程比例尺有 1∶5000、1∶2000、1∶1000 三种。为了突出地面线变化，高程比例尺比里程比例尺大 10 倍。纵断面图绘制的步骤如下。

① 打格制表，填写有关测量资料用透明毫米方格线按规定尺寸绘制表格，填写里程、地面高程、直线与曲线等资料。

② 绘地面线，首先在图上确定起始高程的位置，使绘出的地面线在图上的适当位置。一般以 10m 整数倍的高程定在 5cm 方格的粗线上，便于绘图和阅图。然后根据中桩的里程和高程，在图上按纵、横比例尺依次点出各中桩地面位置，用直线连接相邻点位即可绘出地面线。在山区高差变化较大，当纵向受到图幅限制时，可在适当的地段变更图上的高程起算位置，这时地面线将构成台阶形式。

③ 计算设计高程根据设计纵坡 i 和相应的水平距离 D，按下式便可从 A 点的高程 H_A 推算 B 点的高程：

$$H_B = H_A + i D_{AB}$$

式中，升坡时 i 为正，降坡时 i 为负。

④ 计算填挖尺寸同一桩号的设计高程与地面高程之差，即为该桩号填土高度（正号）或挖土深度（负号）。一般填土高度写在相应点地面线之上，挖土深度写在相应点之下。也有表格专列一栏注明填挖尺寸的。

⑤ 在图上注记有关资料如水准点、桥涵等。

二、道路横断面测量

横断面测量，就是测定中桩两侧正交于中线方向地面变坡点间的距离和高差，并绘成横断面图，供路基、边坡、特殊构造物的设计，土石方计算和施工放样之用。横断面测量的宽度，应根据中桩填挖高度、边坡大小以及有关工程的特殊要求而定，一般自中线两侧各测 10～50m。横断面测绘的密度，除各中桩应施测外，在大、中桥头，隧道口，挡土墙等重点工程地段，可根据需要加密。横断面测量的限差一般为

$$高差容许误差 \Delta h = 0.1 + \frac{h}{20} \text{（m）}$$

式中，h 为测点至中桩间的高差，水平距离的相对误差为 1/50。

由于施测要求不高，因此，横断面测量多采用简易测量工具和方法，以提高工效。

1. 横断面方向的测定

（1）直线段横断面方向的测定

直线段横断面定向一般采用方向架测定，如图 12-33 所示。

（2）圆曲线段横断面方向的测定

圆曲线段横断面方向为过桩点指向圆心的半径方向。如图 12-34（a）所示，圆曲线上 B 点至 A，C 点的桩距相等，欲求 B 点横断面方向，在 B 点置方向架，从一方向瞄准 A 点，则方向架的另一方向定出 D_1 点，即为 AB 的垂线方向。同理用方向架对准 C 点，定出 D_2 点，使 $BD_1 = BD_2$，平分 $\angle D_1 B D_2$ 点定 D 点，则 BD 即为 B 点横断面方向。

如图 12-34（b）所示，当欲测横断面的加桩 1，与前、后桩点的间距不等时，可在方向架上安装一个能转动的定向杆 EF 来施测。施测时的具体步骤如下。

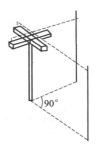

图 12-33　方向架

① 将方向架安置在 ZY（或 YZ）点，用 AB 杆照准切线方向，则与其垂直的 CD 杆方向，即是过 ZY（或 YZ）点的横断面方向。

② 转动定向杆 EF 瞄准加桩 1，并固紧其位置。

③ 搬方向架于加桩 1，以 CD 杆瞄准 ZY（或 YZ），则定向杆 EF 方向即是加桩 1 的横断面方向。若在该方向立一标杆，并以 CD 杆瞄准它时，则 AB 杆方向即为切线方向。

同理，用上述测定加桩 1 横断面方向的方法来测定加桩 2 的横断面方向。

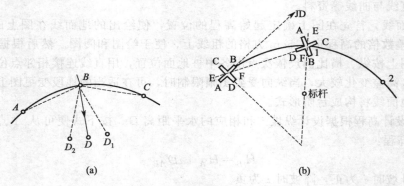

图 12-34　圆曲线段横断面方向的测定

（3）缓和曲线段横断面方向的测定

缓和曲线上任一点横断面的方向，即过该点的法线方向。因此，只要获得该点至前视（或后视）点的偏角，即可确定该点的法线方向。

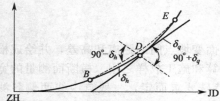

图 12-35　缓和曲线段横断面方向的测定

如图 12-35 所示，设缓和曲线上任一点 D，前视 E 点的偏角为 δ_q，后视 B 点的偏角为 δ_h。

δ_q 和 δ_h 皆可从缓和曲线偏角表中查取。施测时可用经纬仪或方向圆盘置于 D 点，以 $0°00'00''$ 照准前视点 E（或后视点 B），再顺时针转动经纬仪照准部或方向圆盘指标使读数为 $90°+\delta_q$（或 $90°-\delta_h$），此时经纬仪视线或方向圆盘指标线方向即为所求的 D 点横断面方向。

2. 横断面的测量方法

（1）标杆皮尺法

如图 12-36 所示，A，B，C 为横断面方向上所选定的变坡点。施测时，将标杆立于 A 点，皮尺从中桩地面拉平量出至 A 点的距离，皮尺截于标杆的高度即为两点间的高差。同法可测得 A 至 B，B 至 C 测段的距离与高差，直至需要的宽度为止。此法简便，但精度较低，适用于测量山区等级较低的公路。

记录表格如表 12-4 所示，表中按路线前进方向分左侧与右侧，分数中分母表示测段水平距离，分子表示测段两端点的高度，高差为正号表示升坡，为负号表示降坡。

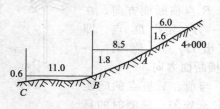

图 12-36　变坡点

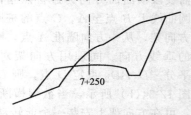

图 12-37　路基横断面

表 12-4　横断面测量记录表

左　　侧			桩　　号	右　　侧			
...			...	...			
...			...	...			
$\dfrac{-0.6}{11.0}$	$\dfrac{-1.8}{8.5}$	$\dfrac{-1.6}{6.0}$	4+000	$\dfrac{+1.5}{4.6}$	$\dfrac{+0.9}{4.4}$	$\dfrac{+1.6}{7.0}$	$\dfrac{+0.5}{10.0}$
$\dfrac{-0.5}{7.8}$	$\dfrac{-1.2}{4.2}$	$\dfrac{-0.8}{6.0}$	3+980	$\dfrac{+0.7}{7.2}$	$\dfrac{+1.1}{4.8}$	$\dfrac{-0.4}{7.0}$	$\dfrac{+0.9}{6.5}$

（2）水准仪法

当横断面精度要求较高，横断面方向高差变化不大时，多采用此法。施测时用钢尺（或皮尺）量距。用水准仪后视中桩标尺，求得视线高程后，再前视横断面方向上坡度变化点上的标尺。视线高程减去诸前视点读数即得各测点高程。实测时，若仪器安置得当，一站可测十几个横断面。

（3）经纬仪或全站仪法

在地形复杂、横坡较陡的地段，可采用此法。施测时，将仪器安置在中桩上，同时测出横断面方向各变坡点至中桩间的水平距离与高差。

3. 横断面图的绘制

根据横断面测量成果，对距离和高程取同一比例尺（通常取 1∶100 或 1∶200），在毫米方格纸上绘制横断面图。目前公路测量中，一般都是在野外边测边绘。这样既可省去记录，又可实地核对检查，避免错误。若用全站仪测量、自动记录，则可在室内通过计算绘制横断面图，大大提高工效。但也可按表 12-4 形式在野外记录，室内绘制。

绘图时，先在图纸上标定好中桩位置。由中桩开始，分左右两侧逐一按各测点间的距离将各测点和高程点绘于图纸上，并用直线连接相邻各点，即得横断面地面线。图 12-37 所示为经横断面设计后，在地面线上、下绘有路基横断面的图形。

第九节　道路施工测量

道路施工是在勘测设计的基础上进行的。设计说明书、线路平面图、纵断面图及路基横断面图是道路施工的基础资料，由设计单位通过勘测设计提出来。

道路施工测量就是要将道路的平面位置和高程以及形状、规格按设计文件的要求正确地测设于实地而进行的测量工作，用以指导道路施工。为此，道路施工测量工作贯穿于全部施工过程的始终。如开工前系统地进行一次中线、路线水准测量和横断面测量，而后才能进行施工放样；在施工过程中，为了检查工程质量和进度情况，指导施工和验收工程数量，还要适时地进行中线、水准、横断面测量；在工程完工后，还要进行竣工测量、检验施工成果，提供竣工资料，评定工程质量。

一、道路施工测量的准备工作

1. 资料准备

应准备的资料包括：设计单位交付施工单位的设计说明书，线路平面图、纵断面图、路基横断面图、线路控制桩表、水准基点表、曲线表、路基填挖高度表、挡土墙表、路基防护加固地段表、桥涵图表、隧道图表等资料。对上述资料必须进行详细审阅，充分了解路线主要技术条件，地物、地貌及交通情况，以便有计划有步骤地进行施工测量工作。

2. 桩的交接

交桩时由设计单位、施工单位双方共赴现场，按设计单位提出的主要设计资料进行现场查看交接。控制桩交接的范围一般应有：交点桩、直线上的转点桩、曲线控制桩、大中桥控制桩、隧道洞口控制桩、桥隧三角网控制桩，沿线水准点号码、位置及高程等情况，以便施工测量工作的顺利进行。

二、路线复测

路线在施工前除了在室内对设计成果进行审查外，还要对路线进行全面复测，以检查原有各点的准确性，防止由于勘测设计错误引起返工造成损失。另外，勘测设计中可能有缺点或错误，路线复测时，应注意发现不合理之处，以便进行设计资料的修改，提高路线设计的质量，且节省投资。路线复测的主要任务有路线的中心复测、水准复测、横断面复测。路线复测的精度与定测时相同。

此处由于从定测到施工往往需要间隔一段时间，在这段时间里，原有桩点难免移动或丢失。因此复测的另一个目的，就是要在施工前把这些桩点完全恢复。

三、中线控制桩引桩的设置

路线中线控制桩是路基施工的重要依据，在整个施工过程中。要根据中线控制桩来确定路基的平面位置、高程和各部分尺寸，所以必须妥善地保护。但是施工中，这些桩点很容易被移动或破坏。为了能迅速而又准确地恢复中线控制桩，必须在施工以前，把对路线起控制作用的主要桩点（如交点、转点、曲线控制点等）测设引桩。

引桩就是在施工范围以外选择不易被破坏的地方，另外钉设一些控制桩。根据这些引桩，用简单的方法，可以迅速地恢复原来的桩点。

引桩测设方法主要是根据线路周围的地形条件来决定的，测设方法主要有如下两种。

1. 平行线法

平行线法是在设计的路基宽度以外，测设两排平行于中线的施工控制桩。控制桩的间距一般取 10～30m。对于地势平坦、直线较长的路线易采用此方法。

2. 交会法

图 12-38 中(a)、(b)、(c) 是用两个方向交会定点的方向交会法；图 12-38(d) 所示是距离交会法。

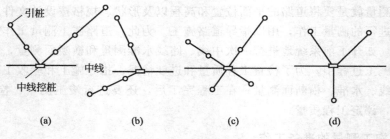

图 12-38　交会法

设置引桩时，将仪器安置在控制点上，选择好引桩地点和方向，钉设引桩，桩顶以小钉表示点位，并进行编号。再瞄准该点，然后在此方向上由远及近地钉设其他引桩。最后再测出该方向与路线方向所构成的夹角，并量出控制桩到引桩间的距离。同理，再测出另一个方向的引桩。

四、路基边桩的测设

路基边桩测设就是在地面上将每个横断面的路基边坡线与地面的交点，用木桩标定出来。边桩的位置由两侧边桩至中桩的距离确定。常用的边桩放样方法如下。

1. 图解法

图解法是直接在横断面图上量取中桩至边桩的距离，然后在实地用皮尺沿横断面方向将边桩丈量并标定出来。在填挖土方不大时，使用此法较多。

2. 解析法

根据路基填挖高度、边坡率、路基宽度和横断面地形情况，先计算出路基中桩至边桩的距离，然后在实地沿横断面方向按距离将边桩标定出来。具体方法按下述两种情况进行。

（1）平坦地段的边桩放样

如图 12-39 所示，填方路堤时，坡脚桩至中桩的距离 D 应为

$$D = \frac{B}{2} + mH \tag{12-44}$$

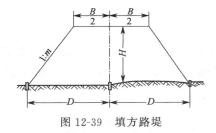
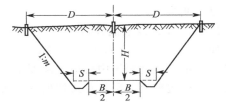

图 12-39　填方路堤　　　　　　　　图 12-40　挖方路堑

如图 12-40 所示，挖方路堑时，坡顶桩至中桩距离 D 为

$$D = \frac{B}{2} + S + mH \tag{12-45}$$

式中，B 为路基宽度；m 为边坡率；H 为填挖高度；S 为路堑边沟顶宽。

以上是断面位于直线段时求算 D 值的方法。若断面位于弯道上有加宽时，按上述方法求出 D 值后，还应在加宽一侧的 D 值中加上加宽值。

测设时，沿横断面方向测设求得的坡脚（或坡顶）至中桩的距离，定出边桩即可。

（2）倾斜地段的边桩测设

在倾斜地段，边桩至中桩的距离随着地面坡度的变化而变化。如图 12-41 所示，路堤坡脚桩至中桩的距离 $D_上$ 和 $D_下$ 分别为

$$\begin{cases} D_上 = \dfrac{B}{2} + m(H - h_上) \\ D_下 = \dfrac{B}{2} + m(H + h_下) \end{cases} \tag{12-46}$$

如图 12-42 所示，路堑坡顶桩至中桩的距离 $D_上$ 和 $D_下$ 分别为

$$\begin{cases} D_上 = \dfrac{B}{2} + S + m(H + h_上) \\ D_下 = \dfrac{B}{2} + S + m(H - h_下) \end{cases} \tag{12-47}$$

式中，$h_上$，$h_下$ 分别为上、下侧坡脚（或坡顶）至中桩的高差。

由于 B，S 和 m 均为已知，故 $D_上$，$D_下$ 随 $h_上$，$h_下$ 变化而变化。由于边桩未定，所

以 $h_上$，$h_下$ 均为未知数。实际工作中，采用试探法放边桩，在现场边测边标定，一般试探 1～2 次即可。如果结合图解法，则更为简便。

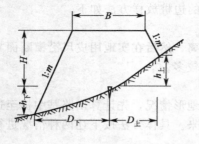

图 12-41　路堤坡脚

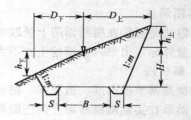

图 12-42　路堑坡顶

五、路基边坡的测设

在测设出边桩后，为了保证填挖的边坡达到设计要求，还应把设计边坡在实地标定出来，以方便施工。

1. 用竹竿、绳索测设边坡

如图 12-43 所示，O 处为中桩，A，B 处为边桩，$CD = B$ 为距基宽度。测设时在 C，D 处竖立竹竿，高度等于中桩填土高度 H 的 C'，D' 用绳索连接，同时由 C'，D' 用绳索连接到 A，B 处边桩上，则设计边坡展现于实地。

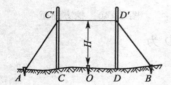

图 12-43　用竹竿、绳索测设边坡

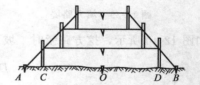

图 12-44　高路堤边坡测设

当路堤填土不高时，可按上述方法一次挂线。当路堤填土较高时，如图 12-44 所示，可分层挂线。

2. 用边坡样板测设边坡

施工前按照设计边坡度做好边坡样板，施工时，按照边坡样板进行测设。用活动边坡尺测设边坡做法如图 12-45 所示，当水准器气泡居中时，边坡尺的斜边所指示的坡度恰好为设计边坡坡度，故借此可指示与检核路堤的填筑。同理边坡尺也可指示与检核路堑的开挖。

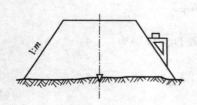

图 12-45　边坡样板测设

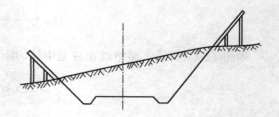

图 12-46　坡顶设立固定样板

用固定边坡样板放样边坡做法如图 12-46 所示，在开挖路堑时，在坡顶桩外侧按设计坡度设立固定样板，施工时可随时指示并检核开挖和修整情况。

六、竣工测量

在道路施工结束后，要进行竣工测量。竣工测量用于检验施工质量与测设是否符合技术要求。竣工测量要进行路线中线测量、纵断面和横断面测量。由竣工测量所取得的路线标高、路基宽度、路面宽度和边坡坡度与原设计比较，其差值都应在相应的允许范围之内。最后要用竣工测量成果编绘竣工图。

第十节　全站仪与全球定位系统在道路工程测量中的应用

一、全站仪在道路工程测量中的应用

现代电脑型全站仪在一个测站上，不仅能同时测得水平角（水平方向）、竖直角及距离（平距、斜距和高差）以及根据观测数据自动计算出待定点的三维坐标，还附带许多应用软件，如设计坐标和高程的放样、道路圆曲线元素的计算和设计数据的放样等，使全站仪在各种工程中得到了广泛的应用，大大提高了工程测量的工作效率和精度。

路线直线段测设程序用于道路的里程桩测设、路缘线测设和施工控制桩测设等。能自动计算出放样的三维坐标，根据坐标自动计算放样数据并测设点位。

路线圆曲线测设程序用于圆曲线上里程桩测设，可以通过各种参数的组合对圆弧进行定义，计算圆弧上里程桩的坐标，直接进行放样。

在路线的纵、横断面测量时，可以利用全站仪用三维坐标测量和测设的方法，在测设路线中桩的同时测定其高程，自动记录数据并与计算机联机通信，使测量数据直接进入微机，为路线测量的自动化和路线纵断面图的机助绘制提供了条件。路线横断面测量程序可以自指定的中线里程桩起，自动对整桩编号，利用三维坐标测量程序测定横断面点的坐标，并自动记录。

二、全球定位系统在道路工程测量中的应用

随着国家经济建设的飞速发展，高等级道路建设工程越来越多，道路测设的速度、精确度就显得尤为重要，传统上一般用全站仪或经纬仪进行控制测量和桩点放样。随着全球卫星定位技术 GPS 的飞速发展，它以高效率、高精度等优点在道路工程上也开始应用。目前 GPS 实时动态定位技术（RTK 测量模式），更是以实时、快速、操作简单而越来越受到道路工程测量者们的青睐。

GPS 定位技术在道路工程的平面控制测量中，常用的方法是用全站仪或经纬仪加测距仪沿线布设导线，由于路线较长，横向误差容易积累，导线延伸到一定长度（一般规定不大于 10km）必须符合到国家平面控制点上进行检验校正。由于道路沿线大多为农村或山林地区，控制点稀少，通视条件差，给导线的连测造成困难。而用 GPS 进行控制测量，则不受距离和通视条件的限制，可以方便地与国家或城市控制点连测，按路线的进展需要而布设。

GPS 控制网的布设应根据公路等级、沿线地形地物、作业时卫星状况、精度要求等因素进行综合设计。因为 GPS 控制网作为公路首级控制网时，需采用其他测量方法进行加密，故沿路线两侧每隔 5～10km 布设一对 GPS 点。理论上 GPS 点观测时只需在 3 个 GPS 点上架设 GPS 仪同时观测即可确定这 3 个点的坐标。考虑到公路测量本身的特点采用 4 台 GPS 仪同时观测 4 个 GPS 点，这样可大大加快全线的测量速度。GPS 静态定位和动态技术相结合的方法可以高效、高精度地完成公路平面控制测量。

控制网完成后，利用 GPS 自身所带的道路设计模块，对该路线进行设计，在进行设计时，首先给出所有起点、所有交点的坐标，然后选择线路的类型，给出曲线的半径，软件自动计算

出曲线长度。另外基准站的选取应离待放样点位尽可能近，并且地势要较高，便于电台信号的接收与传输。为了使所测点达到厘米级精度需进行三参数校正，即在仪器中键入 4 个（最少 3 个）控制点，且控制点最好分布在待放样点周围，然后即可对道路路线上的点进行放样。

随着 GPS 技术特别是 RTK 技术的发展，其初始化时间越来越短，跟踪能力也越来越强，精度越来越高，可靠性越来越强，有着良好的性价比。

实时动态定位技术是以载波相位观测值为根据的实时差分 GPS（RTD GPS）技术，它是 GPS 测量技术发展的一个新突破，在公路工程中有广阔的应用前景。GPS 静态定位、准动态定位等定位模式，由于数据处理滞后，所以无法实时解算出定位结果，同时无法及时对观测数据进行检核，这就难以保证观测数据的质量，在实际工作中经常需要返工来重测由于粗差造成的不合格观测成果。解决这一问题可通过延长观测时间来保证测量数据的可靠性，但这样一来则降低了 GPS 测量的工作效率。实时动态定位（RTK）系统由基准站和流动站组成，建立无线数据通信是实时动态测量的保证，其原理是取点位精度较高的首级控制点作为基准点，安置一台接收机作为参考站，对卫星进行连续观测，流动站上的接收机在接收卫星信号的同时，通过无线电传输设备接收基准站上的观测数据，随机计算机根据相对定位的原理实时计算显示流动站的三维坐标和测量精度。这样就可以实时监测待测点的数据观测质量和基线解算结果的收敛情况，根据待测点的精度指标，确定观测时间，从而减少冗余观测，提高工作效率。

动态定位在公路中的应用可以覆盖公路勘测、施工放样、监理和 GIS 前端数据采集诸多方面。动态定位模式可以完成地形测绘、中桩测量、横断面测量、纵断面地面线测量等工作。整个测量过程在无须通视的条件下，测量 1～3s，精度就可以达到 10～30mm，有着常规测量仪器（如全站仪）不可比拟的优点。RTK 技术具有很大的优点：实时动态显示经可靠性检验的厘米级精度的测量成果（包括高程）；彻底摆脱了由于粗差造成的返工，从而提高了 GPS 作业效率；作业效率高，每个放样点只需要停留 1～2s，流动站小组作业（1～3人）每天可完成中线测量 5～10km。若用其进行地形测量，每小组每天可完成 $0.8～1.5km^2$ 的地形测绘，其精度和效率是常规测量所无法比拟的；在中线放样的同时完成中桩抄平工作；RTK 可与全站仪联合作业，充分发挥 RTK 与全站仪各自的优势，因此在工程实践得到广泛应用。

思考题与习题

1. 线路初测和定测阶段的主要任务和工作内容是什么？
2. 什么是中线测量？中线测量要做哪些工作？
3. 什么是线路交点？交点测设的方法有哪几种？
4. 什么是圆曲线的主点？圆曲线的元素有哪些？
5. 如何测设圆曲线的主点？圆曲线细部放样有几种方法？各适用于什么情况？
6. 已知路线的偏角 $\beta_{右}=98°40'$，JD 里程为 11km＋461.33m，半径 $R=500m$，用偏角法放样该曲线，试计算各放样数据，要求曲线上桩距不大于 20m。
7. 如图 12-47 所示，A 点里程为 $K15+948.53$，量得 AB 距离为 54.68m，测得偏角 $\alpha_1=15°18'$，$\alpha_2=18°22'$，选定半径 $R=300m$，试求该圆曲线各主点的里程。

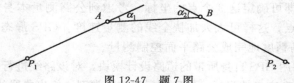

图 12-47　题 7 图

8. 如图 12-48 所示，交点 JD 处不能安置仪器，观测得 $\alpha_1=14°04'$，$\alpha_2=15°42'$，$AB=84.84\text{m}$，若直线 AB 与圆曲线相切于 QZ 点，试计算圆曲线各要素及各主点里程。

9. 在曲线测设中，由两个或两个以上不同半径的同向圆曲线衔接起来组成复曲线，若在实地已定出 A，B，C，D 四点，如图 12-49 所示，并给定了主曲线的半径数值。应如何测设该复曲线？

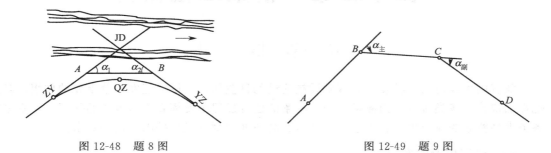

图 12-48　题 8 图　　　　　　　　　　　　图 12-49　题 9 图

10. 什么是缓和曲线？在直线和圆曲线之间设置缓和曲线的作用是什么？

11. 什么是回头曲线？在什么情况下应设置回头曲线？

12. 道路施工测量应做哪些工作？

13. 路基边坡测设有哪几种方法？

第十三章 桥梁工程测量

第一节 概　　述

随着国民经济的日益发展和基础设施建设的日益加快，桥梁正发挥着重要的作用，各地也在加快建设各类桥梁。而测量工作在桥梁的建设过程中发挥着不可或缺的作用，特别是在各类大型桥梁的建设中，新工艺、新技术、高精度给测量工作提出了新的要求。

一、我国桥梁的发展

我国有着悠久的历史，幅员辽阔，地形复杂，河流众多，从古至今，人们建设了很多形式各异的桥梁，取得了令世人瞩目的成就。

早在原始社会，我国就有了独木桥和数根圆木排拼而成的木梁桥；周朝时期已建有梁桥和浮桥；战国时期，单跨和多跨的木、石梁桥已普遍在黄河流域及其他地区建造；东汉时期，梁桥、浮桥、索桥和拱桥这四大基本桥型已全部形成；隋代建造的赵州桥是首创的敞肩式石拱桥，其净跨 37m，宽 9m，拱矢高度 7.23m，在拱圈两肩各设有 2 个跨度不等的腹拱，这样既能减轻桥身自重、节省材料，又便于排洪、增加美观；元、明、清期间在建桥的工艺和技术上虽没有突破，但是留下了许多修建桥梁的施工说明文献，为后人提供了大量文字资料；建国初期，我国派出大量的留学生赴前苏联学习预应力混凝土和钢桥技术，并于 20 世纪 50 年代建造了第一座长江大桥——武汉长江大桥，使天堑变通途；20 世纪 80 年代之后，我国进入改革开放新时期，桥梁的建设也步入一个新阶段，斜拉桥、悬索桥等新型结构的桥梁建造技术日益成熟，以上海杨浦大桥、江阴长江大桥、润扬长江大桥、九江长江大桥等为代表的各种大型桥梁相继建成通车；进入 21 世纪以来，桥梁向跨度更大、结构更稳定、建设周期更短等方向发展，东海跨海大桥、杭州湾跨海大桥等跨海大桥的建设与通车开创了我国桥梁建设的新时代。

二、桥梁建设中的测量工作

测量工作在桥梁建设中发挥着重要的作用，总体来讲体现在三个方面。

首先，在前期的勘测设计阶段，需要提供桥梁建设区域的大比例尺地形图，大型桥梁还需要提供桥梁所跨江、河或海域的水下地形图，为桥梁的设计提供重要参考依据。这一阶段需要建立图根控制网，并利用全站仪、RTK 等多种手段进行地形图的测绘。

其次，在桥梁的建设过程中，需要根据设计图进行施工放样。这是桥梁建设的主要阶段，需要建立施工控制网，用以指导施工放样。由于桥梁的关键部位精度要求较高，所以施工控制网必须确保具有较高的精度和较强的稳定性，同时，由于大型桥梁施工周期较长，需要定期对施工控制网进行复测。

最后，在桥梁的建设过程中以及建成投入运营之后，需要定期对桥梁进行变形监测，以确保桥梁的稳定性和安全性。这一阶段需要建立专用的变形监测控制网，根据变形监测控制网实时监测桥梁的变形量。由于桥梁的变形量一般都比较小，所以变形监测控制网精度要求较高。

除此之外，在桥梁建设完成时还需要进行竣工测量。由竣工测量所得的桥面标高、桥面宽度、桥体位置等与原设计比较，其差值都应在相应的允许范围内。最后用竣工测量成果编绘竣工图。

第二节　桥梁控制网的布设与测量

桥梁控制网可以分为桥梁平面控制网和桥梁高程控制网。

一、桥梁平面控制网的布设与测量

建立平面控制网的目的是测定桥轴线长度，确定桥体宽度，进行墩、台位置的放样；同时，也可用于施工过程中的变形监测。对于跨越无水河道的直线小桥，桥轴线长度可以直接测定，墩、台位置也可直接利用桥轴线的两个控制点测设，无须建立平面控制网。但跨越有水河道的大型桥梁或者非直线的桥梁，墩、台无法直接定位，则必须建立平面控制网。目前，建立桥梁平面控制网的方法主要有三角测量和 GPS 测量两种方法。

采用三角测量的方法时，根据桥梁跨越的河宽及地形条件，三角网多布设成图 13-1 所示的形式。

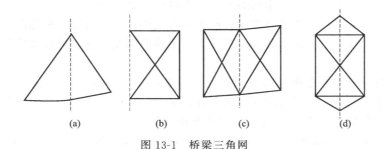

图 13-1　桥梁三角网

选择控制点时，应尽可能使桥的轴线作为三角网的一个边，以利于提高桥轴线的精度。如不能，也应将桥轴线的两个端点纳入网内，以间接求算桥轴线长度，如图 13-1（d）所示。

对于控制点，除了要求图形稳定外，还要求地质条件良好，视野开阔，便于交会墩位，其交会角不致太大或太小。

在控制点上要埋设标石及刻有"十"字的金属中心标志。如果兼作高程控制点使用，则中心标志宜做成顶部为半球状的形式。

控制网可采用测角网、测边网或边角网。采用测角网时宜测定两条基线。过去测量基线是采用因瓦线尺或经过检定的钢卷尺，现在已被光电测距仪取代。测边网是测量所有的边长而不测角度；边角网则是边长和角度都测。一般来说，在边、角精度互相匹配的条件下，边角网的精度较高。

在《新建铁路测量技术规则》里，按照桥轴线的精度要求，将三角网的精度分为五个等级，它们分别对测边和测角的精度规定如表 13-1 所示。

表 13-1　测边和测角的精度规定

三角网等级	桥轴线相对中误差	测角中误差/(″)	最弱边相对中误差	基线相对中误差
一	1/175000	±0.7	1/150000	1/400000
二	1/125000	±1.0	1/100000	1/300000
三	1/75000	±1.8	1/60000	1/200000
四	1/50000	±2.5	1/40000	1/100000
五	1/30000	±4.0	1/25000	1/75000

上述规定是对测角网而言的，由于桥轴线长度及各个边长都是根据基线及角度推算的，为保证桥轴线有可靠的精度，基线精度要高于桥轴线精度 $2\sim3$ 倍。如果采用测边网或边角网，由于边长是直接测定的，所以不受测角误差的影响或影响较小，测边的精度与桥轴线要求的精度相当即可。

由于桥梁三角网一般都是独立的，没有坐标及方向的约束条件，所以平差时都按自由网处理。它所采用的坐标系，一般是以桥轴线作为 x 轴，而桥轴线始端控制点的里程作为该点的 x 值。这样，桥梁墩、台的设计里程即为该点的 x 坐标值，可以便于以后施工放样的数据计算。

在施工时如因机具、材料等遮挡视线，无法利用主网的点进行施工放样时，可以根据主网两个以上的点将控制点加密。这些加密点称为插点。插点的观测方法与主网相同，但在平差计算时，主网上点的坐标不得变更。

传统的三角测量方法建立控制网有许多优越性，观测量直观可靠，精度高，建网技术成熟，但是数据处理较为繁琐，劳动强度高，工作效率较低。而利用 GPS 技术建立控制网，恰恰弥补了常规传统三角网方法建网的不足，在减轻劳动强度、优化设计控制网的几何图形以及降低观测中气象条件的要求等方面具有明显的优势，并且可以在较短时间内以较少人力消耗来完成外业观测工作，观测基本上不受天气条件的限制，内、外业紧密结合，可以迅速提交测量成果。

GPS 控制网应采用静态测量的方式布设，一般应由一个或若干个独立观测环构成，以三角形和大地四边形组成的混合网的形式布设。在控制点选点时应注意以下几方面的问题。

① 控制点必须能控制全桥及与之相关的重要附属工程。

② 桥轴线一般是控制网中的一条边，如果无法构成一条边，桥轴线必须包含在控制网内。

③ GPS 控制点都必须选定在开阔、安全、稳固的地方，便于安置 GPS 接收机和卫星信号的接收，高度角 15° 以上不能有障碍物，要远离大功率无线电发射台和高压输电线。

④ 控制网的图形应力求简单、刚强，一般应以三角形或大地四边形组成的混合网的形式进行布设，以利于提高精度，并应保证控制网的扩展和墩、台定位的精度，同时还应注意边长要适中，各边长度不宜相差过大，并方便施工定位放样。

⑤ 相邻施工控制点间应尽可能通视，以方便采用常规测量方法进行施工放样和加密施工控制点。

二、桥梁高程控制网的布设与测量

在桥梁建设过程中，为了控制桥梁的高程，需要布设高程控制网。即在河流两岸建立若干个水准基点。这些水准基点除用于施工外，也可作为以后变形观测的高程基准点。水准基点一般应永久保存，根据地质条件，可采用混凝土标石、钢管标石、管柱标石或钻孔标石。在标石上方嵌以凸出半球状的铜质或不锈钢标志。为了方便施工，也可在施工区域附近设立施工水准点，由于其使用时间较短，在结构上可以简化，但要求使用方便，也要相对稳定，且在施工时不致破坏。

各水准点之间应采用水准测量的方法进行连测，一般地，水准基点之间应采用一等或二等水准测量进行连测，而施工水准点与水准基点之间可采用三、四等水准测量进行连测。测量时，对于河面宽度较小或者处于枯水期河道内没有水的河流，可以按照测量规范要求按常规进行水准测量。但是对于大多数的河流来说，由于河面较宽，造成跨河时水准视线较长，使得照准标尺读数精度太低，同时由于前、后视距相差悬殊，使得水准仪的 i 角误差和地球曲率的影响都会增大，这时需要采用跨河水准测量的方法来解决。

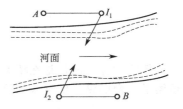

图 13-2　跨河水准测量场地布设

　　跨河水准测量场地可以布设成图 13-2 所示的形式，在河流两岸分别选择两点 A、B 用来立尺，再选择两点 I_1、I_2 用来架设仪器，同时 I_1、I_2 两点也可以用来立尺。选点时应注意使 $AI_1 = BI_2$。

　　观测时，仪器先架设于 I_1 点上，后视 A，在水准尺上得到读数 a_1，再前视 I_2，在水准尺上得到读数 b_1。假设水准仪具有一定值的 i 角误差，其值为正，由此对后视读数造成的影响为 Δ_1，对前视读数造成的影响为 Δ_2，由 I_1 站的测量结果可以得到 A、B 两点的正确高差为

$$h'_{AB} = (a_1 - \Delta_1) - (b_1 - \Delta_2) + h_{I_2B} \tag{13-1}$$

　　将水准仪迁至河对岸 I_2 点上，原在 I_2 点上的水准尺迁至 I_1 点作为后视尺，原在 A 点上的水准尺迁至 B 点作为前视尺。在 I_2 点上得到后视尺上读数为 a_2，可以看出读数中含有 i 角误差的影响为 Δ_2；在 I_2 点上得到前视尺上读数为 b_2，可以看出读数中含有 i 角误差的影响为 Δ_1。由 I_2 站的测量结果可以得到 A、B 两点的正确高差为

$$h''_{AB} = h_{AI_1} + (a_2 - \Delta_2) - (b_2 - \Delta_1) \tag{13-2}$$

　　取 I_1、I_2 测站所得高差平均值，即

$$h_{AB} = \frac{1}{2}(h'_{AB} + h''_{AB}) = \frac{1}{2}\left[(a_1 - b_1) + (a_2 - b_2) + (h_{AI_1} + h_{I_2B})\right] \tag{13-3}$$

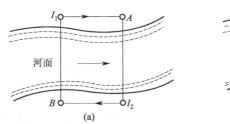
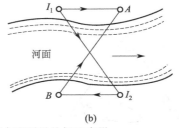

图 13-3　两台仪器进行跨河水准测量的场地布设

　　由此可以看出，在两个测站上观测时，由于远、近视距是相等的，所以仪器 i 角误差对水准标尺上读数的影响在平均高差中得以消除。

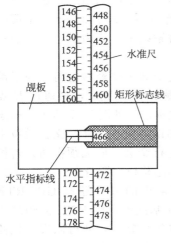

图 13-4　读数辅助装置

　　为了更好地消除仪器 i 角误差和大气折光的影响，最好采用两台同型号的仪器在两岸同时进行观测，两岸的立尺点 A、B 和测站点 I_1、I_2 应布置成图 13-3 所示的两种形式，布置时应尽量使 $AI_1 = BI_2$，$BI_1 = AI_2$。

　　跨河水准测量应尽量选在桥体附近河宽最窄处，为了使往返观测视线受着相同折光的影响，应尽量选择在两岸地形相似、高度相差不大的地点，并尽量避开草丛、沙滩、芦苇等对大气温度影响较大的不利地区。

　　由于跨河水准视线较长，远尺读数困难，可在水准尺上安装一个可沿尺上下移动的觇板，如图 13-4 所示。由观测者指挥立尺者上下移动觇板，使觇板上的中间横丝落在水准仪十字丝横丝上，然后由立尺者在水准标尺上读取整数读数，由观测者在水准仪内读取测微器上的读数，共同完成水准测量工作。

第三节　桥梁施工测量

桥梁的施工测量是在桥梁控制测量的基础上进行的，主要包括桥梁墩、台中心的测设和桥梁墩、台的纵、横轴线的测设和桥梁施工的变形监测及竣工测量。

一、桥梁墩、台中心的测设

桥梁水中桥墩及其基础中心位置，可根据已建立的控制网，在三个控制点上（其中一个为桥轴线控制点）安置全站仪，利用交会法从三个方向交会得出。

如图 13-5 所示，A、C、D 为控制网的三角点，且 A 为桥轴线的端点，E 为墩、台中心位置。根据控制测量的成果可以求出 φ、φ'、d_1、d_2。AE 的距离可根据两点的设计坐标求出，也可视为已知。则放样角度 α 和 β 可以根据 A、C、D、E 的已知坐标求出。

$$\alpha = \arctan\left(\frac{l_E \sin\varphi}{d_1 - l_E \cos\varphi}\right) \tag{13-4}$$

$$\beta = \arctan\left(\frac{l_E \sin\varphi'}{d_2 - l_E \cos\varphi'}\right) \tag{13-5}$$

在 C、D 点上架设全站仪，分别自 CA 及 DA 测设出 α 及 β 角，则两方向的交点即为 E 点的位置。

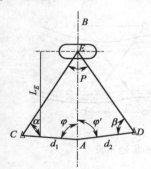

图 13-5　桥梁墩、台放样

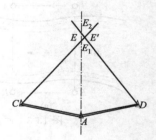

图 13-6　示误三角形

由于测量误差的影响，三个方向不交于一点，而形成图 13-6 所示的三角形，这个三角形称为示误三角形。示误三角形的最大边长，在建筑墩、台下部时不应大于 25mm，上部时不应大于 15mm。如果在限差范围内，则将交会点 E' 投影至桥轴线上，作为墩、台中心的点位。

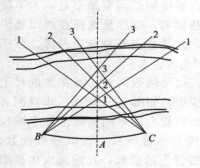

图 13-7　延长交会方向线

在桥梁施工过程中，角度交会需要经常进行，为了准确迅速地进行交会，可在获得 E 点位置后，将通过 E 点的交会方向线延长到彼岸设立标志，如图 13-7 所示。标志设立好之后，用测角的方法加以检核。这样，交会墩位中心时，可直接瞄准对岸标志进行交会，而无须拨角。若桥墩砌高后阻碍视线，则可将标志移设在墩身上。

除了交会法之外，目前常用的方法还有 GPS-RTK 法，利用 GPS-RTK 技术建立基准站，用 RTK 流动站直接测定桥墩的中心点位，用以指导施工，并可以实时地监测中心点位的正确性，该方法既省时又便捷。

二、墩、台的纵、横轴线的测设

为了进行墩、台施工的细部放样，需要测设其纵、横轴线。纵轴线是指过墩、台中心平行于线路方向的轴线，而横轴线是指过墩、台中心垂直于线路方向的轴线；桥台的横轴线是指桥台的胸墙线。

直线桥墩、台的纵轴线与线路中线的方向重合，在墩、台中心架设仪器，自线路中线方向测设 90°角，即为横轴线的方向，如图 13-8 所示。

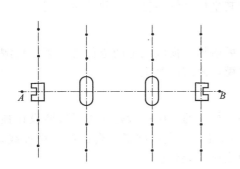
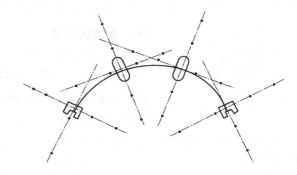

图 13-8　直线桥梁墩、台的纵、横轴线　　　图 13-9　曲线桥梁墩、台的纵、横轴线

曲线桥的墩、台轴线位于桥梁偏角的分角线上，在墩、台中心架设仪器，照准相邻的墩、台中心，测设 α 角，即为纵轴线的方向。自纵轴线方向测设 90°角，即为横轴线方向，如图 13-9 所示。

在施工过程中，墩、台中心的定位桩要被挖掉，但随着工程的进展，又经常需要恢复墩、台中心的位置，因而要在施工范围以外钉设护桩，据以恢复墩、台中心的位置。

护桩即在墩、台的纵、横轴线上，于两侧各钉设至少两个木桩，因为有两个桩点才可恢复轴线的方向。为防破坏，可以多设几个。曲线桥上的护桩纵横交错在使用时极易弄错，所以在桩上一定要注明墩、台编号。

三、基础施工放样

桥墩基础由于自然条件不同，施工方法也不相同，放样方法也有差异。

如果桥梁位于无水或浅水河道，地基情况又相对较好，可以选择采用明挖基础的方法，其放样方法与普通建筑物放样方法并无大异。

当表面土层较厚，明挖基础有困难时，常采用桩基础，如图 13-10（a）所示。放样时，以墩、台轴线为依据，用直角坐标法测设桩位，如图 13-10（b）所示。

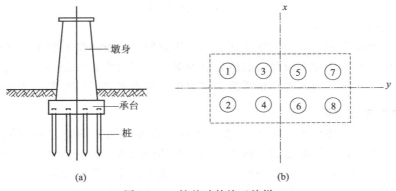

图 13-10　桩基础的施工放样

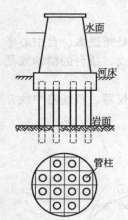

图 13-11　管柱基础

在深水中建造桥墩，多采用管柱基础，即用大直径的薄壁钢筋混凝土的管形柱，插入地基，管中灌入混凝土，如图 13-11 所示。

在管柱基础施工前，用万能钢杆拼接成鸟笼形的围囹，管柱的位置按设计要求在围囹中确定。在围囹的杆件上做标志，用 GPS-RTK 技术或角度交会法在水上定位，并使围囹的纵、横轴线与桥墩轴线重合。

放样时，在围囹形成的平台上用支距法测设各管柱在围囹中的位置。随管柱打入地基的深度测定其坐标和倾斜度，以便及时改正。

四、桥墩细部放样

桥墩的细部放样主要依据其桥墩纵、横轴线上的定位桩，逐层投测桥墩中心和轴线，并据此进行立模，浇筑混凝土。

五、架梁时的测量工作

架梁是建桥的最后一道工序。如今的桥梁一般是在工厂按照设计预先制好钢梁或混凝土梁，然后在现场进行拼接安装。测设时，先依据墩、台的纵、横轴线，测设出梁支座底板的纵、横轴线，用墨线弹出，以便支座安装就位。

根据设计要求，先将一个桁架的钢梁拼装和铆接好，然后根据已放出的墩、台轴线关系进行安装。之后在墩台上安置全站仪，瞄准梁两端已标出的固定点，再依次进行检查，出现偏差予以改正。

六、桥梁工程变形监测

20 世纪 90 年代以来，以斜拉桥和悬索桥为代表的大型桥梁大量建设，这类桥梁具有跨度大、塔柱高、主跨段具有柔性等特性，这就使得其内力变化、外部荷载等因素都会对桥梁造成一定的影响，因此必须进行桥梁的变形监测。

桥梁工程变形监测主要包括桥梁墩台沉降监测、桥面线形与挠度观测、主梁横向水平位移观测、高塔柱摆动观测等内容。为了进行各项目的观测，必须建立相应的水平位移基准网与沉降基准网的观测，然后再根据监测内容布设相应的监测点。

桥墩（台）沉降观测点一般布置在与桥墩（台）顶面对应的桥面上。桥面线形与挠度观测点布置在主梁上。对于大跨度的斜拉段，线形观测点还与斜拉锁锚固着力点位置对应。桥面水平位移观测点与桥轴线一侧的桥面沉降和线形观测点共点。塔柱摆动观测点布置在主塔上塔柱的顶部、上横梁顶面以上约 1.5m 的上塔柱侧壁上，每柱设立两个点。

水平位移观测基准网应结合桥梁两岸地形地质条件和其他建筑物的分布、水平位移观测点的布置与测量方法，以及基准网的观测方法等因素确定，一般分两级布设，基准网设在岸上稳定的地方并埋设深埋钻孔桩标志。在桥面用桥墩水平位移观测点作为工作基点，用它们测定桥面观测点的水平位移。

建立垂直位移基准网时，为了便于观测和使用方便，一般将岸上的平面基准网点纳入垂直位移基准网中，同时还应在较稳定的地方增加深埋水准点作为水准基点，它们是大桥垂直位移监测的基准。为统一两岸的高程系统，在两岸的基准点之间应布置一条过江水准路线。

七、桥梁的竣工测量

与其他工程一样，桥梁也需要进行竣工测量，桥梁的竣工测量是在不同阶段进行的。墩、台施工完成以后，在架梁之前应该进行墩、台部分的竣工测量。对于较为隐蔽在竣工后无法测绘的工程，如桥梁墩、台的基础等，必须在施工过程中随时测绘和记录，作为竣工资料的一部分。对于其他部分，在桥梁架设完成后要对全桥进行全面的竣工测量。

　　桥梁竣工测量的主要目的是测定建成后墩、台的实际情况，检查其是否符合设计要求，为架梁提供准确、可靠的依据，为运营期间桥梁监测提供基本资料。

　　桥梁竣工测量的主要内容如下。

　　① 测定墩、台中心，纵、横轴线及跨距。

　　② 丈量墩、台各部分尺寸。

　　③ 测定墩帽和承垫石的高程。

　　④ 测定桥梁中线及纵、横坡度。

　　⑤ 根据测量结果编绘墩、台中心距表，墩顶水准点和垫石高程表，墩、台竣工平面图，桥梁竣工平面图等。

　　⑥ 如果运营期间要对墩、台进行变形监测，则应对两岸水准点和各墩顶的水准标石以不低于二等水准测量的精度连测。

思考题与习题

　　1. 桥梁建设过程中主要有哪些测量工作？

　　2. 建设桥梁平面控制网主要有哪些方法？这些方法各有何优缺点？

　　3. 跨河水准测量如何布设场地？

　　4. 桥梁的墩、台中心及纵横、轴线如何测设？

　　5. 进行桥梁基础施工都有哪些方法？这些方法各适用于何种情况？

　　6. 桥梁的变形监测点应如何设置？

第十四章 地下工程测量

第一节 地下工程测量概述

地下工程是指深入地面以下，为开发利用地下空间资源所建造的地下土木工程。它包括

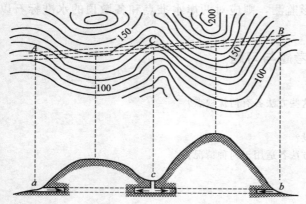

图 14-1 地下隧道施工

地下房屋和地下构筑物、地下铁道、公路隧道、水下隧道、地下共同沟和过街地下通道等。虽然地下建筑工程的性质、用途以及结构形式各不相同，但在施工过程中，大部分是先从地面通过洞口或竖井在地下开挖各种形式的隧道，然后再进行各种地下建筑物和构筑物的施工。对于浅层的地下建筑，例如一般的地下室和地下管道，也可以直接挖开地面（明挖），进行施工。

在山区隧道施工中，为了加快工程进度，一般都由隧道两端洞口进行对向开挖，如图 14-1 中的 a、b 处。长隧道施工中，往往在两洞口间增加竖井，如图 14-1 中的 c 处，以增加开挖工作面。城市的地铁施工，一般以沉井或明挖的方式建造车站，站与站之间的隧道用暗挖或盾构在地下进行定向掘进，如图 14-2 所示。

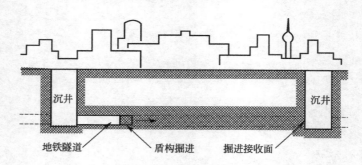

图 14-2 城市地铁的盾构掘进

地下建筑工程一般投资大、周期长。地下建筑工程中的测量工作有其共同特点，如隧道施工的掘进方向在贯通前无法与终点通视，完全依据布设支导线形式的隧道中心线或地下导线指导施工，若因测量工作的一时疏忽或错误，将引起对向开挖隧道不能正确贯通、盾构掘进不能与预定接收面吻合等，就会造成不可挽回的巨大损失。所以，在工作中要认真细致，应特别注意采取多种措施，做好校核工作，避免发生错误。

地下工程施工中对测量工作的精度要求，要视工程性质、隧道长度和施工方法而定。在对向开挖隧道的遇合面（贯通面）上，其中线如果不能完全吻合，这种偏差称为"贯通误差"，如图 14-3 所示。贯通误差包括纵向误差 Δt、横向误差 Δu、高程误差

Δh。其中，纵向误差仅影响隧道中线的长度。施工测量时，较易满足设计要求。因此，一般只规定贯通面上横向限差及高程限差，例如某项目规定：$\Delta u < 50 \sim 100 mm$，$\Delta h < 30 \sim 50 mm$（按不同要求而定）。城市地下铁道的隧道施工中，从一个沉井向另一个接收沉井掘进时，也同样有上述贯通误差的限差规定。

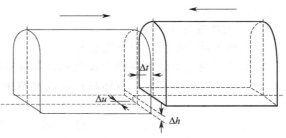

图 14-3　隧道开挖的贯通误差

第二节　地下工程控制测量

一、地下工程平面控制测量

地下工程平面控制测量的主要任务是测定各洞口控制点的相对位置，以便根据洞口控制点，按设计方向，向地下进行开挖，并能以规定的精度进行贯通。因此，要求选点时，平面控制网中应包括隧道的洞口控制点。通常，平面控制测量有以下几种方法。

1. 直接定线法

对于长度较短的山区直线隧道，可以采用直接定线法。如图 14-4 所示，A、D 两点是设计选定的直线隧道的洞口点，直接定线法就是将直线隧道的中线方向在地面标定出来，即在地面测设出位于 AD 直线方向上的 B、C 两点，作为洞口点 A、D 向洞内引测中线方向时的定向点。

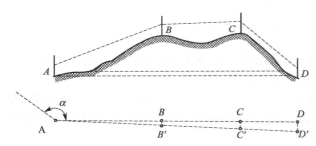

图 14-4　直接定线法平面控制

在 A 点安置经纬仪（或全站仪），根据概略方位角 α 定出 B' 点。搬经纬仪到 B' 点，用正倒镜分中法延长直线到 C' 点。

搬经纬仪至 C' 点，同法再延长直线到 D 点附近的 D' 点。在延长直线的同时，用测距仪测定 A、B'、C'、D' 之间的距离，量出 $D'D$ 的长度。C 点的位置移动量 $C'C$ 可按下式计算：

$$C'C = D'D \times \frac{AC'}{AD'} \qquad (14-1)$$

在 C 点垂直于 $C'D'$ 方向量取 $C'C$，定出 C 点。安置经纬仪于 C 点，用正倒镜分中法延长 DC 至 B 点，再从 B 点延长至 A 点。如果不与 A 点重合，则用同样的方法进行第二次趋近。

2. 三角网法

对于隧道较长、地形复杂的山岭地区或城市地区的地下铁道，地面的平面控制网一般布设成三角网形式，如图 14-5 所示。用经纬仪和测距仪或全站仪测定三角网的边角，形成边角网。边角网的点位精度较高，有利于控制隧道

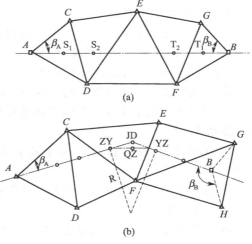

图 14-5　三角网平面控制

贯通的横向误差。

3. 导线测量方法

（1）地下导线的特点及其布设要求

地下导线测量是建立在地面控制测量和联系测量的基础上，其等级和精度要求主要取决于地下工程的类型、范围，具体指标可以参照相关国家、行业规范。与地面导线相比其主要具有以下特点：

① 受地下条件的限制，导线成延伸状支导线布设；

② 导线的形状受地下工程的走向限制；

③ 为了提高测量精度，随着工程的开展，地下导线分级布设：a. 施工导线，主要指导工程施工，边长为 $25\sim50\text{m}$；b. 基本导线，边长为 $50\sim100\text{m}$；c. 主要导线，边长为 $150\sim800\text{m}$，如图 14-6 所示：

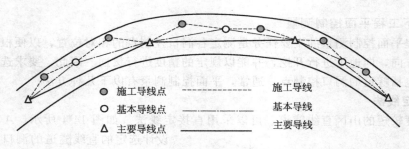

图 14-6　地下导线

④ 受施工的影响，导线点常设置于顶板，防止施工过程中的破坏，需要点下对中。

由于地下测量的特殊性，地下导线布设必须注意以下规则与事项：

① 地下导线点应尽量布设于施工影响小、通视良好、地面稳固的地方；地下导线应尽量沿地下工程中线或偏离中线适当距离布设，各导线边边长应尽量相等，在条件允许的情况下，应尽量布设闭合导线或主副导线环。

② 延伸导线时，应对导线点作检核测量，商伸导线段只作角度检核，曲线段在检验角度同时还应检测导线边边长。

③ 由于地下环境黑暗、导线迈长相对较短，应尽量减小仪器的对中误差、目标偏心误差的影响，提高照准精度。

④ 当采用钢尺量距时，应尽量加入尺长、温度等改正；当采用电磁波量距时，应经常拭擦镜头和反射棱镜，防止水雾的影响，并在短边测量时加钢尺量距；在长隧道等工程中，对距离还应进行归化到投影面上的改正。

⑤ 对构成闭合、附合图形的导线网、环，应进行统一的平差计算。

⑥ 对于环形地下工程，不能形成长导线边作为检核，在延伸导线时应作洞外复测，保证复测精度一致。

⑦ 在地下工程测量时，为了提高精度、增加检核条件，必要时可加测陀螺方位角。

⑧ 随着地下工程的进展，应及时埋设永久性导线点标志，并在必要时做检查。

（2）地下导线测量

地下平面控制测量的方法最主要是导线测量。地下导线测量一般分两级布设，在隧道掘进初期，由于距离短，不宜布设地下控制导线，但为了满足指导隧道施工的要求，应布设施工导线；当直线隧道掘进 200m 或曲线隧道掘进至 100m 距离后，才能进行地下平面控制测量，即按控制导线边长要求，从施工导线中隔点选择适宜的导线点组成或重新布设地下平面控制点。地下导线测量与地上导线测量类似，主要测定导线的转折角与边长。

① 两测定导线转折角：测定导线转折角的角度可以按复测法、测回法或方向观测法进行，按照规范要求测定一定数量的测回求取转折角的平均角度。

② 导线边长测量：根据仪器、精度要求，可以采用钢尺量距或电磁波测距，并作好误差改正和投影归化计算式（14-2）。

$$\Delta D = \frac{H}{R} D \tag{14-2}$$

式中，D 为两控制点间水平距离；H 为平均高程；R 为地球平均曲率半径，等于 6371km。

（3）地下导线测量的精度

地下工程的平面误差包括了地面平面控制测量误差、联系测量误差（有些工程无此项误差）以及地下导线测量误差。由于地面测量条件优于井下，故应对地面测量的精度要求高一些。而井下条件较差可适当放松。设地下工程的极限误差为 Δ，则地面控制测量所允许的测量误差为：

$$m_{\text{上}} = \pm \frac{\Delta}{\sqrt{5}} = \pm 0.45\Delta \tag{14-3}$$

对于没有进行联系测量工作的地下工程，则地面控制测量所允许的测量误差为：

$$m_{\text{上}} = \pm \frac{\Delta}{\sqrt{3}} = \pm 0.58\Delta \tag{14-4}$$

对于直线隧道，量边误差对横向贯通误差的影响完全可忽略不计，实际上，两个洞口间的隧道一般都是直线形或半径很大的曲线形的，而且地下导线都可视为等边直伸的，因此，由角度观测误差所引起的导线端点的横向误差应不大于 $\pm 0.58\Delta$，故导线端点的横向误差为：

$$m_u^2 = [S]^2 \frac{m_\beta^2}{\rho} \times \frac{n+1.5}{3} \text{（式中 } m_u \text{ 以米为单位，} m_\beta \text{ 以秒为单位，} \rho = 206265\text{）}$$

因为 $[S] = n \times s$

故
$$m_u^2 = \frac{n^2 s^2 m_\beta^2}{\rho_2} \times \frac{n+1.5}{3} \tag{14-5}$$

设 $\Delta = 50$mm 时，地下导线的测角误差的设计值为：

$$m_\beta = \frac{0.58\Delta\rho}{s \times n \sqrt{\dfrac{n+1.5}{3}}} = \frac{10000}{s \times n \sqrt{n+1.5}} \tag{14-6}$$

地下直伸导线的边长误差只对隧道的纵向贯通误差产生影响，当隧道两开挖洞口间长度大于 4km，且洞内具有长边通视条件时，为了减小导线测角误差对贯通误差的影响，采用基本导线基础上在成洞部分用长边组成主要导线的方法。这时，主要导线的边长精度与基本导线的边长精度相等，用公式表示为：

$$M_s = \pm \mu \sqrt{s \cdot n} \tag{14-7}$$

式中，M_s 为主要导线的边长中误差；μ 为边长丈量偶然误差系数；s 为基本导线的平均边长。式（14-7）意味着，基本导线边长的丈量精度应按主要导线的量边精度设计，这时，主要导线的边长即可通过间接方法求得而不需要直接丈量。

4. 全球定位系统法

用全球定位系统（GPS）定位技术进行地下建筑施工的地面平面控制时，只需要在洞口布设洞口控制点和定向点。除了洞口点及其定向点之间因需要做施工定向观测而应通视之外，洞口点与另外洞口点之间无须通视，与国家控制点或城市控制点之间的连测也无须通视。因此，地面控制点的布设灵活方便。且其定位精度目前已能超过常规的平面控制网，GPS 定位技术已在地下建筑的地面控制测量中得到广泛应用。

二、地下工程高程控制测量

高程控制测量的任务是按规定的精度施测隧道洞口（包括隧道的进出口、竖井口、斜井口和坑道口）附近水准点的高程，作为高程引测进洞内的依据。水准路线应选择连接洞口最平坦和最短的线路，以期达到设站少、观测快、精度高的要求。每一个洞口埋设的水准点应不少于 3 个，且以能安置一次水准仪即可连测，便于检测其高程的稳定性。两端洞口之间的距离大于 1km 时，应在中间增设临时水准点。高程控制通常采用三、四等水准测量的方法，按往返或闭合水准路线施测。

第三节　隧道联系测量

一、隧道洞口联系测量

山区隧道洞外平面和高程控制测量完成后，即可求得洞口点（各洞口至少有两个）的坐标和高程，同时按设计要求计算洞内设计中线点的设计坐标和高程。按坐标反算方法求出洞内设计点位与洞口控制点之间的距离、角度和高差关系（测设数据），测设洞内设计点位，据此进行隧道施工，称为洞口联系测量。

1. 掘进方向测设数据计算

图 14-6（a）所示为一直线隧道的平面控制网，$A \sim G$ 为地面平面控制点。其中 A、B 为洞口点，S_1、S_2 为 A 点洞口进洞后的隧道中线第一个、第二个里程桩。为了求得 A 点洞口隧道中线掘进方向及掘进后测设中线里程桩 S_1，计算下列极坐标法测设数据：

$$a_{AC} = \arctan \frac{y_C - y_A}{x_C - x_A} \tag{14-8}$$

$$a_{AB} = \arctan \frac{y_B - y_A}{x_B - x_A} \tag{14-9}$$

$$\beta_A = a_{AB} - a_{AC} \tag{14-10}$$

$$D_{AS_1} = \sqrt{(x_{S_1} - x_A)^2 + (y_{S_1} - y_A)^2} \tag{14-11}$$

对于 B 点洞口的掘进测设数据，可以做类似的计算。对于中间具有曲线的隧道，如图 14-6（b）所示，隧道中线交点 JD 的坐标和曲线半径 R 由设计指定，因此，可以计算出测设两端进洞口隧道中线的方向和里程。掘进达到曲线段的里程以后，可以按照测设道路闭曲线的方法测设曲线上的里程桩。方法同测设曲线上的里程桩。

2. 洞口掘进方向标定

隧道贯通的横向误差主要由测设隧道中线方向的精度所决定，而进洞时的初始方向尤为重要。因此，在隧道洞口，要埋设若干个固定点，将中线方向标定于地面上，作为开始掘进及以后洞内控制点联系测量的依据。如图14-7所示，用1、2、3、4号桩标定掘进方向。再在洞口点 A 和中线垂直方向上埋设5、6、7、8号桩作为校核桩。所有固定点应埋设在施工不易受破坏的地方，并测定 A 点至2、3、6、7号点的平距。这样，在施工过程中，可以随时检查或恢复洞口控制点 A 的位置、进洞中线的方向和里程。

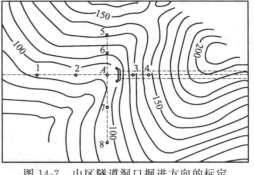

图14-7 山区隧道洞口掘进方向的标定

3. 洞内施工点位高程测设

对于平洞，根据洞口水准点，用一般木桩测量方法，测设洞内施工点位的高程。对于深洞则采用深基坑传递高程的方法，测设洞内施工点的高程。

二、竖井联系测量

在隧道施工中，可以用开挖竖井的方法来增加工作面，将整个隧道分成若干段，实行分段开挖。例如，在城市地下铁道的建造中，每个地下车站是一个大型竖井，在站与站之间用盾构进行掘进，施工可以不受城市地面密集建筑物和繁忙交通的影响。

为了保证地下各开挖面能够准确贯通，必须将地面控制网中的点位坐标、方位角和高程经过竖井传递到地下，建立地面和井下统一的工程控制网坐标系统，称为"竖井联系测量"。

竖井施工时，根据地面控制点把竖井的设计位置测设于地面。竖井向地下开挖后，其平面位置用悬挂大垂球或用垂准仪测设铅垂线，将地面的控制点垂直投影至地下施工面，其工作原理和方法与高层建筑的平面控制点垂直投影完全相同。高程控制点的高程传递可以用钢卷尺垂直丈量法或全站仪天顶测距法。

竖井施工到达底面以后，应将地面控制点的坐标、高程和方位角做最后的精确传递，以便能在竖井的底层确定隧道的开挖方向和里程。由于竖井的井口直径（圆形竖井）或宽度（矩形竖井）有限，用于传递方位的两根铅垂线的距离相对较短（一般仅为3～5m），垂直投影的点位误差会严重影响井下方位定向的精度。如图14-8所示，V_1'、V_2' 是圆筒形竖井井口的两个投影点，垂直投

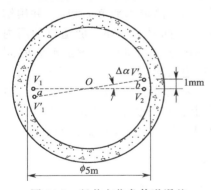

图14-8 竖井方位角传递误差

影至井下。由于投点误差，至井底偏移到 V_1、V_2。设 $V_1V_1'=V_2V_2'$，则对 ab 的边的方位角产生的角度的误差为

$$\Delta\alpha = \frac{2V_1V_1'}{V_2V_2'}\rho''$$

（14-12）

设 $V_1V_2=5$m，$V_1V_1'=V_2V_2'=1$mm，则产生的方位角误差 $\Delta\alpha=1'12''$ 一般要求投点误差应小于0.5mm。两垂直投影点的距离越大，则投影边的方位角误差越小。该边的方位角要作为地下洞内导线的起始方位角，因此，在竖井联系测量工作中，方位角传递是一项关键性工作。竖井联系测量主要有一井定向、两井定向等方法。

1. 一井定向

通过一个竖井口，用垂线投影法将地面控制点的坐标和方位角传递至井下隧道施工面，称为"一井定向"，如图 14-9 所示。在竖井口的井架上设 V_1、V_2 两个固定投影点，向井下投影可以用垂球线法或用垂准仪法。下面介绍用韧钢丝悬挂大垂球的方法：从 V_1 和 V_2 点悬挂大垂球，其重量应随投影深度的增加而增加，例如，对于 100m 井深，垂球重量应为 60kg，钢丝直径为 0.7mm。为了使垂球较快稳定下来，可将其沉没在盛有油类液体的桶中，但垂球不可与桶壁接触。

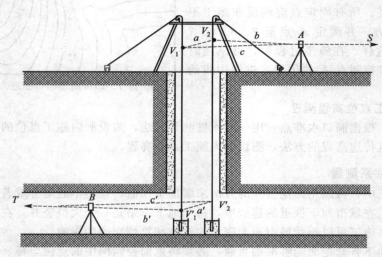

图 14-9　一井定向联系测量

进行联系测量时，如图 14-9 和图 14-10 所示，在井口地面平面控制点 A 上安置经纬仪，瞄准另一平面控制点 S 及投影钢丝点 V_1 和 V_2，观测水平方向，测定水平角 ω 和 α。并用钢卷尺往返丈量井上联系三角形 $\triangle AV_1V_2$ 的三边长度 a、b、c。同时，在井下隧道口的洞内导线点 B 上也安置经纬仪，瞄准另一洞内导线点 T 和投影钢丝点 V_1 和 V_2，测定水平角 ω' 和 α'，并用钢卷尺往返丈量井下联系三角形 $\triangle bV_1V_2$ 中的三边长度 a'、b'、c'。联系三角形应布置成直伸形状，α 和 α' 角应为很小的角度（小于 $3°$），b/a 的数值应大约等于 1.5，a 应尽可能大。这样，有利于提高传递方位角的精度。经过井上、井下联系三角形（图 14-10）的解算，地面控制点的坐标和方位角通过投影钢丝点 V_1 和 V_2 传递至井下的洞内导线点。

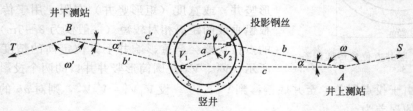

图 14-10　联系三角形

联系三角形的解算方法如下。

（1）井上联系三角形解算

根据地面控制点 A 和 S 的坐标，反算 AS 的方位角：

$$\alpha_{AS} = \arctan\left(\frac{y_S - y_A}{x_S - x_A}\right)$$

根据测得的水平角 α 和 ω，推算 b 边和 c 边的方位角：

$$\alpha_b = \alpha_{AS} - \omega$$

$$\alpha_c = \alpha_{AS} - (\omega + \alpha)$$

根据 b 边和 c 边的边长及方位角，由 A 点坐标推算 V_1 和 V_2 点坐标 (x_1, y_1) 和 (x_2, y_2)，计算应取 4 位小数（取至 0.1mm）：

$$x_1 = x_A + c\cos\alpha_c$$

$$y_1 = y_A + c\sin\alpha_c$$

$$x_2 = x_A + b\cos\alpha_b$$

$$y_2 = y_A + b\sin\alpha_b$$

算得的 V_1 和 V_2 点坐标应与量得的边长 a 按下式做检核（其差数不应大于 0.5mm）：

$$a = \sqrt{(x_1 - x_2)^2 + (y_1 - y_2)^2}$$

根据 V_1 和 V_2 点的坐标，反算投影边 V_1V_2 的方位角：

$$\alpha_{1,2} = \arctan\left(\frac{y_2 - y_1}{x_2 - x_1}\right)$$

（2）井下三角形联系计算

根据井下观测的水平角 α' 和边长用正弦定律计算水平角 β：

$$\frac{\sin\beta}{b'} = \frac{\sin\alpha'}{a'}$$

$$\beta = \arcsin\left(\frac{b'}{a'}\sin\alpha'\right)$$

根据投影边方位角 $\alpha_{1,2}$ 和 β 角，推算 c' 边的方位角：

$$\alpha_{c'} = \alpha_{1,2} + \beta \pm 180°$$

根据 c' 边的边长及方位角，由 V_2 点坐标推算洞内导线点 B 的坐标：

$$x_B = x^2 + c'\cos\alpha_{c'}$$

$$y_B = y_2 + c'\sin\alpha_{c'}$$

根据井下观测的水平角 α' 和 ω'，推算第一条洞内导线边的方位角：

$$\alpha_{BT} = \alpha_{c'} + (\alpha' + \omega') \pm 180°$$

洞内导线取得起始点 B 的坐标和起始边 BT 的方位角以后，即可向隧道开挖方向延伸，测设隧道中心点位。

2. 两井定向

在隧道施工时，为了通风和出土方便，往往在竖井附近增加一通风井或出土井。此时，井上和井下的联系测量可以采用"两井定向"的方法，以克服因一井定向时两根投影铅垂线相距过近而影响方位角传递精度的缺点。

两井定向是在相距不远的两个竖井中分别测设一根铅垂线（用垂准仪投影或挂大垂球），由于两垂线间的距离大大增加，从而减小点的投影误差对井下方位角推算的影响，提高洞内导线的精度。

两井定向时，地面上采用导线测量方法测定两投影点的坐标。在井下，利用两竖井间的贯通巷道，在两垂直投影点之间布设无定向导线，以求得连接两投影点间的方位角和计算井下导线点的坐标。采用两井定向时的井上和井下联系测量，控制网布设图形如图 14-11 所示，A、B、C 为地面控制点（其中，A、B 为近井点），V_1、V_2 为竖井中垂直投影点，V_1EFV_2 组成井下无定向导线。

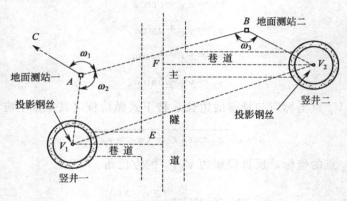

图 14-11 两井定向联系测量

在经纬仪或全站仪的支架上方安装陀螺仪，组成陀螺经纬仪或陀螺全站仪。图 14-12(a) 所示为全站仪上安装陀螺仪；图 14-12(b) 为陀螺仪目镜中的读数和"逆转点法"读数示意图。陀螺仪定真北方向的原理如下：当陀螺仪中自由悬挂的转子在陀螺马达的驱动下逐渐旋转至稳定转速（约 21500r/min）时，因受地球自转影响而产生一个力矩，使转子的轴指向通过测站的子午线方向，即真北方向。经纬仪或全站仪的水平度盘可根据真北方向进行定向（度盘读数设置为零），当经纬仪转向任一目标时，水平度盘的读数即为测站至该目标的真方位角。

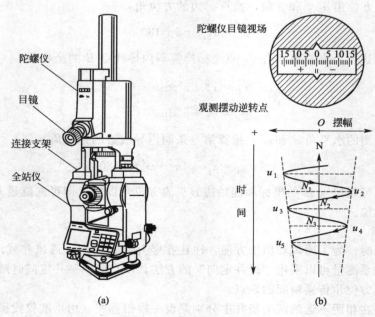

图 14-12 陀螺仪观测

真方位角与坐标方位角之间还存在一个子午线收敛角的差别（详见第四章第三节），通过地面控制点和井下的联系测量，可以求得测站的子午线收敛角，从而将真方位角化为坐标方位角。

用陀螺经纬仪或全站仪测定方位角时，安置仪器于测站上，将望远镜大致瞄准真北方向，水平微动螺旋制动于中间位置。启动陀螺仪（启动指示灯亮），当陀螺转速达到规定值后（启动指示灯灭），缓慢旋松陀螺锁紧螺旋，下放陀螺灵敏部；高速旋转中的陀螺轴向通过测站的子午面两侧做衰减往返摆动，通过陀螺仪目镜可以看到指标线的左右摆动。连续跟踪和读取摆动中的指标线到达左右逆转点时的水平方向值 u_1、u_2、u_3 等，根据三个连续方向值 u_i、u_{i+1}、u_{i+2} 按下式计算摆动中心点的方向值读数 $N_i(i=1,2,3,\cdots)$：

$$N_i = \frac{1}{2}\left(\frac{u_i + u_{i+2}}{2} + u_{i+1}\right) \tag{14-13}$$

取各个 N_i 的平均值，得到测站的真北方向的水平方向值。

用陀螺经纬仪或全站仪进行地面和井下的联系测量时（图 14-13），在井口的地面控制点 A（称为近井点）安置仪器，分别瞄准另一地面控制点 S 和垂线投影点 V（即垂线钢丝点或图 14-13 中的光学投影器的觇牌），观测水平角和距离，推算 AV 方向的坐标方位角 α_{AV} 和 V 点的坐标（x_V, y_V）。然后开动陀螺仪，测定 AV 方向的真方位角 A_{AV}，按下式计算近井点 A 的子午线收敛角：

$$\gamma = A_{AV} - \alpha_{AV} \tag{14-14}$$

然后安置仪器于洞内导线点 B，瞄准 V' 和洞内另一导线点 T，进行和地面点 A 同样的观测步骤，根据陀螺仪测定的真方位角 A_{BV}，计算洞内导线边 BV' 的坐标方位角：

$$\alpha_{BV} = A_{BV} - \gamma \tag{14-15}$$

根据投影点 V' 的坐标、BV' 边的边长和坐标方位角，计算 B 点的坐标；根据 B 点观测的水平角，计算 BT 边的坐标方位角，以此作为洞内导线的起始数据。

3. 竖井高程的传递

竖井高程传递是根据井口地面水准点 A 的高程，测定井下水准点 B 的高程，如图 14-14 所示。在 A 点和 B 点立水准尺，竖井中悬挂钢卷尺（零点在下），井上、井下各安置一台水准仪，地面水准仪在水准尺和钢尺上的读数分别为 a_1 和 b_1。井下水准仪在钢尺和水准尺上的读数分别为 a_2 和 b_2，则 B 点的高程为

$$H_B = H_A + (a_1 - b_1) + (a_2 - b_2) \tag{14-16}$$

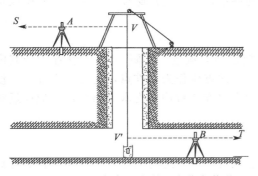

图 14-13 用陀螺仪进行井下方位角传递

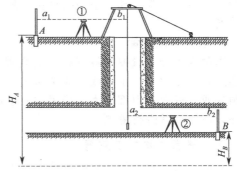

图 14-14 竖井高程传递

竖井高程传递也可以采用全站仪天顶测距法。

第四节　隧道施工测量

一、隧道洞内中线和腰线测设

1. 中线测设

根据隧道洞口中线控制桩和中线方向桩，在洞口开挖面上测设开挖中线，并逐步向洞内引测隧道中线上的里程桩。一般情况为隧道每掘进 20m，埋设一个中线里程桩。中线桩可

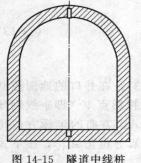

以埋设在隧道的底部或顶部，如图 14-15 所示。

2. 腰线测设

在隧道施工中，为了控制施工的标高和隧道横断面的放样，在隧道岩壁上，每隔一定距离（5～10m）测设出比洞底设计地坪高出 1m 的标高线，称为"腰线"。腰线的高程由引测入洞内的施工水准点进行测设。由于隧道的纵断面有一定的设计坡度，因此，腰线的高程按设计坡度随中线的里程而变化，它与隧道底设计地坪高程线平行。

图 14-15　隧道中线桩

3. 掘进方向指示

由于隧道洞内工作面狭小，光线暗淡，因此，在施工掘进的定向工作中，经常使用激光准直经纬仪或激光指向仪，用以指示中线和腰线方向，它具有直观、对其他工序影响小、便于实现自动控制等优点。例如，采用机械化掘进设备，用固定在一定位置上的激光指向仪，配以装在掘进机上的光电接收靶，在掘进机向前推进中，方向如果偏离了指向仪发出的激光束，则光电接收装置会自动指出偏移方向及偏差值，为掘进机提供自动控制的信息。

二、隧道洞内施工导线测量和水准测量

1. 洞内导线测量

测设隧道中线时，通常每掘进 20m 埋设一中线桩，由于定线误差，所有中线桩不可能严格位于设计位置上。所以，隧道每掘进一定长度（直线隧道约每隔 100m，曲线隧道按通视条件尽可能放长），应布设一个导线点，也可以利用原测设的中线桩作为导线点，组成洞内施工导线。导线的角度观测采用 DJ$_2$ 级经纬仪或全站仪至少测两个测回，距离用经过检定的钢尺或用测距仪测定。洞内施工导线只能布置成支导线的形式，并随着隧道的掘进逐渐延伸。支导线缺少检核条件，所以观测时应特别注意，导线的转折角应观测左角和右角，导线边长应往返测量。为了防止施工中可能发生的点位变动，导线必须定期复测、检核。根据导线点的坐标来检查和调整中线桩位，随着隧道的掘进，导线测量必须及时跟上，以确保贯通精度。

2. 洞内水准测量

用洞内水准测量控制隧道施工的高程。随着隧道向前掘进，每隔 50m 应设置一个洞内水准点，并据此测设中腰线。通常情况下，可利用导线点位作为水准点，也可将水准点埋设在洞顶或洞壁上，但都应力求稳固和便于观测。洞内水准测量均为支水准路线，除应往返观测外，还须经常进行复测。

三、隧道盾构施工测量

盾构法隧道施工是一项综合性的施工技术，它是将隧道的定向掘进、土方和材料的运输衬砌安装等各工种组合成一体的施工方法。其特点是作业深度大，不受地面建筑和交通的影

响，机械化和自动化程度很高，是一种先进的隧道施工方法，广泛用于城市地下铁道、越江隧道等的施工中。

盾构的标准外形是圆筒形，也有矩形、半圆形、双圆筒形等与隧道断面一致的特殊形状，图 14-16 所示为圆筒形盾构及隧道衬砌管片的纵剖面示意图。切削钻头是盾构掘进的前沿部分，利用沿盾构圆环四周均匀布置的推进千斤顶，顶住已拼装完成的衬砌管片（钢筋混凝土预制）向前推进，由激光指向仪控制盾构的推进方向。

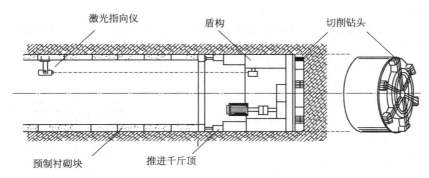

图 14-16　圆筒形盾构及隧道衬砌管片的纵剖面示意图

盾构施工测量主要是控制盾构的位置和推进方向。利用洞内导线点和水准点测定盾构的三维空间位置和轴线方向，用激光经纬仪、激光指向仪或马达驱动全站仪指示推进方向，用千斤顶编组施以不同的推力，调整盾构的位置和推进方向（纠偏）。盾构每推进一段，随即用预制的衬砌管片对隧道进行衬砌。

第五节　管道施工测量

管道工程也是地下工程的一部分，同时也是工业建设和城市建设的重要组成部分，其种类较多，包括给水、排水、煤气、热力、输油和其他工业管道工程等。为了合理地敷设各种管道，应首先进行规划设计，确定管道中线的位置并给出定位的数据，即管道的起点、转向点及终点的坐标和高程。然后将图纸上所设计的中线测设于实地，作为施工的依据。管道施工测量的主要任务是根据工程进度的要求向施工人员随时提供中线方向和标高位置。

一、准备工作
1. 熟悉图纸和现场情况
施工前要收集管道测设所需要的管道平面图、断面图、附属构筑物图以及有关资料，熟悉和核对设计图纸，了解精度要求和工程进度安排等，还要深入施工现场，熟悉地形，找出各桩点的位置。
2. 校核中线
若设计阶段在地面上标定的中线位置就是施工时所需要的中线位置，且各桩点保存完好，则仅需校核一次，无须重新测设。若有部分桩点丢损或施工的中线位置有所变动，则应根据设计资料重新恢复旧点或按改线资料测设新点。
3. 加密水准点
为了在施工过程中便于引测高程，应根据设计阶段布设的水准点，在沿线附近每隔约 150m 增设临时水准点。

二、地下管道放线测设

1. 测设施工控制桩

在施工时，中线上的各桩将被挖掉，所以应在不受施工干扰、便于引测和保存点位处测设施工控制桩，用以恢复中线，测设地物位置控制桩，用以恢复管道附属构筑物的位置，见图 14-17。中线控制桩的位置，一般是测设在管道起止点及各转点处中心线的延长线上，附属构筑物控制桩则测设在管道中线的垂直线上。

2. 槽口放线

管道中线控制桩确定之后，即可根据管径大小、埋设深度以及土质情况决定开槽宽度，并在地面上钉上边桩，然后沿开挖边线撒出灰线，作为开挖的界限。如图 14-18 所示，若横断面上坡度比较平缓，开挖宽度可用如式（14-17）计算：

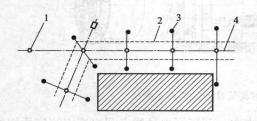

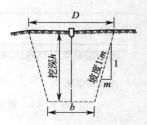

图 14-17　施工控制桩测设

1—控制桩；2—槽边线（灰线）；

3—附属构筑物位置控制桩；4—中心线

图 14-18　槽口放线

$$D = b + 2mh \tag{14-17}$$

式中，b 为槽底宽度；h 为中线上的挖土深度；m 为管槽放坡系数。

若横断面倾斜较大，如图 14-19 所示，则中线两侧槽口宽度不一致，半槽口宽度应按式（14-18）计算：

$$\begin{cases} D_1 = \dfrac{b}{2} + m_2 h_2 + m_3 h_3 + c \\[2mm] D_2 = \dfrac{b}{2} + m_1 h_1 + m_3 h_3 + c \end{cases} \tag{14-18}$$

三、地下管道施工测量

管道的埋设要按照设计的管道中线和坡度进行，因此施工中应设置施工测量标志，以使管道埋设符合设计要求。

1. 龙门板法

龙门板由坡度板和高程板组成（图 14-20）。沿中线每隔 10～20m 以及检查井处应设置龙门板。中线测设时，根据中线控制桩，用经纬仪将管道中线投测到坡度板上，并钉上小钉标定其位置，此钉称为中线钉。各龙门板中线钉的连线表明了管道的中线方向。在连线上挂垂球，可将中线位置投测到管槽内，以控制管道中线。

为了控制管槽开挖深度，应根据附近的水准点，用水准仪测出各坡度板顶的高程。根据管道设计坡度，计算出该处管道的设计高程，则坡度板顶与管道设计高程之差就是从坡度板顶向下开挖的深度，通称下反数。下反数往往不是一个整数，并且各坡度板的下反数不一致，施工、检查很不方便，因此，为使下反数成为一个整数 C，必须计算出每个坡度板顶向上或向下的调整数 δ。公式为

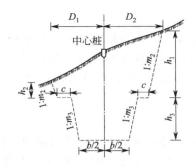

图 14-19　地面起伏开槽图

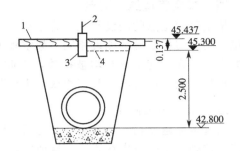

图 14-20　龙门板法
1—坡度板；2—中线钉；
3—高程板；4—坡度钉

$$\delta = C - (H_{\text{板顶}} - H_{\text{管底}}) \tag{14-19}$$

式中，$H_{\text{板顶}}$ 为坡度板顶高程；$H_{\text{管底}}$ 为管底设计高程。

根据计算出的调整数，在高程板上用小钉标定其位置，该小钉称为坡度钉（图 14-20）。相邻坡度钉的连线与设计管底坡度平行，且相差为选定的下反数 C。利用这条线来控制管道坡度和高程，便可随时检查槽底是否挖到设计高程。如挖深超过设计高程，绝不允许回填土，只能加厚垫层。

高程板上的坡度钉是控制高程的标志，所以在坡度钉钉好后，应重新进行水准测量，检查是否有误。施工中容易碰到龙门板，尤其在雨后，龙门板可能有下沉现象，因此还要定期进行检查。

2. 平行轴腰桩法

当现场条件不便采用龙门板时，对精度要求较低的管道，可用本法测设施工控制标志。开工之前，在管道中线一侧或两侧设置一排平行于管道中线的轴线桩，桩位应落在开挖槽边线以外，如图 14-21 所示。平行轴线离管道中线为 a，各桩间距以 $10\sim20$m 为宜，各检查井位也相应地在平行轴线上设桩。

为了控制管底高程，在槽沟坡上（距槽底约 1m）打一排与平行轴线桩相对应的桩，这排桩称为腰桩，如图 14-22 所示。在腰桩上钉一小钉，并用水准仪测出各腰桩上小钉的高程，小钉高程与该处管底设计高程之差 h 即为下反数。施工时只需用水准尺量取小钉到槽底的距离，与下反数比较，便可检查是否挖到管底设计高程。

图 14-21　平行轴线桩
1—平行轴线；2—槽边；3—管道中心线

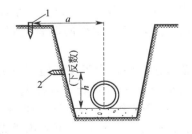

图 14-22　腰桩法
1—平行轴线桩；2—腰桩

腰桩法施工和测量都较麻烦，且各腰桩的下反数各不相同，容易出错。为此，先选定到管底的下反数为某一整数，并计算出各腰桩的高程。然后再测设出各腰桩，并用小钉标明其位置，此时各桩小钉的连线与设计坡度平行，并且小钉的高程与管底设计高程之差为一常数。

四、架空管道施工测量

架空管道主点的测设与地下管道相同。架空管道的支架基础开挖测量工作和基础模板的定位，与厂房柱基础的测设相同。架空管道安装测量与厂房构件安装测量基本相同。每个支架的中心桩在开挖基础时均被挖掉，为此必须将其位置引测到互为垂直方向的四个控制桩上。根据控制桩就可确定开挖边线，进行基础施工。

五、顶管施工测量

当管道穿越铁路、公路或重要建筑物时，为了避免阻碍交通和房屋拆迁而采用顶管施工方法。这种方法是事先在管线一端或两端挖好工作坑，在坑内安置导轨，管材放在导轨上，用顶镐将管材沿中线方向顶入土中，然后将管内的土方挖出来。因此，顶管施工测量主要是控制好顶管的中线方向和高程。为了控制顶管的位置，施工前必须做好工作坑内顶管测量的准备工作。例如，设置顶管中线控制桩，用经纬仪将中线分别投测到前、后坑壁上，并用木桩 A、B 或大钉作标志（图 14-23）；设置坑内临时水准点以及导轨的定位和安装测量等。准备工作结束后，便可进行施工，转入顶管施工过程中的中线测量和高程测量。

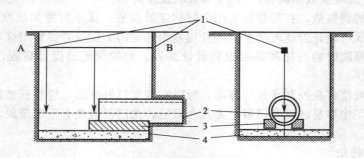

图 14-23　顶管中线测量
1—中线控制桩；2—木尺；3—导轨；4—垫层

1. 中线测量

如图 14-23 所示，在进行顶管中线测量时，通过两坑壁顶管中线控制桩拉紧一条细线，线上挂两个垂球，垂球的连线即为管道中线的控制方向。这时在管道内前端，用水准器放平一中线木尺，木尺长度等于或略小于管径，读数刻划以中央为零向两端增加。如果两垂球连线通过木尺零点，则表明顶管在中线上。若左右误差超过 15cm，则需要进行中线校正。

2. 高程测量

置水准仪于工作坑内，以临时水准点为后视点，在管内待测点上竖一根长度小于管径的标尺为前视点，将所测得的高程与设计高程进行比较，其差值超过 1cm 时，就需要进行校正。

在顶管过程中，为了保证施工质量，每顶进 0.5m，就需要进行一次中线测量和高程测量。距离小于 50m 的顶管，可按上述方法进行测设。当距离较长时，应分段施工，可每隔 100m 设置一个工作坑，采用对顶的施工方法，在贯通面上，管叉口不得超过 3cm。若条件允许，在顶管施工过程中，可采用激光经纬仪和激光水准仪进行导向，可提高施工进度，保证施工质量。

第六节　地下建筑工程竣工测量

地下建筑工程竣工后，为了检查工程是否符合设计要求，并为设备安装和使用时检修等提供依据，应进行竣工测量，并绘制竣工图。

　　工程验收时，检测隧道中心线，在隧道直线段每隔 50m、曲线段每隔 20m 检测一点。地下永久性水准点至少设置两个，长隧道中，每千米设置一个。

　　隧道竣工图测绘中包括纵断面测量和横断面测量。纵断面应沿中垂线方向测定底板和拱顶高程，每隔 10～20m 测一点，绘出竣工纵断面图，把设计坡度线套画在图上进行比较。直线隧道每隔 10m、曲线隧道每隔 5m 测一个横断面。横断面测量可以采用直角坐标法或极坐标法。

　　图 14-24（a）所示为用直角坐标法测量隧道竣工横断面。测量时，以横断面上的中垂线为纵轴，以起拱线为横轴，量出起拱线至拱顶的纵距 x_i 和中垂线至各点的横距 y_i，并量出起拱线至底板中心的高度 h 等，依此绘制竣工横断面图。

　　图 14-24（b）所示为用极坐标法测量隧道竣工横断面。将全站仪安置于需要测定的横断面上，并安装直角目镜，以便向隧道顶部观测。根据隧道中线确定横断面方向，用极坐标法测定横断面上若干特征点的三维坐标，据此绘制竣工横断面图。

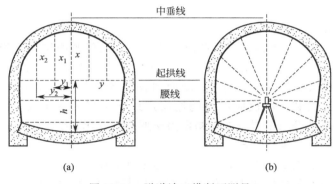

图 14-24　隧道竣工横断面测量

第七节　地下工程变形监测

一、监测对象及意义

　　地下工程监测类型主要有位移和压力，必要时也监测围岩松动圈、前方岩体性态、爆破震动、声发射等其他物理量。监测对象主要是围岩、衬砌、锚杆及其他支撑，监测部位包括地表、围岩内、洞壁、衬砌内及衬砌内壁等。

　　由于地下工程是埋藏在地下一定深处，而这种天然地质体材料中存在着节理裂隙、应力和地下水，因此，地下工程的兴建比地面工程复杂得多。特别是在地下工程开挖之前，其地质条件、岩体形态不易掌握，力学参数难以确定，人们不得不借助现场监测，获取建筑物性状变化的实际信息，并及时反馈到设计和施工中去，直接为工程服务。

二、地下工程施工监测控制网的特点

　　地下工程施工变形监测包括地面项目监测和地下项目监测，监测控制网分为地下和地面两部分。由于地下空间的局限，地下平面监测控制网一般布设成导线形式。因监测网是自由网，起算数据可以自由设定，不需要从地面另作联系测量传递坐标、方位角和高程，可在进洞口附近选择几个稳定点作为基准点，联测施工控制点，获得和施工控制网统一的起算基准，以固定基准点为起点，沿地下巷道布设支导线。各支导线相互连成结点，形成导线网或闭、附合导线。

三、监测方案设计

1. 监测断面的选择

① 监测断面应按工程的需求、地质条件以及施工条件选择具有代表性的断面。

② 监测断面布置要合理，注意时空关系。

③ 在断面的选择上应注意埋深、岩体结构特性、围岩性态、结构物尺寸及形状、预计的变形及应力以及施工方法、施工程序等。

④ 断面可分为主要监测断面和辅助监测断面。

⑤ 城区地下施工，需要预测地基变化和爆破层动对邻近建筑物的影响，注意研究开挖中的深层滑移和地层失稳以及支护的设置。

⑥ 在观测断面上，应根据围岩性态变化的分布规律、结构物的尺寸与形状以及预测的变形和应力等物理量分布特征布置测点，应在考虑均匀分布、结构特性和地质代表性的基础上，依据其变化梯度来确定测点数量。梯度大的部位，点距要小；梯度小的部位，点距要大。

2. 监测点的布设

所有监测项目所设监测点最好布置在同一断面上，以便监测结果互相对照，互相验证。拱顶下沉量测点，原则上设置在拱顶中心线上。对于窄巷，沉降点在拱顶布设一个，对于宽巷（$B \geqslant 10$m），宜在拱顶设置 3 个测点。断面内收敛点的布置应优先考虑在拱顶、拱座和边墙位置。监测点的安装、埋设应尽可能地靠近地下工程的掌子面，距离最好不要超过 2m，以便尽可能完整地获取围岩开挖后初期力学形态的变化和变形情况。

3. 观测断面和测点的定位放样

① 观测断面和测点的定位放样，可按照《施工测量规范》进行。

② 地下洞室仪器安装埋设的土建施工放样，应与地下洞室施工测量相同，以施工导线标定的轴线为依据。

③ 埋入围岩中的仪器一般分为预埋与现埋两种。预埋的仪器孔点位置应在被测洞室的开挖面距离观测断面一倍洞径之前定位放样，现埋仪器孔点位置应在开挖面越过 1.2m 时放样。

四、监测内容与方法

周边位移、拱顶下沉的监测的内容包括应力、应变和位移 3 个方面。应力、应变是通过埋设电子元件，用各类专用仪表来测量，反映的是结构内部的受力变化情况，属测试学的范围，涉及岩土、地质学科，在这里不作论述。本节要讨论的是位移测量方法，包括洞周收敛、拱顶下沉和地表沉降等，它们是监测中最重要的内容，是围岩形变最直观、最敏感的反映量。

1. 洞周收敛监测

地下洞室围岩收敛观测，是应用收敛计量测围岩表面两点在连线（基线）方向上的相对位移，即收敛值。收敛观测是岩体原位位移观测的重要方法之一，已广泛地应用于岩土工程安全监测。

（1）收敛观测断面的测线布置

① 观测断面间距宜大于 2 倍洞径。

② 初测观测断面应尽可能靠近开控掌子面，距离不宜大于 1.0m。距离掌子面越远，围岩位移释放量越大，距离 1.0m 时，位移释放 20%～30%。因此，要求测点埋设应尽量接

近掌子面。

③ 基线的数量和方向应根据围岩的变形条件和洞室的形状与大小确定。

④ 测点布置要优先考虑拱顶、拱座和边墙，若围岩局部有稳定性差的岩体，也应该设置测点，遇软弱夹层时，应在其上下盘设测点。

（2）测桩的埋设

① 为了使测点能代表围岩表面，测点应牢固地埋设在围岩表面，其深度不宜大于 20cm。

② 清除测点埋设处的松动岩石。

③ 用钻孔工具垂直洞壁钻孔，将测桩固定在孔内孔口设保护装置。

（3）收敛观测 对收敛观测的要求如下。

① 观测前应在室内进行收敛计标定。

② 观测前必须将测桩端头擦洗干净。

③ 将收敛计两端分别固定在基线两端的测桩上，按预计的测距固定尺长，并保证钢尺不受拉。

④ 不同的尺长应选用不同的张力。调节拉力装置，使钢尺达到选定的恒定张力，读记收敛值，然后放松钢尺张力。

⑤ 重复第④条的程序两次，三次读数差，不应大于收敛计的精度范围。取三次读书的平均值作为计算值。

⑥ 观测的同时，测记收敛计的环境温度。

2. 位移变形监测

在地下工程监测中，多点位移计是测钻孔轴向变形的仪器，主要用于围岩表面和围岩内部位移观测；地表和地中沉降观测似及结构物的位移观测。

（1）多点位移计的埋设布置

① 每支多点位移计的位置、轴向、长度及锚固点的数量，要按照地下工程技术的特点选择。同时考虑预期的岩体位移方向和大小、所安装的其他仪器的位置和性能，以及仪器安装前后和安装过程中工程活动的过程和时间。

② 位移计的长度应考虑到围岩预期的松动范围。

③ 在地下工程中，位移计应尽可能在开挖之前埋设，或在开挖面附近 1～2m 之内埋设，或在导洞、耳洞内预先埋设，以便及早地测得开挖后的全变形，这对运行期的监测也是必要的。

（2）多点位移计的安装埋设

① 埋设在拱部上斜或上垂孔内的位移计，要充分估计仪器安装埋设时孔口承受的荷载（仪器自重和灌浆压力）。

② 仪器安装，应由多人将组装好的多点位移计整体托起，缓缓放入钻孔内。组装头就位前要用浓水泥浆把扩孔壁和壳体外侧均匀涂抹，就位后用孔口支承构件固定，24h 后注浆。

③ 钻孔灌水泥浆时，要严格控制工艺标准。

④ 待水泥浆固化 24h 之后，调试仪器，观测初始读数，每隔 30min 测一次，连续三次读数差小于 1%（F·S）时的平均值作观测基准值。

⑤ 仪器埋没注浆结束 24h 后；其附近开挖面才能爆破。

（3）多点位移计观测

① 基准值确定后，在测孔近区爆破时，每排炮爆前爆后各观测一次，并作计算：

$$动态位移增量＝爆后测值－爆前测值$$
$$静态位移增量＝下排炮爆前测值－本排炮爆后测值$$

当静态增量大且发展较快时应加密观测次数，反之则减少观测次数或只在爆破前后各测一次。当爆区离测孔较远时，可放宽观测频率，如 3～7 天测一次。

② 围岩稳定监视。当发现排炮影响量（动、静态位移增量）较大时，应加强观测次数并认真分析。

3. 监测位置

应当重点监测围岩质量差及局部不稳定块体；从反馈设计、评价支护参数合理性出发，应在代表性断面设置监测断面，以及洞口等特殊工程部位设计断面，监测点的安装埋设应尽可能地靠近地下工程的掌子面，距离最好不要超过 2 m，以便尽可能完整地获取围岩开挖后初期力学形态的变化和变形情况。所有监测项 目所设监测点最好应布置在同一断面上，以便监测结果互相对照、互相检验。监测断面的间距视工程长度、工程地质条件的变化而定。当地质条件情况良好，或开挖过程中地质条件连续不变时，间距可适当加大；当地质条件变化显著时，间距应缩短。在施工初期阶段，要适当缩小间距，在取得一定数据资料后可适当加 大监测间距。一般地下工程中，洞周收敛位移和拱顶沉降监测的断面间距根据围 岩类别定为：2 类，5～20m；3 类，20～40m；4 类，40m 以上。

4. 观测周期和频率

观测周期和频率随着工程的进展不同而不同，并非一成不变的。在洞室开挖或支护后半个月内，每天应观测 1～2 次；半个月后到 1 个月内，或掌子面推进到距观测断面大于 2 倍洞径的距离后，每 2d 观测 1 次；1～3 月内每周观测 1 次；3 个月以后，每月观测 1～3 次。若设计有特殊要求，则按设计要求进行。遇突发事件则应加强观测。洞周收敛位移和拱顶沉降的监测周期也可根据位移速度及离开挖面的距离确定，见表 14-1 所列，不同基线和测点位移速度可能不同，应以最大位移者来决定监测周期。整个断面内的各基线或测点应采用相同的测量频率。

表 14-1　位移速度与监测周期

位移速度/(mm/d)	周期	位移速度/(mm/d)	周期
15	1～2 次/d	0.2～0.5	1 次/7d
1～15	1 次/d	<0.2	1 次/15d
0.5～1	1 次/2d		

五、监测资料的整理

地下工程监视资料的表示方法有表格、图形、文件、磁盘、录音录像、计算机数据库等多种形式。对于文件、磁盘、录音录像和数据库等表示方法，地下工程与边坡、大坝和坝基等是相近的。另外，地下工程所采用的许多监测仪器，如多点位移计、收敛计、测斜计、渗压计、测缝计等，与边坡工程相同，它们的监测资料表示方法，如表格、图形及计算机数据库等，这里主要说明地下工程监测资料图形表示法的特点。

1. 水平位移监测结束后

水平位移监测结束后，应根据工程需要，提交下列有关资料：

① 水平位移量成果表。

② 观测点平面位置分布图。

③ 水平位移量曲线图。

④ 有关荷载、温度、位移值相关曲线图。

⑤ 变形分析报告。

2. 垂直位移监测结束后

垂直位移监测结束后，应根据工程需要，提交下列有关资料：

① 垂直位移量成果表。

② 观测点位置分布图。

③ 位移速率、时间、位移量曲线图。

④ 有关荷载、时间、位移量相关曲线图。

⑤ 位移量等值曲线图。

⑥ 相邻影响曲线图。

⑦ 变形分析报告。

第八节　新技术在隧道施工中的应用

一、激光技术

近年来随着激光技术的发展，其在隧道施工中已得到了应用。我国在交通隧道、水工隧洞以及市政建设的管道工程施工中，有些地方已采用激光进行指向与导向。由于激光束的方向性良好，发散角很小，能以大致恒定的光速直线传播相当长的距离，所以成为地下工程施工中一种良好的指向工具。

我国生产的激光指向仪，从结构上来说，一般都采用将指向部分和电源部分合装在一起，指向部分通常包括气体激光器（氦氖激光器）、聚焦系统、提升支架及整平和旋转指向仪用的调整装置，有的指向仪还配置有水平角读数设备，由激光器发射的激光束经聚焦系统发出大致恒定的红光，当测量人员将指向仪配置到所需的开挖方向后，施工人员即可自己随时根据需要，开闭激光电源，找到开挖方向。

例如，我国某一地下工程曾应用激光导向仪进行开挖。此仪器发射出的激光束经过两次反射，由望远镜中射出。仪器采用氦氖激光器，采用 500Hz 的交流方式供电。为了将激光束方向安置在所需的位置上，仪器上设有水平度盘（用游标读数）与倾斜螺旋（使用分划鼓读数）。导向仪的接收装置采用由九块硅光电池组成的接收靶，它们将接收到的光信号转换成电信号，再经过选频放大，在指示器上给出偏离信号，同时通过逻辑线路，操作电磁阀来控制不同的千斤顶，这样盾构便可以自动地随时控制它的位置的正确性。仪器的工作原理如图 14-25 所示。

图 14-25　激光导向仪的工作原理

在施工中激光导向仪的发射器可安装在盾构（或掘进机）后面衬砌的平台上，接收靶则安装在盾构上，其中心应与激光束中心相重合。激光束的方向在平面上应调至与隧道中线平行，在立面上其斜度应等于隧道中线的坡度。

二、自动导向系统

采用大型掘进机和盾构设备进行隧道施工时，目前最先进的自动导向系统已投入使用，该系统由一台计算机、一台全站式自动寻标电子速测仪、两台电子测倾仪、四台超声测距仪及其他设备组成。在掘进时，速测仪连续跟踪安置在掘进机上的两组反射棱镜，每隔一定时间测出水平角、天顶距和距离，同时电子测倾仪测出掘进机盾构轴线的纵、横向倾斜度，传输给计算机，算出前轴点的三维坐标，并换算到设计轴线上，然后计算出掘进机瞬时行驶轴线对于设计轴线的水平、垂直方向的偏差。该偏差以及倾斜度等以图形和数字形式显示在掘进机内和工程指挥部内监视屏上，掘进机驾驶员只需用按钮通过计算机调节掘进机的方向，使屏幕下的光点尽量落到靠近十字丝交点的某一范围内即可。

　　四台超声测距仪主要用于测量盾构机在隧道洞壁衬砌前后的径向距离，计算最佳的衬砌顺序，使已建成的洞壁与盾构外壳不致卡住，保证隧道轴线尽可能接近设计的几何形状。

思考题与习题

1. 比较隧道地面控制测量各方法的优缺点。
2. 用 GPS 建立隧道地面控制网有何优点？
3. 试述联系测量的目的。
4. 试述贯通测量的工作步骤。
5. 简述地下管道施工测量的全过程。
6. 简述顶管施工测量的全过程。
7. 在隧道施工中，如何测设中线和腰线？
8. 如何进行竖井联系测量？
9. 隧道竣工测量有哪些主要内容？

第十五章 全站仪及其使用

第一节 电子全站仪概述

一、全站仪概念

全站型电子速测仪是由电子测角、电子测距、电子计算和数据存储等单元组成的三维坐标测量系统,能自动显示测量结果,能与外围设备交换信息的多功能测量仪器。由于仪器较完善地实现了测量和处理过程的电子一体化,所以人们通常称之为全站型电子速测仪(electronic total station)或简称全站仪。

全站仪由以下两大部分组成。

① 采集数据设备:主要有电子测角系统、电子测距系统,还有自动补偿设备等。

② 微处理器:是全站仪的核心装置,主要由中央处理器、随机储存器和只读存储器等构成,测量时,微处理器根据键盘或程序的指令控制各分系统的测量工作,进行必要的逻辑和数值运算以及数字存储、处理、管理、传输、显示等。

通过上述两大部分有机结合,才真正地体现"全站"功能,既能自动完成数据采集,又能自动处理数据,使整个测量过程工作有序、快速、准确地进行。

二、全站仪的分类

20世纪80年代末、90年代初,人们根据电子测角系统和电子测距系统的发展不平衡,把两种系统结构配置在一起构成全站仪,按其结构形式,全站仪分成两大类:积木式和整体式。

积木式(modular),也称组合式,是指电子经纬仪和测距仪可以分离开使用,照准部与测距轴不共轴。作业时,测距仪安装在电子经纬仪上,相互之间用电缆实现数据通信,作业结束后卸下分别装箱。这种仪器可根据作业精度要求,用户可以选择不同测角、测距设备进行组合,灵活性较好。

整体式(integrated),也称集成式,是将电子经纬仪和测距仪融为一体,共用一个光学望远镜,使用起来更方便。

目前世界各仪器厂商生产出各种型号的全站仪,而且品种越来越多,精度越来越高。常见的有日本(SOKKIA)SET系列、拓普康(TOPCON)GTS系列、尼康(NIKON)DTM系列、瑞士徕卡(LEICA)TPS系列,我国的南方NTS和ETD系列。随着计算机技术的不断发展与应用以及用户的特殊要求,出现了带内存、防水型、防爆型、电脑型、马达驱动型等各种类型的全站仪,使得这一最常规的测量仪器越来越能满足各项测绘工作的需求,发挥更大的作用。

三、全站仪的等级与检测

全站仪作为一种光电测距与电子测角和微处理器综合的外业测量仪器,其主要的精度指标为测距标准差 m_D 和测角标准差 m_β。仪器根据测距标准差,即测距精度,按国家标准分为三个等级。标准差小于5mm为Ⅰ级仪器,大于5mm小于10mm为Ⅱ级仪器,大于10mm小于20mm为Ⅲ级仪器。

全站仪设计中，关于测距和测角的精度一般遵循等影响的原则。由于全站仪作为一种现代化的计量工具，必须依法对其进行计量检定，以保证量度的统一性、标准性、合格性。检定周期最多不能超过一年。对全站仪的检定分为三个方面：对测距性能的检测，对测角性能的检测，对其数据记录、数据通信及数据处理功能的检查。

光电测距部分性能按国家技术监督局发布的检定规程（JJG 703—2003）进行检定，其主要检定项目包括：调制光相位均匀性、周期误差、内符合精度、精测尺频率，加、乘常数及综合评定其测距精度的检定。必要时，还可以在较长的基线上进行测距的外符合检查。

电子测角系统的检测主要项目包括：光学对中器和水准管的检校，照准部旋转时仪器基座方位稳定性检查，测距轴与视准轴重合性检查，仪器轴系误差（照准差 C，横轴误差 i，竖盘指标差 I）的检定，倾斜补偿器的补偿范围与补偿准确度的检定，一测回水平方向指标差的测定和一测回竖直角标准偏差测定。

数据采集与通信系统的检测包括检查内存中的文件状态，检查储存数据的个数和剩余空间；查阅记录的数据；对文件进行编辑，输入和删除功能的检查；数据通信接口、数据通信专用电缆的检查等。

第二节　全站仪的结构原理

一、全站仪的原理

如图 15-1 所示，电子全站仪由电源部分、测角系统、测距系统、数据处理部分（CPU）、通信接口（I/O）及显示屏、键盘、接口等组成。各部分的作用如下：电源部分有可充电式电池，供给其他各部分电源，包括望远镜十字丝和显示屏的照明；测角部分相当于电子经纬仪，可以测定水平角、垂直角和设置方位角；测距部分相当于光电测距仪，一般用红外光源，测定至目标点（设置反光棱镜或反光片）的斜距，并可归算为平距及高差；中央处理器接收输入指令，分配各种观测作业，进行测量数据的运算，如多测回取平均值、观测值的各种改正，极坐标法或交会法的坐标计算，以及包括运算功能更为完备的各种软件；输入/输出部分包括键盘、显示屏和接口；从键盘可以输入操作指令、数据和设置参数。显示屏可以显示仪器当前的工作方式（mode）、状态、观测数据和运算结果；接口使全站仪能与磁卡、磁盘、微机交互通信，传输数据。

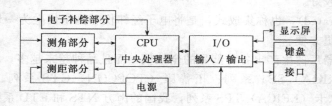

图 15-1　全站仪原理框图

二、全站仪的构造

全站仪的构造和光学经纬仪大体接近，图 15-2 所示为南方 NTS-352 全站仪，仪器主要分为基座、照准部、手柄三大部分，其中照准部包括望远镜（测距部包含在此部分）、显示屏、微动螺旋等。下面着重介绍和光学经纬仪有区别的望远镜、度盘和补偿器部分。

1. 全站仪的望远镜

全站仪测距部位于望远镜部分，因此全站仪的望远镜体积比较大，其光轴（视准轴）一般采用和测距光轴完全同轴的光学系统，即望远镜视准轴、测距红外光发射光轴、接收回光

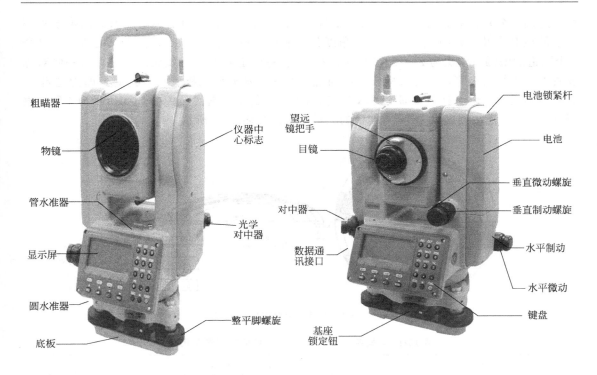

(a) 南方测绘NTS-352全站仪正面　　　　(b) 南方测绘NTS-352全站仪反面

图 15-2　南方 NTS-352 全站仪外观及各部件名称

光轴三轴同轴，一次照准就能同时测出距离和角度。如图 15-3 所示。因此全站仪望远镜的检验和校正比普通光学经纬仪要复杂得多。

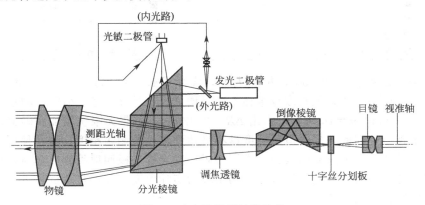

图 15-3　全站仪望远镜结构

2. 全站仪的度盘

全站仪采用电子度盘读数，电子度盘原理常采用三种测角方法，即绝对编码度盘、增量光栅度盘和综合以上两种方法的动态度盘。

（1）编码度盘测角系统

绝对编码度盘是在玻璃圆盘上刻划 n 个同心圆环，每个同心圆环为码道，n 为码道数，外环码道圆环等分为 $2n$ 个透光与不透光相间扇形区——编码区。每个编码所包含的圆心角 $\delta = 360/(2n)$ 为角度分辨率，即为编码度盘能区分的最小角度，向着圆心方向，其余 $n-1$

个码道圆环分别被等分为 $2n-1$、$2n-2$ 等 21 个编码道，其作用是确定当前方向位于外环码道的绝对位置。$n=4$ 时，$2^4=16$，角度分辨率 $\delta=360/16=22°30'$；向着圆心方向，其余 3 个码道的编码数依次为 $2^3=8$，$2^2=4$，$2^1=2$。每码道安置一行发光二极管，另一侧对称安置一行光敏二极管，发光二极管光线通过透光编码被光敏二极管接收到时，即为逻辑 0，光线被不透光编码遮挡时，即为逻辑 1，获得该方向的二进制代码。图 15-4 所示为 4 码道编码度盘。4 码道编码度盘 16 个方向值的二进制代码如表 15-1 所示。

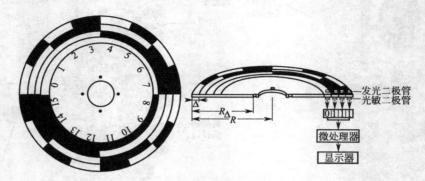

图 15-4　4 码道绝对编码度盘

表 15-1　4 码道编码度盘 16 个方向值的二进制代码

方向序号	码道图形				二进制码	方向值	方向序号	码道图形				二进制码	方向值
	2^4	2^3	2^2	2^1				2^4	2^3	2^2	2^1		
0					0000	00° 00′	8	■				1000	180° 00′
1				■	0001	22° 30′	9	■			■	1001	202° 30′
2			■		0010	45° 00′	10	■		■		1010	225° 00′
3			■	■	0011	67° 30′	11	■		■	■	1011	247° 30′
4		■			0100	90° 00′	12	■	■			1100	270° 00′
5		■		■	0101	112° 30′	13	■	■		■	1101	292° 30′
6		■	■		0110	135° 00′	14	■	■	■		1110	315° 00′
7		■	■	■	0111	157° 30′	15	■	■	■	■	1111	337° 30′

4 码道编码度盘的 $\delta=22°30'$，精度太低，实际通过提高码道数来减小 δ，如 $n=16$，$\delta=360/2^{16}=0°00'19.78''$，但在度盘半径不变时增加码道数 n，将减小码道的径向宽度，全站仪的 $R=35.5\text{mm}$、$n=16$ 时，可求出 $\Delta R=2.22\text{mm}$，如果无限次增加高码道，码道的径向宽度会越来越小。因此，多码道编码度盘不易达到较高的测角精度。现在使用单码道编码度盘。在度盘外环刻划无重复码段的二进制编码，发光管二极照射编码度盘时，通过接收管获取度盘位置的编码信息，送微处理器译码换算为实际角度值并送显示屏显示。

（2）光栅度盘测角系统

如图 15-5 所示，光栅度盘是在玻璃圆盘径向均匀刻划交替的透明与不透明辐射状条纹，度盘上设置一指示光栅，指示光栅的密度与度盘光栅相同，但其刻线与度盘光栅刻线倾斜一个小角 θ，在光栅度盘旋转时，会观察到明暗相间的条纹——莫尔条纹。当指示光栅固定，光栅度盘随照准部转动时，形成莫尔条纹，照准部转动一条刻线距离时，莫尔条纹则向上或下移动一个周期。光敏二极管产生按正弦规律变化的电信号，将此电信号整形，变成矩形脉冲信号，对矩形脉冲信号计数求得度盘旋转的角值，通过译码器换算为度、分、秒送显示窗显示。倾角 θ 与相邻明暗条纹间距 ω 的关系为 $\omega=d\rho/\theta$，$\rho=206265''$，$\theta=20'$，$\omega=172d$，纹距 ω 比栅距 d 大 172 倍，进一步细分纹距 ω，可以提高测角精度。

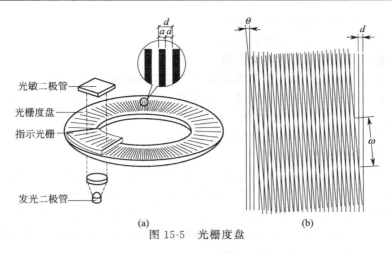

图 15-5　光栅度盘

3. 竖轴倾斜的自动补偿器

由于经纬仪照准部的整平可使竖轴铅直，但受气泡灵敏度和作业的限制，仪器的精确整平有一定困难。这种竖轴不铅直的误差称为竖轴误差。在一些较高精度的电子经纬仪和全站仪中安置了竖轴倾斜的自动补偿器，以自动改正竖轴倾斜对视准轴方向和横轴方向的影响。这种补偿器称为双轴补偿器。图 15-6 所示为摆式液体补偿器。其工作原理为：由发光二极管1 发出的光，经发射物镜 6 发射到硅油 4，全反射后，又经接收物镜 7 聚焦至接收二极管阵列 2 上。一方面将光信号转变为电信号；另一方面，还可以探测出光落点的位置。光电二极管阵列可分为 4 个象限，其原点为竖轴竖直时光落点的位置。倾斜时（在补偿范围内），光电接收器（接收二极管阵列）接收到的光落点位置就发生了变化，其变化量即反映了竖轴在纵向（沿视准轴方向）上的倾斜分量和横向（沿横轴方向）上的倾斜分量。位置变化信息传输到内部的微处理器处理，对所测的水平角和竖直角自动加以改

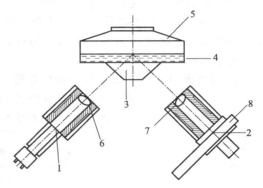

图 15-6　摆式液体补偿器

1—发光二极管；2,8—接收二极管阵列；3—棱镜；4—硅油；5—补偿器液体盒；6—发射物镜；7—接收物镜

正（补偿）。全站仪安装精确的竖轴补偿器，使仪器整平到 3′ 范围以内，其自动补偿精度可达 0.1″。

第三节　全站仪的功能及使用

一、全站仪的功能

1. 全站仪的功能概述

全站仪按数据存储方式分为内存型和电脑型两种。内存型全站仪的所有程序都固化在仪器的存储器中，不能添加或改写，也就是说，只能使用全站仪提供的功能，无法扩充。而电脑型全站仪内置操作系统，所有程序均运行于其上，可根据实际需要添加相应程序来扩充其功能，使操作者进一步成为全站仪功能开发的设计者，更好地为工程建设服务。

全站仪的基本功能如下：

① 测角功能：测量水平角、竖直角或天顶距。

② 测距功能：测量平距、斜距或高差。

③ 跟踪测量：即跟踪测距和跟踪测角。

④ 连续测量：角度或距离分别连续测量或同时连续测量。

⑤ 坐标测量：在已知点上架设仪器，根据测站点和定向点的坐标或定向方位角，对任一目标点进行观测，获得目标点的三维坐标值。

⑥ 悬高测量［REM］：可将反射镜立于悬物的垂点下，观测棱镜，再抬高望远镜瞄准悬物，即可得到悬物到地面的高度。

⑦ 对边测量［MLM］：可迅速测出棱镜点到测站点的平距、斜距和高差。

⑧ 后方交会：仪器测站点坐标可以通过观测两坐标值存储于内存中的已知点求得。

⑨ 距离放样：可将设计距离与实际距离进行差值比较迅速将设计距离放到实地。

⑩ 坐标放样：已知仪器点坐标和后视点坐标或已知仪器点坐标和后视方位角，即可进行三维坐标放样，需要时也可进行坐标变换。

⑪ 预置参数：可预置温度、气压、棱镜常数等参数。

⑫ 测量的记录、通信传输功能。

以上是全站仪所必须具备的基本功能。当然，不同厂家和不同系列的仪器产品，在外形和功能上略有区别，这里不再详细列出。

全站仪除了上述的功能外，有的全站仪还具有免棱镜测量功能，有的全站仪还具有自动跟踪照准功能，被喻为测量机器人。另外，有的厂家还将 GPS 接收机与全站仪进行集成，生产出了超站仪。

2. 南方测绘 NTS-352 全站仪功能介绍

图 15-7 所示是全站仪显示屏，各按键的功能见表 15-2。

表 15-2　南方测绘 NTS-352 全站仪按键功能表

按键	名称	功能
ANG	角度测量键	进入角度测量模式（▲上移键）
◢	距离测量键	进入距离测量模式（▼下移键）
◺	坐标测量键	进入坐标测量模式（◀左移键）
MENU	菜单键	进入菜单模式（▶右移键）
ESC	退出键	返回上一级状态或返回测量模式
POWER	电源开关键	电源开关
F1 - F1	软键（功能键）	对应于显示的软键信息
0 - 9	数字键	输入数字和字母、小数点、负号
★	星键	进入星键模式

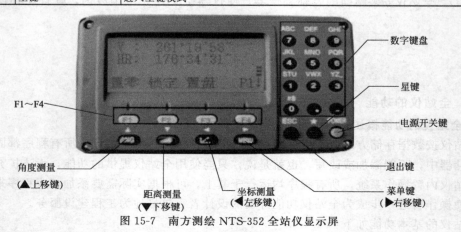

图 15-7　南方测绘 NTS-352 全站仪显示屏

3. 南方测绘 NTS-352 全站仪屏幕显示符号的含义

各种品牌的全站仪其符号所代表的意义不同，但有一些符号的含义一般是相同的，如表 15-3 所示。

表 15-3　南方测绘 NTS-352 全站仪屏幕显示符号的含义

显示符号	内容	显示符号	内容
V%	垂直角(坡度显示)	E	东向坐标
HR	水平角(右角)	Z	高程
HL	水平角(左角)	*	EDM(电子测距)正在进行
HD	水平距离	m	以米为单位
VD	高差	ft	以英尺为单位
SD	倾斜	fi	以英尺与英寸为单位
N	北向坐标		

目前很多全站仪都有针对汉语的界面，使用起来比较方便。

二、全站仪的操作及使用

1. 测量准备工作

(1) 安装内部电池

测前应检查内部电池的充电情况，如电力不足要及时充电，充电方法及时间要按使用说明书进行，不要超过规定的时间。测量前装上电池，测量结束应卸下。

(2) 安置仪器

安装仪器的操作方法和步骤与经纬仪类似，包括对中和整平。若全站仪具备激光对中和电子整平功能，在把仪器安装到三脚架上之后，应先开机，然后选定对中/整平模式后再进行相应的操作。开机后，仪器自动进行自检，开机后显示图 15-7 所示的界面。

2. 全站仪的基本操作

(1) 角度测量

南方测绘 NTS-352 全站仪开机后显示为默认角度测量模式，如图 15-8 所示，也可按"ANG"键进入角度测量模式，其中"V"为垂直角数值，"HR"为水平角数值。"F1"键对应"置零"功能，"F2"键对应"锁定"功能，"F3"键对应"置盘"功能。通过按"P↓"/"F4"键进行功能转换，"F1"、"F2"、"F3"键分别对应"倾斜、复测、V%"和"H-蜂鸣、R/L、竖角"功能。角度测量模式 P1、P2、P3 页面软键、显示符号功能，见表 15-4。

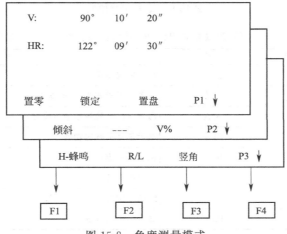

图 15-8　角度测量模式

表 15-4　角度测量模式各页界面软键、显示符号及功能

页数	软键	显示符号	功能
第 1 页 （P1）	F1	置零	水平角置为 0°0′0″
	F2	锁定	水平角读数锁定
	F3	置盘	通过键盘输入数字设置水平角
	F4	P1↓	显示第 2 页软键功能
第 2 页 （P2）	F1	倾斜	设置倾斜改正开或关，若选择开则显示倾斜改正
	F2	———	——————————
	F3	V%	垂直角与百分比坡度的切换
	F4	P2↓	显示第 3 页软键功能
第 3 页 （P3）	F1	H-蜂鸣	仪器转动至水平角 0°90°180°270°是否蜂鸣的设置
	F2	R/L	水平角右/左计数方向的转换
	F3	竖角	垂直角显示格式（高度角/天顶距）的切换
	F4	P3↓	显示第 1 页软键功能

（2）距离测量

按"◢"键进入距离测量模式，如图 15-9 所示，可通过按"◢"键在斜距、平距（HD）、垂距（VD）之间进行转换。距离测量模式 P1、P2、P3 页界面软键、显示符号及功能，见表 15-5。

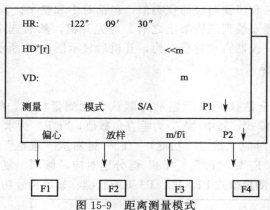

图 15-9　距离测量模式

表 15-5　距离测量模式 P1、P2 界面软键、显示符号及功能

页数	软键	显示符号	功能
第 1 页 （P1）	F1	测量	启动距离测量
	F2	模式	设置测距模式为精测/跟踪/—
	F3	S/A	温度、气压、棱镜常数等设置
	F4	P1↓	显示第 2 页软键功能
第 2 页 （P2）	F1	偏心	偏心测量模式
	F2	放样	距离放样模式
	F3	m/f/i	距离单位的设置 米/英尺/英寸
	F4	P2↓	显示第 1 页软键功能

（3）坐标测量

通过按"↗↙"键进入坐标测量模式，如图 15-10 所示。N、E、Z 分别表示北坐标、东坐标、高程，"F1"键对应"测量"功能，"F2"键对应"模式"功能，"F3"键对应"S/A"功能。通过按"P↓"/"F4"键进行功能转换，"F1"、"F2"、"F3"分别对应"镜高、仪高、测站"和"偏心、—（无）、m/f/i"功能。坐标测量模式 P1、P2、P3 页界面软键、显示符号以及功能，见表 15-6。

表 15-6　坐标测量模式 P1、P2、P3 界面软键、显示符号及功能

页数	软键	显示符号	功能
第 1 页 （P1）	F1	测量	启动测量
	F2	模式	设置测距模式为 精测/跟踪
	F3	S/A	温度、气压、棱镜常数等设置
	F4	P1↓	显示第 2 页软键功能
第 2 页 （P2）	F1	镜高	设置棱镜高度
	F2	仪高	设置仪器高度
	F3	测站	设置测站坐标
	F4	P2↓	显示第 3 页软键功能
第 3 页 （P3）	F1	偏心	偏心测量模式
	F2	————	————
	F3	m/f/i	距离单位的设置 米/英尺/英寸
	F4	P3↓	显示第 1 页软键功能

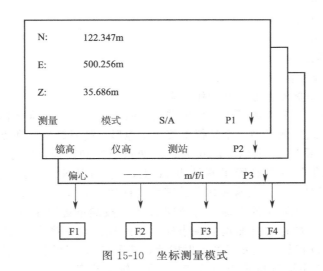

图 15-10　坐标测量模式

（4）星键模式

按下星键可以对以下项目进行设置。

①对比度调节。按星键后，通过按［▲］或［▼］键，可以调节液晶显示对比度。

② 照明。按星键后，通过按"F1"选择"照明"，按"F1"或"F2"选择开关背景光。

③ 倾斜。按星键后，通过按"F2"选择"倾斜"按"F1"或"F2"选择开关倾斜改正。

④ S/A。按星键后，通过按"F4"选择"S/A"，可以对棱镜常数和温度气压进行设置。并且可以查看回光信号的强弱。

3. 全站仪的高级功能

（1）全站仪的菜单结构

按"MENU"键进入主菜单界面，如图 15-11 所示，主菜单界面共分三页，通过按"P↓"/"F4"进行翻页，可进行数据采集（坐标测量）、坐标放样、程序执行、内存管理、

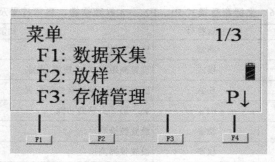

图 15-11　南方测绘 NST-352 全站仪菜单界面

参数设置等功能。

各页菜单如下。

第 1 页 $\begin{cases} \text{F1：数据采集} \\ \text{F2：放样} \\ \text{F3：内存管理} \end{cases}$

第 2 页 $\begin{cases} \text{F1：程序} \\ \text{F2：格网因子} \\ \text{F3：照明} \end{cases}$

第 3 页 $\begin{cases} \text{F1：参数组 1} \\ \text{F2：对比度调节} \end{cases}$

（2）全站仪三维坐标测量原理及操作步骤

全站仪通过测量角度和距离可以计算出带测点的三维坐标，三维坐标功能在实际工作中使用率较高，尤其在地形测量中，全站仪直接测出地形点的三维坐标和点号，并记录在内存中，供内业成图。如图 15-12 所示，已知 A、B 两点坐标和高程，通过全站仪测出 P 点的三维坐标，做法是将全站仪安置于测站点 A 上，按"MENU"键，进入主菜单，选择"F1"，进入数据采集界面，首先输入站点的三维坐标值（x_A，y_A，H_A），仪器高 i、目标高 ν；然后输入后视点照准 B 的坐标，再照准 B 点，按测量键设定方位角，以上过程称设置测站。测站设置成功的标志是照准后视点时，全站仪的水平度盘读数为 A、B 两点的方位角 α_{AB}。然后再照准目标点上安置的反射棱镜，按下坐标测量键，仪器就会利用自身内存的计算程序自动计算并瞬时显示出目标点 P 的三维坐标值（x_P，y_P，H_P），计算公式如下：

$$\begin{cases} x_P = x_A + S\cos\alpha\cos\theta \\ y_P = y_A + S\cos\alpha\sin\theta \\ H_P = H_A + S\sin\alpha + i - \nu \end{cases}$$

式中，S 为仪器至反射棱镜的斜距，m；α 为仪器至反射棱镜的竖直角；θ 为仪器至反射棱镜的方位角。

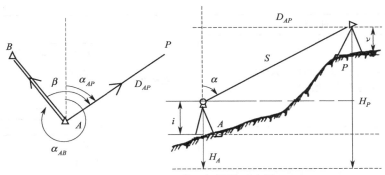

图 15-12　三维坐标测量示意图

三维坐标测量时应考虑棱镜常数、大气改正值的设置。

（3）全站仪的放样

① 全站仪角度放样　安置全站仪于放样角度的端点上，盘左照准起始边的另一端点，按"置零"键，使起始方向为 0°，转动望远镜，使度盘读数为放样角度值后，在地面上做好标记，然后用盘右再放样一次，两次取平均位置即可。为省去计算麻烦，盘右时也可照准起始方向，把度盘置零。

② 全站仪距离放样　利用全站仪进行距离放样时，首先安置仪器于放样边的起始点上，对中调平，然后开机，进入距离测量模式，表 15-7 所示是南方测绘 NTS-352 全站仪的距离放样的操作步骤。

表 15-7　南方测绘 NTS-352 全站仪的距离放样的操作步骤

操　作　过　程	操　作	显　　示
①在距离测量模式下按F4(↓)键,进入第 2 页功能	F4	HR:　　　170° 30′ 20″ HD:　　　　566.346m VD:　　　　89.678m 测量　　模式 S/A　　P1↓ 偏心　　放样　　m/f/i　　P2↓
②按F2(放样)键,显示出上次设置的数据	F2	放样 HD:　　　　0.000 m 平距　　高差　　斜距　　---
③通过按F1-F3键选择测量模式 F1:平距,F2:高差; F3:斜距。 例:水平距离	F1	放样 HD:　　　　0.000 m 输入　　---　　---　　回车
④输入放样距离 350m	F1 输入 350m F4	放样 HD:　　　　350.000 m 输入　　---　　---　　回车

续表

操 作 过 程	操 作	显 示
⑤照准目标（棱镜）测量开始，显示测量距离与放样距离之差	照准 P	HR:　　120° 30′ 20″ dHD⁺[r]　　　　　　<<m VD:　　　　　　　　m 输入　　---　---　回车
⑥移动目标棱镜，直至距离差等于 0m 为止		HR:　　120° 30′ 20″ dHD⁺[r]　　　25.688 m VD:　　　　　2.876 m 测量　　模式 S/A　P1 ↓

③ **全站仪坐标放样**　利用全站仪坐标放样的原理是先在已知点上设置测站，设站方法

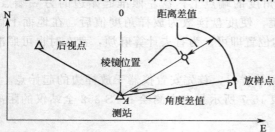

图 15-13　点的坐标放样示意图

同全站仪三维坐标测量原理。然后把待放样点的坐标输入全站仪中，全站仪计算出该点的放样元素（极坐标），如图 15-13 所示。执行放样功能后，全站仪屏幕显示角度差值，旋转望远镜至角度差值接近于 0°左右，把棱镜放置在此方向上，然后望远镜先瞄准棱镜（先不考虑方向的准确性），进行测量距离，这时得到距离差值，根据距离差值指挥棱镜向前向后移动，并旋转望远镜，使角度差值为 0°，同时控制棱镜移动的方向在望远镜十字丝的竖丝方向上，然后再进行测量距离测量，直到角度差值和距离差值都为零（或在放样精度允许的范围内）时，即可确定放样点的位置。

南方测绘 NTS-352 全站仪的坐标放样按键步骤如下。

① 按 "MENU" 进入主菜单测量模式。

② 按 "放样" 进入放样程序，再按 "跳过" 略过选择文件。

③ 按 "测站设置"（F1），再按 "NEZ"，输入测站 A 点的坐标（x_A，y_A，H_A），并在 "仪器高" 一栏输入仪器高。

④ 按 "后视"（F2），再按 "NE/AZ"，输入后视点 B 的坐标（x_B，y_B）。若不知 B 点坐标而已知坐标方位角 α_{AB}，则可再按 "AZ" 键选择方位角输入模式，在 "HR" 项输入 α_{AB} 的值。瞄准 P 点，按 "YES"。

⑤ 按 "放样"（F3），输入待放样点 P 的坐标（x_P，y_P，H_P）及测杆单棱镜的镜高后，按 "ANGLE"（F1）。使用水平制动和水平微动螺旋，使显示的 "dHR" 为 0°0′00″，即找到了 OB 方向，指挥持测杆单棱镜者移动位置，使棱镜位于 OB 方向上。

⑥ 按 "DIST" 进行测量，根据显示的 "dHD" 来指挥持棱镜者沿 OB 方向移动。若 "dHD" 为正，则向 O 点方向移动；反之，若 "dHD" 为负，则向远处移动。直至 "dHD" 为零时，立棱镜点即为 B 点的平面位置。其所显示的 "dZ" 值即为立棱镜点处的填挖高度，正为挖，负为填。

⑦ 按 "下一个" 放样下一个点。

第四节　全站仪的数据通信

一、电脑中数据文件的上载（UPLOAD）

① 在电脑上用文本编辑软件（如 Windows 附件的"写字板"程序）输入点的坐标数据，格式为"点名，Y，X，H"；保存类型为"文本文档"。具体见图 15-14。

② 用"写字板"程序打开文本格式的坐标数据文件，并打开 T-COM 程序，将坐标数据文件复制到 T-COM 的编辑栏中。

③ 用通信电缆将全站仪的"SIG"口与电脑的串口（如 COM1）相连，在全站仪上，按"MENU"—"MEMORY MGR."—"DATA TRANSFER"，进入数据传输，先在"COMM. PARAMETER"（通信参数）中分别设置"PROTOCOL"（议协）为"ACK/NAK"，"BAUD RATE"（波特率）为"9600"，"CHAR./PARITY"（校检位）为"8/NONE"，"STOP BITS"（停止位）为"1"。

图 15-14　编辑上传的数据文件

④ 再在电脑上的 T-COM 软件中单击按钮" "，出现"Current data are saved as：030624. pts"对话框时，点"OK"，出现图 15-15 所示的通信参数设置对话框。按全站仪上的相同配置进行设置并选择"Read text file"后，单击"GO"后并选择刚才保存的文件030624. pts，将其打开，出现"Point Details"（点描述）对话框。

⑤ 回到全站仪主菜单，选择"MEMORY MGR."—"DATA TRANSFER"—"LOAD DATA"—"COORD. DATA"。用"INPUT"为上传（上载）的坐标数据文件输入一个文件名［如 ZBSJWJ（坐标数据文件）］后，单击"YES"使全站仪处于等待数据状态（Waiting Data），再在电脑"Point Details"对话框中点"OK"。

⑥ 若使用"COM-USB 转换器"将线缆与电脑 USB 接口相连时，要通过计算机管理中的端口管理，来查看接口是否是 COM1 或 COM2，不是则要将其改为 COM1 或 COM2。具体操作如图 15-16、图 15-17 所示，即"我的电脑"—（右键）—"管理"—"设备管理器"—"端口"—（双击）—"端口设置"（参数与全站仪相同，即 9600，8，无，1，无）—"高

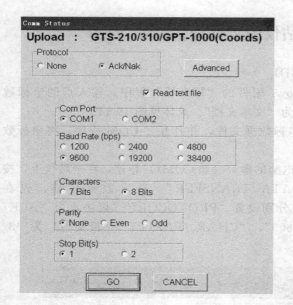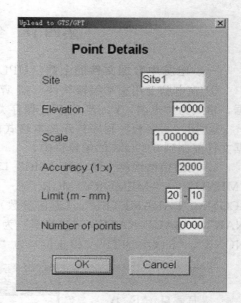

图 15-15　上传的数据文件

级"—选择"COM2"或"COM1"。

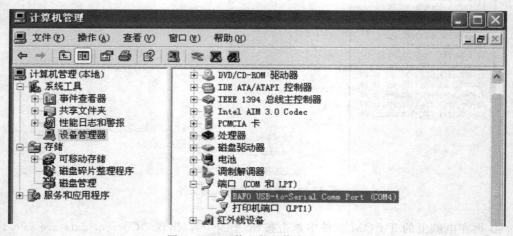

图 15-16　上传文件具体步骤（一）

二、全站仪中数据文件的下载（DOWNLOAD）

同上载一样，进行电缆连接和通信参数的设置。单击按钮"[图标]"，设置通信参数并选择"Write text file"后，再在全站仪中选择"MEMORY MGR."—"DATA TRANS-FER"—"SEND DATA"—"MEAS. DATA"（选择下载数据文件类型中的"测量数据文件"）。先在电脑上按"GO"，处于等待状态，再在全站仪上按"YES"，即可将全站仪中的数据下载至电脑。出现"Current data are saved as 03062501.gt6"及"是否转换"对话框时，单击"Cancel"。单击按钮"[图标]"，将下载的数据文件取名后保存，如"数据采集1班1组.gt6"（保存时下载的测量数据文件及坐标数据文件均要加上扩展名 gt6）。

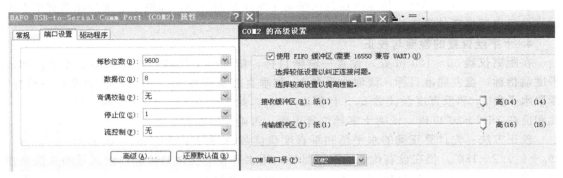

图 15-17　上传文件具体步骤（二）

第五节　全站仪的检校及注意事项

一、全站仪的检验校正项目

全站仪同其他测量仪器一样，要定期到有关鉴定部门进行检验校正。此外，在电子全站仪经过运输、长期存放、受到强烈振动或怀疑受到损伤时，也应对仪器进行检校。在对仪器进行检校之前，应进行外观质量检查：仪器外部有无碰损、各光学零部件有无损坏及霉点、成像是否清晰、各制动及微动螺旋是否有效、各接口是否正常接通和断开、键盘的按键操作是否正常等。仪器检校项目主要有以下三个方面。

1. 光电测距部分的检验与校正

测距部分的检验项目及方法应参照《光电测距仪检定规程》（JJG 703—2003），主要有发射、接收、照准三轴关系正确性检验，周期误差检验，仪器常数检验，精测频率检验和测程检验等。

2. 电子测角部分的检验与校正

大部分检校项目与光学经纬仪类似，主要有照准部水准管轴垂直于仪器竖轴的检验与校正，望远镜的视准轴垂直于横轴的检验与校正，横轴垂直于仪器竖轴的检验与校正，竖盘指标差的检验与校正等。

3. 系统误差补偿的检验与校正

目前许多全站仪自身提供了对竖轴误差、视准轴误差、竖直角零基准的补偿功能，对其补偿的范围和精度也要进行相应的检校。

二、全站仪的检验方法

全站仪的检验与校正一般按下述步骤进行。

1. 照准部水准器的检验与校正

与普通经纬仪照准部水准器检校相同，即水准管轴垂直于竖轴的检校。

2. 圆水准器的检验与校正

照准部水准器校正后，使用照准部水准器仔细地整平仪器，检查圆水准气泡的位置，若气泡偏离中心，则转动其校正螺旋，使气泡居中。注意应使三个校正螺旋的松紧程度相同。

3. 十字丝竖丝与横轴垂直的检验与校正

十字丝竖丝与横轴垂直的检查方法与普通经纬仪的此项检查相同。

校正方法：旋开望远镜分划板校正盖，用校正针轻微地松开垂直和水平方向的校正螺旋，将一小片塑料片或木片垫在校正螺旋顶部的一端作为缓冲器，轻轻地敲动塑料片或木片，使分划板微微地转动，使照准点返回偏离十字丝量的一半，即使十字丝竖丝垂直于水平轴。最后以同样紧的程度旋紧校正螺旋。

4. 十字丝位置的检验与校正

在距离仪器 50～100 m 处，设置一清晰目标，精确整平仪器。打开开关设置垂直和水平度盘指标，盘左照准目标，读取水平角 a_1 和垂直度盘读数 b_1，用盘右再照准同一目标，读取水平角 a_2 和垂直度盘读数 b_2。计算 $a_2 - a_1$，此差值在 $180° \pm 20''$ 以内；计算 $b_2 + b_1$，此和值在 $360° \pm 20''$ 以内，说明十字丝位置正确，否则应校正。

校正方法：先计算正确的水平角和垂直度盘读数 A 和 B，$A = (a_2 + a_1)/2 + 90°$，$B = (b_2 + b_1)/2 + 180°$。仍在盘右位置照准原目标，用水平和垂直微动螺旋，将显示的角值调整为上述计算值。观察目标已偏离十字丝，旋下分划板盖的固定螺钉，取下分划板盖，用左右分划板校正螺旋，向着中心移动竖丝，再使目标位于竖丝上；然后用上下校正螺钉，再使目标置于水平丝上。注意：要将竖丝移向右（或左），先轻轻地旋松左（或右）校正螺钉，然后以同样的程度旋紧右（或左）校正螺钉。水平丝上（下）移动，也是先松后紧。重复检校，直至十字丝照准目标。最后旋上分划板校正盖。

5. 测距轴与视准轴同轴的检查

① 将仪器和棱镜面对面地安置在相距约 2m 的地方，如图 15-18 所示，使全站仪处于开机状态。

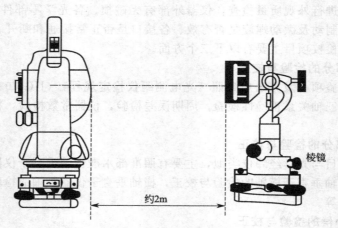

图 15-18 测距轴与视准轴同轴的检查

② 通过目镜照准棱镜并调焦，将十字丝瞄准棱镜中心。

③ 设置为测距或音响模式。

④ 将望远镜顺时针旋转调焦到无穷远，通过目镜可以观测到一个红色光点（闪烁）。如果十字丝与光点在竖直和水平方向上的偏差均不超过光点直径的 1/5，则无须校正；若上述偏差超过 1/5，再检查仍如此，应交专业人员修理。

6. 光学对中器的检校

整平仪器：将光学对中器十字丝中心精确地对准测点（地面标志），转动照准部 180°，若测点仍位于十字丝中心，则无须校正；若偏离中心，则应进行校正。

校正方法：用脚螺旋校正偏离量的一半，旋松光学对中器的调焦环，用四个校正螺钉校正剩余一半的偏差，致使十字丝中心精确地与测点吻合。另外，当测点看上去有一绿色（灰色）区域时，轻轻地松开上（下）校正螺钉，以同样程度固紧下（上）螺钉；若测点看上去位于绿线（灰线）上，应轻轻地旋转右（左）螺钉，以同样程度固紧左（右）螺钉。

三、全站仪使用注意事项

① 新购置的仪器，如果首次使用，应结合仪器认真阅读仪器使用说明书。通过反复学习、使用和总结，力求做到"得心应手"，最大限度地利用仪器的功能。

② 测距仪的测距头不能直接照准太阳，以免损坏测距的发光二极管。

③ 在阳光下或阴雨天气进行作业时，应打伞遮阳、遮雨。

④ 在整个操作过程中，观测者不得离开仪器，以避免发生意外事故。

⑤ 仪器应保持干燥，遇雨后应将仪器擦干，放在通风处，完全晾干后才能装箱。

⑥ 全站仪在迁站时，即使很近，也应取下仪器装箱。

⑦ 运输过程中必须注意防震，长途运输最好装在原包装箱内。

四、全站仪的养护

① 仪器应经常保持清洁，用完后使用毛刷、软布将仪器上落的灰尘除去。如果仪器出现故障，应与厂家或厂家委派的维修部联系修理，决不可随意拆卸仪器，防止造成不应有的损害。仪器应放在清洁、干燥、安全的房间内，并由专人保管。

② 棱镜应保持干净，不用时要放在安全的地方，如有箱子应装在箱内，以避免碰坏。

③ 电池充电应按说明书的要求进行。

思考题与习题

1. 简述全站仪的基本结构和组成。
2. 试述全站仪的结构原理
3. 简述全站仪的基本功能。
4. 简述全站仪三维坐标测量的基本原理。
5. 简述全站仪补偿器的基本原理。
6. 简述全站仪使用注意事项。

参 考 文 献

[1] 刘玉梅，王井利. 工程测量 [M]. 北京：化学工业出版社，2011.

[2] 孙立双. 工程测量学 [M]. 沈阳：辽宁大学出版社，2013.

[3] 刘茂华. 工程测量 [M]. 上海：同济大学出版社，2015.

[4] 岳建平，陈伟清. 土木工程测量 [M]. 武汉：武汉理工大学出版社，2010.

[5] 宁津生等. 测量学概论 [M]. 武汉：武汉大学出版社，2006.

[6] 王劲松等. 土木工程测量 [M]. 北京：中国计划出版社，2008.

[7] 许娅娅，雒应. 测量学 [M]. 北京：人民交通出版社，2006.

[8] 合肥工业大学，重庆大学，天津大学，哈尔滨建筑大学. 测量学 [M]. 第四版. 北京：中国建筑工业出版社，2000.

[9] 过静珺，饶云刚. 土木工程测量 [M]. 武汉：武汉理工大学出版社，2011.

[10] 王侬，过静珺. 现代普通测量学 [M]. 第 2 版. 北京：清华大学出版社，2009.

[11] 王兆祥等. 铁路工程测量 [M]. 北京：测绘出版社，1986.

[12] 刘玉珠. 土木工程测量 [M]. 广州：华南理工大学出版社，2001.

[13] 魏静. 建筑工程测量 [M]. 北京：机械工业出版社，2008.

[14] 顾孝烈，鲍峰等. 测量学 [M]. 上海：同济大学出版社，2006.

[15] 王家贵，王佩贤等. 测绘学基础 [M]. 北京：教育科学出版社，2003.

[16] 潘正风，杨正尧. 数字测图原理与方法 [M]. 武汉：武汉大学出版社，2002.

[17] 张坤宜. 交通土木工程测量 [M]. 第 3 版. 武汉：华中科技大学出版社，2008.

[18] 武汉大学测绘学院测量平差学科组. 误差理论与测量平差基础 [M]. 第 2 版. 武汉：武汉大学出版社，2009.

[19] 中国有色金属工业总公司. 城市测量规范 （GB 50026—2007）[S]. 北京：中国计划出版社，2007.

[20] 国家技术监督局. 国家三角测量规范 （GB/T 17942—2000）[S]. 北京：中国标准出版社，2000.

[21] 国家质量监督检验检疫总局，国家标准化管理委员会. 全球定位系统（GPS）测量规范 （GB/T 18314—2009）[S]. 北京：中国标准出版社，2009.

[22] 中华人民共和国国家标准. 工程测量规范 （GB 50026—93）[S]. 北京：中国计划出版社，2001.

[23] 国家质量监督检验检疫总局，国家标准化管理委员会. 国家一、二等水准测量规范 （GB/T 12897—2006）[S]. 北京：中国标准出版社，2006.

[24] 国家质量监督检验检疫总局，国家标准化管理委员会. 国家三、四等水准测量规范 （GB/T 12898—2009）[S]. 北京：中国标准出版社，2009.

[25] 徐忠阳. 全站仪原理与应用 [M]. 北京：解放军出版社，2003.

[26] 李天文. 现代测量学 [M]. 北京：科学出版社，2007.

[27] 孔祥元，郭际明. 控制测量学（上册）[M]. 武汉：武汉大学出版社，2006.

[28] 张勤，李家权. GPS测量原理及应用 [M]. 北京：科学出版社，2005.

[29] 袁勘省. 现代地图学教程 [M]. 北京：科学出版社，2007.